MATLAB으로 배우는

공학 수치해석 3판

Numerical Analysis with MATLAB

방성완 지음

한빛아카데미
Hanbit Academy, Inc.

지은이 **방성완** sungbang@yahoo.com

서강대학교 전자공학과에서 학사 과정을 마친 뒤, 다우기술에서 UNIX 기반의 메인 프레임 시스템에 관한 기술 영업으로 근무했다. 미국 메인주립대학교(University of Maine) 전기 및 컴퓨터공학과에서 석사 학위를 받고, 2006년 미국 러트거스뉴저지주립대학교(The State University of New Jersey) 전기 및 컴퓨터공학과에서 광통신 시스템 분야로 박사 학위를 받았다. 2011년부터 2021년 7월까지 중앙대학교 전자전기공학부에서 C 프로그래밍, 공업수학, 물리전자, 수치해석을 영어로 강의했다. 현재는 중앙대학교 차세대 반도체 신기술 혁신공유대학에서 근무하고 있다. 관심 연구 분야는 인공지능을 이해하는 데 필요한 기초 과목(파이썬, 통계 등)과 인공지능을 응용한 차량 반도체이다. 저서로는 『제대로 배우는 MATLAB&Simulink』(한빛아카데미, 2020), 『처음 만나는 회로이론(2판)』(한빛아카데미, 2021)이 있다.

MATLAB으로 배우는 공학 수치해석 3판

초판발행 2023년 2월 20일
2쇄발행 2025년 7월 10일

지은이 방성완 / **펴낸이** 전태호
펴낸곳 한빛아카데미(주) / **주소** 서울시 서대문구 연희로2길 62 한빛아카데미(주) 2층
전화 02-336-7112 / **팩스** 02-336-7199
등록 2013년 1월 14일 제2017-000063호 / **ISBN** 979-11-5664-636-5 93560

책임편집 박현진 / **기획** 김평화 / **편집** 김평화 / **교정** 이정현 / **진행** 송유림
디자인 박정우 / **전산편집** 임희남 / **제작** 박성우, 김정우
영업 김호철, 김태진, 김성삼, 이정훈, 임현기, 이성훈, 김주성, 심지연

이 책에 대한 의견이나 오탈자 및 잘못된 내용은 출판사 홈페이지나 아래 이메일로 알려주십시오.
파본은 구매처에서 교환하실 수 있습니다. 책값은 뒤표지에 표시되어 있습니다.

홈페이지 www.hanbit.co.kr / 이메일 question@hanbit.co.kr

Published by HANBIT Academy, Inc. Printed in Korea

MATLAB으로 수치해석을 스마트하게 배운다

수치해석은 수치적인 근삿값을 구하고, 오차를 줄이는 방법을 배우는 과목이다. 이 책은 수치해석의 기초 개념을 명확하게 설명하고 적절한 예제와 상세한 풀이 과정을 제시함으로써 수치해석의 이론적 기초를 세울 수 있도록 구성했다. 궁극적으로 공학적 응용문제를 정확하게 해결할 수 있도록 가이드를 제시하고자 했다. 또한 수치해석 문제를 MATLAB을 이용하여 실습해봄으로써 확인할 수 있게 했다. 즉 개념과 실습을 함께 다루며, 공학적 문제를 빠르고 정확하게 해결할 수 있도록 돕는다.

이번 3판에서는 초판 및 2판의 기본 구성은 유지하면서, 최신 트렌드에 맞게 수치해석의 이론 및 내용을 개편했다. 수치해석의 개념과 계산 과정이 다소 무겁고 어려운 부분은 축소 또는 과감하게 삭제하고, 대신에 이론을 좀 더 쉽게 이해할 수 있도록 새로운 내용을 추가했다. 그리고 MATLAB의 실행 결과를 보여주는 화면도 새롭게 추가했다. [연습문제]는 기본 개념은 유지하면서 주어진 수식을 변형하거나 완전히 새로운 유형의 문제를 추가했다. 마지막으로 객관식 유형의 [기본문제]를 신규로 추가했다. 이 책에서는 MATLAB R2020a 버전을 사용했기 때문에 가능하면 동일 버전의 MATLAB 사용을 권장한다.

이 책의 구성

이 책은 크게 두 부분으로 나누어 총 9장으로 구성되어 있다.

PART 01_수치해석을 위한 MATLAB(1～2장)

1부에서는 수치해석을 배우기 전에 MATLAB의 기초 및 응용 내용을 익힐 수 있게 구성했다. 2부에도 이론에 따른 MATLAB 실습이 포함되어 있지만, 수치해석의 이론 학습에 집중할 수 있도록 MATLAB의 기능 설명은 1부로 따로 나누어 구성했다.

1장에서는 MATLAB의 기본 개념을 간단히 소개하고, 실습을 통해 기초적인 사용 방법을 설명한다. 특히 1장은 수치해석을 배우는 학생들을 포함해서 MATLAB의 기초를 배우고자 하는 누구나 학습할 수 있도록 쉽게 구성했다. 2장에서는 수치해석을 효율적으로 이해하기 위해 필요한 MATLAB의 응용 기능을 설명한다. 여기에 소개되는 MATLAB 실습들은 수치해석의 이론을 담은 2부와 자연스럽게 연결되어 있다. 특히 사용자정의함수 혹은 유용한 함수를 이용하여 푸는 실습의 경우, 온라인에서 제공되는 〈부록〉 자료를 통해 실제 사용된 프로그램을 살펴볼 수 있다.

PART 02_수치해석 입문(3~9장)

2부에서는 수치해석 과목에서 익혀야 하는 기본 개념들을 소개한다. 이 책이 다른 수치해석 책들과 가장 차별화되는 점은 설명하는 개념에 대한 맞춤형 예제를 제공한다는 것이다. 즉 개념을 간단명료하게 설명하고, 적절한 난이도의 예제를 제시한 뒤 자세하게 풀어 보여준다. 또한 이미 풀어본 예제를 MATLAB으로 다시 실습해봄으로써 개념을 자연스럽게 체득할 수 있도록 했다.

이번 3판에서는 3장에 새로이 8진수 및 16진수와 10진수의 상관관계를 추가하고, 5장에서는 호너의 방법에 대한 일부 설명과 상응하는 예제를 삭제하여 테일러 다항식을 보다 가볍게 설명했다. 6장에서는 뉴턴 분할차 보간법을 분할차 보간법에 포함시키고, 관찰 또는 측정의 오차를 고려하여 일부 자료의 실제값을 근사시킬 수 있는 최소 제곱 근삿값 방법을 새롭게 추가했다. 7장에서는 다소 계산이 복잡한 가위치법에 대한 예제는 삭제하고 MATLAB을 이용한 실습을 포함시켰다. 8장에는 시각적인 면적으로 이해하는 적분 설명을 추가하고, 9장에는 미분의 기초 개념을 추가했다.

이 책의 특징

미국 대학교의 공학 관련 학과에서는 1학년부터 정규수업 과정으로 MATLAB을 개설하는 경우가 많다. 만약 정규수업으로 개설되지 않은 경우에는 학습 조교가 진행하는 문제 풀이 시간 또는 MATLAB 실습 시간에 MATLAB에 대한 강의를 진행한다. 전공 과목을 수강할 때 MATLAB 비중이 높으므로 MATLAB을 모르는 상태에서 수업을 들으면 좋은 학점을 기대할 수 없다. 현재는 상당수의 국내 대학교에서도 MATLAB의 필요성을 인식하여 MATLAB 과제의 비율을 높이는 추세이다.

이미 MATLAB을 활용한 책들이 많이 출간되어 있지만, 이론적인 내용에 치우치거나 응용 예제에만 집중하는 경우가 대부분이다. 수치해석 관련 책을 보면 MATLAB 실습을 소개하긴 하지만, 단순히 MATLAB 코딩을 그대로 타이핑하거나 주어지는 코딩의 한두 줄을 수정하는 수준에 머무르고 있다. 또한 기초적인 설명 없이 바로 복잡한 내용을 제시하는 경우도 많다. 이렇게 학습하면 기초가 부족한 학생들은 '수치해석'이라는 과목 자체에 흥미를 잃어버릴 수 있다.

그리하여 이 책에서는 수치해석의 개념에 상응하는 MATLAB의 기초부터 차근차근 설명하여 초보자도 무리 없이 배우고 실습을 따라갈 수 있도록 했다. 또한 MATLAB 실습에서는 MATLAB 화면을 실제로 보는 것과 같이 구성하여, 학생들이 자연스럽게 MATLAB을 직접 실행하고 자신이 실행한 결과를 확인할 수 있도록 내용을 전개했다. 나아가 단순히 숫자들을 분석하는 데 그치지 않고, 이를 확장 해석하여 더 복잡한 문제들까지 해결할 수 있는 능력을 기를 수 있게 했다.

실습에서 사용한 사용자정의함수 또는 유용한 함수(총 36개 파일)는 온라인에서 스크립트 파일로 다운받을 수 있다. 이 자료는 MATLAB 프로그래밍에 흥미가 있는 학생이라면 한번쯤 관심을 두고 살펴볼 만하다.

감사의 글

10년이면 강산도 변한다는데, 2012년에 초판이 발행된 후 2023년에 3판까지 발행될 수 있는 기회가 주어진 것에 감사하다. 초판의 초심을 간직한 채 미래의 독자를 생각하면서 정말 쓸모 있는 한 권의 책이 되기를 바라면서 집필했다. 유학 생활과 새로운 회사에 적응하기 바쁨에도 자주 안부를 전하는 박종익 군과 최은수 군, 집필의 어려움을 토로할 때마다 항상 힘이 되는 응원을 보내주는 윤해인 양에게 감사함을 전한다.

2023년 2월

지은이 **방 성 완**

미리보기

CHAPTER 01

MATLAB 기초

Basic MATLAB

도입글

해당 장의 내용을 왜 배워야 하는지,
다른 장과 어떤 관계가 있는지 소개한다.

이 장은 수학적 개념을 정확하게 이해하고 MATLAB 프로그램 활용 능력을 배양하여 수치해석을 잘 이해하는 것이 목표이다. 수치해석의 궁극적인 목적은 과학 혹은 공학적인 문제를 더 정확하게 해결하는 것이다. 이를 위한 기본적인 공식, 방법, 기술을 MATLAB으로 해결하면서, 개념과 실습 중 어느 한쪽의 일방통행이 아닌 양방향 진행 능력을 키우게 될 것이다. 복잡한 컴퓨터 프로그래밍을 습득하는 것이 아니라, 기본적인 문제부터 복잡한 문제까지 최소한의 오차로 정확하게 예측하기 위한 하나의 도구로써 MATLAB을 이용하고자 한다. 이를 위해 MATLAB 명령어를 정확하게 이해할 필요가 있다.

따라서 이 장에서는 MATLAB 배열의 기본 특성, 다양한 연산자, 조건문, 순환문, 사용자정의함수 등을 학습한다. 또한 실제 그래프와 예측한 그래프의 차이를 시각적으로 비교하여 판단할 수 있는 MATLAB 2차원 및 3차원 그리기 기능도 학습한다.

CONTENTS

예제 4-1 전치행렬과 뺄셈 연산

행렬 $\mathbf{A}$와 $\mathbf{B}$가 다음과 같다. 전치행렬 $\mathbf{A}^T$를 구하고 $\mathbf{D}=\mathbf{A}^T-\mathbf{B}$를 구하라.

$$\mathbf{A}=\begin{bmatrix}-1 & 4 & 1 & 2\\ 2 & -2 & 3 & 5\\ 3 & 1 & 2 & 0\end{bmatrix},\quad \mathbf{B}=\begin{bmatrix}1 & -1 & 4\\ 2 & 0 & 1\\ 3 & 5 & 0\\ 4 & 6 & -2\end{bmatrix}$$

풀이

$\mathbf{A}^T$를 구하면 다음과 같다. 주어진 행렬 $\mathbf{A}$의 행과 열을 서로 바꾸면 3×4 행렬은 4×3 행렬이 된다.

$$\mathbf{A}^T=\begin{bmatrix}-1 & 2 & 3\\ 4 & -2 & 1\\ 1 & 3 & 2\\ 2 & 5 & 0\end{bmatrix}$$

전치행렬 $\mathbf{A}^T$에서 같은 자리에 있는 행렬 $\mathbf{B}$의 원소를 빼면 다음과 같다.

$$\mathbf{D}=\begin{bmatrix}-1-1 & 2-(-1) & 3-4\\ 4-2 & -2-0 & 1-1\\ 1-3 & 3-5 & 2-0\\ 2-4 & 5-6 & 0-(-2)\end{bmatrix}=\begin{bmatrix}-2 & 3 & -1\\ 2 & -2 & 0\\ -2 & -2 & 2\\ -2 & -1 & 2\end{bmatrix}$$

예제

본문에서 다룬 개념들을 적용한 문제와
상세한 풀이를 담았다.

MATLAB 4-1 [예제 4-1]의 검증

MATLAB을 이용하여 [예제 4-1]의 결과를 확인하라.

풀이

[그림 4-1]은 MATLAB 실행 결과 화면이다. 전치행렬을 표시하는 윗첨자 T는 MATLAB에서 사용 가능한 아포스트로피를 사용했다.

MATLAB 실습

학습한 내용을 MATLAB으로 검증한다.

Command Window

```
>> A = [-1 4 1 2;2 -2 3 5;3 1 2 0];
>> A'
ans =
    -1     2     3
     4    -2     1
     1     3     2
     2     5     0
>> B = [1 -1 4;2 0 1;3 5 0;4 6 -2];
>> D = A'-B
D =
    -2     3    -1
     2    -2     0
    -2    -2     2
    -2    -1     2
```

[그림 4-1] 실행 결과

Check it up!

☑ 스크립트 파일 확장자의 이해

문서를 편집할 때 마이크로소프트(Microsoft) 워드나 한컴오피스를 많이 이용하는데, 각각의 파일을 저장할 때는 확장자(.doc 혹은 .hwp)가 반드시 붙는다. 만일 저장하고자 하는 워드 파일 이름이 'file'이면 'file.doc' 혹은 'filde.hwp'로 지정된다. 물론 컴퓨터에 이미 마이크로소프트 오피스 혹은 한컴오피스가 설치되어 있으면, 문서 편집을 마칠 때 파일 이름만 입력해도 자동으로 확장자가 지정된다. 기술적으로 'file.doc' 파일은 마이크로소프트 오피스가 설치되어 있지 않은 컴퓨터에서는 사용할 수 없고 환경이 다른 한컴오피스에서도 사용할 수 없다.

이처럼 MATLAB의 스크립트 파일 'file.m'은 마이크로소프트 오피스에서 사용할 수 없고, 같은 이유로 'file.doc' 파일도 MATLAB에서 사용하지 못한다.

| Check it up! |

참고로 알아두면 좋은 내용과
실습 과정에서 주의해야 할 사항을 설명한다.

CHAPTER 01 핵심요약

01 MATLAB

대화형 인터페이스 시스템과 쉽고 효율적인 고급 프로그래밍 언어를 이용하여 신속하게 다른 프로그래밍 언어와 연결함으로써 과학과 공학에 유용하고 훌륭한 개발 환경을 제공한다.

02 MATLAB의 도움말 명령어

내장되어 있는 MATLAB의 함수 혹은 명령어의 역할과 기능에 대한 정보를 검색하는 데 유용하다.

help	MATLAB에서 사용 가능한 명령어 혹은 함수의 정확한 이름은 알지만 기본 기능을 알지 못하는 경우, 기본 기능을 검색하기 위해서 사용한다.
doc	help와 거의 같은 기능이지만 더 자세한 설명을 검색할 때 사용한다.
lookfor	명령어 혹은 함수의 정확한 철자를 모를 때 찾는 이름을 포함한 비슷한 철자를 가진 단어까지 검색한다.

| 핵심요약 |

해당 장이 끝날 때마다 본문에서 다룬
주요 내용들을 다시 한번 정리한다.

| 기본문제 |

해당 장이 끝날 때마다 본문에서 익힌
내용을 객관식 문제를 통해 확인한다.

CHAPTER 01 기본문제

1.1 다음 MATLAB의 명령어 중에 서로 연관성이 없는 것은 무엇인가?

① ans ② doc ③ help ④ lookfor

1.2 다음 MATLAB의 지수승과 지수함수의 입력 중 오류가 발생하는 것을 모두 찾아라.

① 1.2e5 ② 1.2*e−05 ③ 1.2*10^−05
④ 2exp(−5) ⑤ −2*exp(05)

1.3 다음 변수 중 MATLAB에서 유효한 형태는 무엇인가?

① A−2 = 3 ② 2A = 3 ③ A_2 = 3 ④ 2_A = 3

| 연습문제 |

해당 장이 끝날 때마다 본문에서 익힌
내용을 주관식 문제를 통해 정리한다.

CHAPTER 01 연습문제

1.1 쌍곡선(hyperbolic) cotangent 값을 구하는 함수를 사용하려고 할 때, **lookfor** 명령어를 사용하여 관련 함수를 찾아라.

1.2 수식 $y = e^{-2x} - 2\cos x + 10^{-4}$를 MATLAB 프로그램을 사용하지 말고, MATLAB에서 사용 가능한 두 가지 형태를 손으로 직접 나타내라. 여기서 $x = 0$이고 10^{-4}를 입력할 때 두 가지 형태를 사용해야 한다.

1.3 수식 $w = x - 2y + z$를 MATLAB 프로그램을 사용하여 실행하라. 여기서 $x = 3$, $y = 2$, $z = 1$이다.

강의 보조 자료 및 참고 문헌

강의 보조 자료

한빛아카데미 홈페이지에서 '교수회원'으로 가입하신 분은 인증 후 교수용 강의 보조 자료를 제공받을 수 있습니다. 한빛아카데미 홈페이지 상단의 〈교수전용공간〉 메뉴를 클릭하세요.

http://www.hanbit.co.kr/academy

온라인 자료 안내

이 책의 온라인 자료는 다음 경로에서 내려받을 수 있습니다.

한빛아카데미 홈페이지 접속 → [도서명] 검색 → 도서 상세 페이지의 [부록 / 예제소스]

참고 문헌

- W. J. palm III, 『Introduction to MATLAB7 for Engineers』, 3rd Ed., McGraw-Hill, 2010.
- K. E. Atkinson & W. Han, 『Elementary Numerical Analysis』, 3rd Ed., John Wiley & Sons, 2004.
- Steven. C. Chapra, 『Applied Numerical Methods with MATLAB for Engineers and Scientists』, McGraw-Hill, 2017.

Contents

Contents

PART 02 수치해석 입문

CHAPTER 03 숫자의 이해와 응용

CHAPTER 04 선형시스템의 풀이

CHAPTER 05 테일러 다항식

Contents

Contents

CHAPTER 09 수치해석을 이용한 미분

PART

01

수치해석을 위한 MATLAB

CONTENTS

PART 01 들어가기 전에

MATLAB 소개

MATLAB은 MATrix와 LABoratory의 앞쪽 세 글자를 합성하여 만들어졌다. 제안된 이름과 같이 MATLAB은 1차원의 배열을 나타내는 벡터, 2차원의 배열을 나타내는 행렬 혹은 그 이상의 차원(dimension)을 나타내는 배열을 만들고 조작하는 프로그래밍 언어이다. 따라서 행렬을 이용하여 데이터와 함수를 처리하기 쉽고 그래프에 표현할 수 있으며, 대화형 인터페이스(interface) 시스템과 쉽고 효율적인 고급 프로그래밍 언어를 이용하여 신속하게 다른 프로그래밍 언어와 연결하여 사용할 수 있다.

MATLAB은 데이터 분석, 알고리즘 개발, 모델 작성을 위해 다양한 수치 연산 방법을 제공한다. 일반적인 과학 및 공학 연산을 지원하는 수학 함수가 포함되어 있으며, 핵심 수학 함수는 벡터와 행렬 연산을 빠르게 실행할 수 있도록 프로세서 최적화 라이브러리를 사용한다. 이런 장점으로 수치해석의 문제를 빠르고 효율적으로 해결하려는 사람들에게 훌륭한 개발 환경을 제공해 주는 매우 유용한 프로그래밍 언어이다.

MATLAB의 장점을 정리하면 다음과 같다.

- **내장함수(built-in function)** : 최첨단 기술, 다양한 데이터 구조와 데이터형을 이용하여 정확하고 최적화된 수치해석이 가능하다.
- **시각화 가능** : 행렬을 이용하여 처리한 데이터와 함수의 결과를 고품질의 선명한 그래프로 시각화한다.
- **심벌릭 툴박스(symbolic toolbox) 제공** : 복잡한 대수와 수식의 풀이 과정 없이 문자를 사용하여 보다 편하게 계산할 수 있다.
- **플랫폼(platform) 사이 호환이 수월** : C/C++, Java, 파이썬(python)과 같은 다른 프로그래밍 언어와 확장, 호환해서 사용할 수 있다.
- **시뮬링크(simulink)** : 시각적인 블록(block)을 이용하여 보다 쉽게 시뮬레이션 설계를 할 수 있다.

1장에서는 MATLAB을 이용하여 수치를 해석하는 데 필요한 자료 입력과 출력의 결과를 시각적으로 보여주는 그래프 학습을 다루고, 2장 MATLAB 응용에서는 심벌릭 툴박스에 대해 학습한다. 이 내용은 3장 이후 수치해석 이론을 학습할 때 필요한 경우 계속해서 다룰 것이다. 시뮬링크는 MATLAB에서 매우 유용한 한 축을 담당하지만 수치해석을 학습할 때 많이 사용하지 않기 때문에 본 교재에서는 생략한다.

이 책을 이용하여 MATLAB 실습을 수행하고자 하는 경우에는 MATLAB R2019b 이후 버전의 이용을 권하며, 이 책에서는 MATLAB R2020a 버전을 사용한다. 실제로 R2020a 버전과 R2020b 버전은 연도만 동일하게 표시할 뿐, 기본적인 성격이 다르다. 2020b 버전은 다음 연도의 R2021a 버전을 미리 출시한 버전이라고 할 수 있다. 따라서 R2020a 버전이 좀 더 안정적이기 때문에 R2020b 버전보다 프로그래밍 오류(bug)가 적다. 만일 MATLAB의 R2020a 버전을 설치한 경우에는 MATLAB의 R2019b 버전의 연장선상에서 업그레이드한 버전으로 생각해도 무관하다.

CHAPTER 01

MATLAB 기초

Basic MATLAB

이 장은 수학적 개념을 정확하게 이해하고 MATLAB 프로그램 활용 능력을 배양하여 수치해석을 잘 이해하는 것이 목표이다. 수치해석의 궁극적인 목적은 과학 혹은 공학적인 문제를 더 정확하게 해결하는 것이다. 이를 위한 기본적인 공식, 방법, 기술을 MATLAB으로 해결하면서, 개념과 실습 중 어느 한쪽의 일방통행이 아닌 양방향 진행 능력을 키우게 될 것이다. 복잡한 컴퓨터 프로그래밍을 습득하는 것이 아니라, 기본적인 문제부터 복잡한 문제까지 최소한의 오차로 정확하게 예측하기 위한 하나의 도구로써 MATLAB을 이용하고자 한다. 이를 위해 MATLAB 명령어를 정확하게 이해할 필요가 있다.

따라서 이 장에서는 MATLAB 배열의 기본 특성, 다양한 연산자, 조건문, 순환문, 사용자정의함수 등을 학습한다. 또한 실제 그래프와 예측한 그래프의 차이를 시각적으로 비교하여 판단할 수 있는 MATLAB 2차원 및 3차원 그리기 기능도 학습한다.

CONTENTS

SECTION 1.1 MATLAB 시작하기

MATLAB이 설치된 컴퓨터의 [내 PC] 메뉴에서 MATLAB 디렉터리 그룹을 찾아 선택하거나 다음과 같은 바로 가기 아이콘(icon)을 선택한다.

[그림 1-1] MATLAB 바로 가기 아이콘

MATLAB의 바로 가기 아이콘을 두 번 연속 클릭하면 [그림 1-2]와 같은 MATLAB을 실행할 수 있는 전체 화면이 나타난다. 명령창에는 '>>' 기호가 나타나는데, 이를 프롬프트(prompt)라고 한다. 이 기호는 키보드로 입력한 MATLAB 명령어를 즉시 실행할 준비가 되었음을 의미한다.

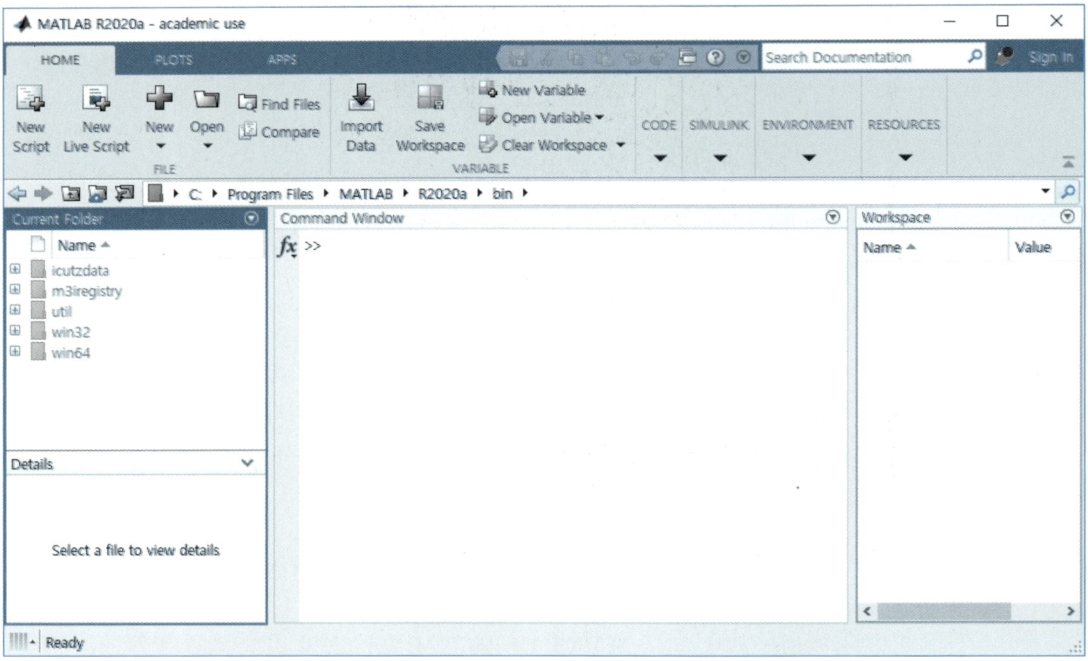

[그림 1-2] MATLAB의 전체 화면

1.1.1 입력 방법

[그림 1-2]에서 명령창(Command Window)은 MATLAB 명령어를 입력하고 명령어와 함수를 실행할 수 있는 공간이다. 프롬프트 뒤에 실행할 명령어를 입력하고 Enter↵를 누르면 다음 줄로 이동하여 새로운 입력을 기다리는 프롬프트가 다시 나타난다.

이후 같은 방법으로 필요한 명령어를 계속 입력한다. 이때 MATLAB은 한 줄 한 줄씩 프롬프트에 입력된 이전 내용들을 현재 사용하고 있는 명령창에 계속 보관, 유지한다.

MATLAB 작업을 종료한 후 다시 MATLAB을 시작하더라도 새롭게 열리는 명령창은 로그아웃(logout) 이전의 입력 내용을 나타내지 않지만, [그림 1-2]의 오른쪽에 열려 있는 작업공간(Workplace)창에 그 기록이 여전히 보관되어 있는 경우는 명령창에서 화살표 키보드 중 위쪽 화살표를 한 번 누를 때마다 이전에 입력한 명령어를 역순으로 볼 수 있고 아래쪽 화살표를 한 번 누를 때마다 최근에 입력한 명령어를 다시 볼 수 있다. 또한 왼쪽 및 오른쪽 화살표를 누르면 일반 문서 편집기와 마찬가지로 글자의 앞뒤로 이동할 수 있다.

1.1.2 도움말 명령어 사용

MATLAB의 가장 큰 장점 중 하나는 다른 프로그래밍 언어에 비해 다양한 내장함수(built-in function)를 제공한다는 것이다. MATLAB에 어느 정도 익숙해지면 자주 사용하는 명령어는 자연스럽게 기억할 수 있지만, 한동안 사용하지 않거나 혹은 가끔 사용하는 명령어는 잊어버리기 쉽다. 그래서 MATLAB을 작업하면서 함수, 명령어, 기타 다른 내용의 정보를 알고 싶은 경우에는 제공되는 도움말 명령어 **help**, **doc**, **lookfor** 등을 사용하면 된다(이 책에서 영문 볼드체는 실제 MATLAB에 사용하는 명령어 및 함수를 의미한다).

help 명령어는 함수명 또는 명령어는 알지만, 이들에 대한 기본 정보를 모르는 경우에 사용한다. 만일 라디안(radian) 인자를 갖는 역사인함수를 구하는 **asin**이라는 정확한 함수는 기억하고 있지만, 이 함수의 정보를 알고 싶다면

```
>>help asin
```

을 입력하고 Enter↵ 키를 누르면, 즉각 **asin**의 기본 설명이 명령창에 표시된다. 더 자세한 추가 설명과 **asin**을 사용한 간단한 예제를 보려면

```
>>doc asin
```

을 입력하고 [Enter↵] 키를 누르면 현재의 MATLAB 명령창과는 별도로 인터넷 브라우저(browser)가 열리면서 **asin** 함수의 상세 정보가 나타난다.

help나 **doc** 명령어와는 달리 MATLAB에서 실행 가능한 함수명 또는 명령어를 정확히 알지 못할 때는 **lookfor** 명령어를 사용한다. **lookfor** 명령어를 사용하면 찾으려는 정확한 함수명 또는 명령어는 물론이고 입력된 영문 철자가 포함된 관련 함수명 또는 명령어가 함께 나타난다. **asin** 함수와 비슷한 **sin**을 입력해서 정확한 MATLAB 함수명을 찾아보자. 다음과 같이 입력하고

```
>>lookfor sin
```

[Enter↵] 키를 누르면 찾고자 하는 정확한 함수는 물론이고 입력된 영문의 철자와 겹치는 다른 함수들도 함께 나열된다.

MATLAB 1-1 MATLAB의 도움말 명령어

코탄젠트(cotangent)는 직각삼각형에서 밑변의 길이에 대한 높이의 비율을 나타내는 탄젠트(tangent)의 역수로 $\cot\theta = \frac{1}{\tan\theta} = \frac{\text{밑변}}{\text{높이}}$ 으로 나타낸다. **lookfor** 명령어를 사용하여 MATLAB 함수를 찾아 확인하라.

풀이

```
Command Window
>> lookfor cotangent
acot                     - Inverse cotangent, result in radian.
acotd                    - Inverse cotangent, result in degrees.
acoth                    - Inverse hyperbolic cotangent.
cot                      - Cotangent of argument in radians.
cotd                     - Cotangent of argument in degrees.
coth                     - Hyperbolic cotangent.
cot                      - Cotangent of argument in radians.
acot                     - Inverse cotangent of codistributed array, result in radians
acotd                    - Inverse cotangent of codistributed array, result in degrees
acoth                    - Inverse hyperbolic cotangent of codistributed array
cot                      - Cotangent of codistributed array in radians
cotd                     - Cotangent of codistributed array in degrees
coth                     - Hyperbolic cotangent of codistributed array
acot                     - Inverse cotangent of gpuArray, result in radians
acotd                    - Inverse cotangent of gpuArray, result in degrees
acoth                    - Inverse hyperbolic cotangent of gpuArray
cot                      - Cotangent of gpuArray in radians
cotd                     - Cotangent of gpuArray in degrees
coth                     - Hyperbolic cotangent of gpuArray
acot                     - Symbolic inverse cotangent.
acotd                    - sind Inverse cotangent, result in degrees.
acoth                    - Symbolic inverse hyperbolic cotangent.
cot                      - Symbolic cotangent.
cotd                     - Cotangent of argument in degrees.
coth                     - Symbolic hyperbolic cotangent.
```

[그림 1-3] 실행 결과 : **lookfor**

코탄젠트에 대한 정확한 MATLAB 함수명을 모른다는 가정하에 세 가지 도움말 명령어 중 **lookfor**를 사용하는 것이 가장 이상적이다. [그림 1-3]에서 기본적으로 MATLAB에서 사용하는 각도의 단위는 라디안이므로 **cot**가 MATLAB에서 사용되는 함수명임을 알 수 있다.

MATLAB 1-2 MATLAB의 도움말 명령어

[MATLAB 1-1]을 실행하면 **cot** 함수와 관련된 함수로서 **acot**와 **cotd** 함수를 보여준다. **doc** 명령어를 사용하여 **cotd** 함수의 상세 정보를 확인하라. 그리고 **cot** 함수와 **cotd** 함수의 가장 큰 차이점을 설명하라.

풀이

명령창에서 '>> **doc cotd**'를 입력하고 Enter↵ 키를 누르면 다음과 같이 **cotd** 함수의 상세 정보가 인터넷 브라우저에 나타나고, 활용할 수 있는 관련 예제도 함께 보여준다.

cotd 함수는 **cot** 함수와 기본적으로 연산 기능이 동일하지만, **cotd** 함수는 각도의 단위로 도(degree) 값을 사용한다.

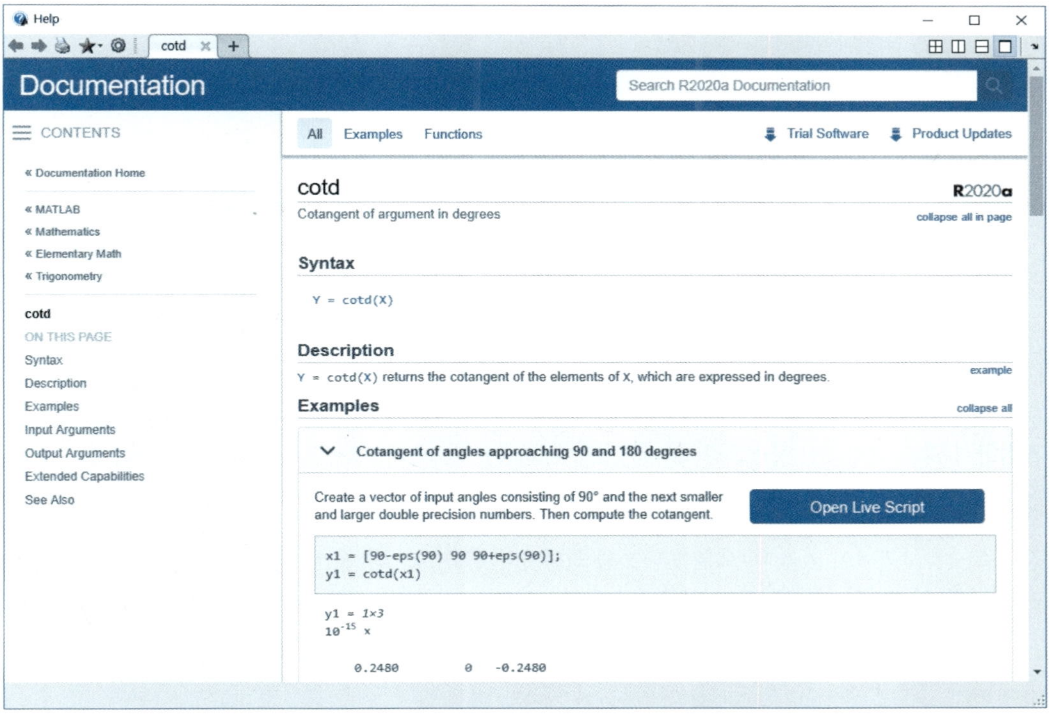

[그림 1-4] 실행 결과 : **doc**

1.1.3 산술 연산자 역할

MATLAB의 가장 기본적인 기능은 공학용 계산기이다. MATLAB도 수학과 마찬가지로 덧셈, 뺄셈, 곱셈, 나눗셈 산술 연산자를 사용하여 기본 사칙연산을 수행한다. 입력 방법은 같지만, 다소 다르게 표현하는 부분도 있다. 덧셈과 뺄셈에는 +와 − 부호를 똑같이 사용하고, 곱셈에는 × 부호 대신에 *(별표)를 사용한다. 나눗셈은 ÷ 부호 대신에 결과가 다르게 표시되는 / (**오른쪽 나눗셈**)과 \ (**왼쪽 나눗셈**)을 사용한다. 왼쪽 나눗셈 입력은 MATLAB 명령창에 [₩] 키로 입력한다. 이때 입력한 [₩]는 사용 중인 컴퓨터에 따라서 ₩ 혹은 \ 로 명령창에 표시된다.

MATLAB 1-3 **산술 연산자 : 곱셈과 나눗셈**

MATLAB에서 사용하는 곱셈과 나눗셈 연산자를 이용하여 5×2, 47÷3, 3÷47을 계산하고 결과를 비교하라.

풀이

```
Command Window
>> 5*2
ans =
    10
>> 47/3  …… ❶
ans =
   15.6667
>> 47₩3  …… ❷
ans =
    0.0638
```

[그림 1-5] 곱셈과 나눗셈 연산자

[그림 1-5]의 MATLAB 실행 결과처럼 47÷3에는 일반적으로 수학에서 하듯이 오른쪽 나눗셈 연산자 /을 사용했고(❶), 3÷47에는 왼쪽 나눗셈 연산자 ₩를 사용했다(❷). 결과는 특별히 소수점 자리를 지정하지 않은 상태라면 자동으로 네 자리까지만 표시된다. 또한 계산 결과에 대한 출력변수를 지정하지 않는 경우는 자동으로 내장변수 **ans**로 표시된다.

참고로 숫자 3과 8이 있을 때 오른쪽 나눗셈 연산자와 왼쪽 나눗셈 연산자를 사용하여 0.375라는 똑같은 결과를 얻으려면 다음과 같이 입력해야 한다.

```
>>3/8
>>8\3
```

MATLAB 1-4 산술 연산자 : 지수승과 지수함수

지수승 5.43×10^{-5}과 1.23×2^{5} 그리고 지수함수 e^{-4}을 입력하고 결과를 설명하라.

풀이

```
Command Window
>> 5.43*10^-5
ans =
   5.4300e-05
>> 5.43e-5
ans =
   5.4300e-05
>> 1.23*2^5
ans =
   39.3600
>> exp-4
Error using exp
Not enough input arguments.
>> exp(-4)
ans =
    0.0183
```

[그림 1-6] 지수승과 지수함수의 연산자

수학적으로 밑수 10의 지수승은 [그림 1-6]처럼 10^-5 또는 e-5를 입력해도 같은 결과를 얻지만 대부분은 e-5의 형식을 이용한다. MATLAB은 수많은 **내장함수**를 편리하게 이용할 수 있다. **내장함수**를 변수 혹은 상수처럼 사용하는 경우는 반드시 소괄호를 이용해야 한다. 지수함수 e^{x}를 MATLAB에서 표현할 때는 **exp** 명령어를 사용한다. **exp** 명령어를 사용할 때는 반드시 소괄호 안에 지수승을 적어야 하며, 소괄호를 사용하지 않으면 오류 메시지가 나타난다.

소괄호는 MATLAB에서 중요한 연산자 중 하나이다. 복잡한 수식을 입력할 때 수식을 간결하게 만들어, 실제 코딩(coding)의 오류를 줄일 수 있다.

[그림 1-7]은 2+3을 세 번 연속해서 곱할 때 소괄호를 사용한 경우와 사용하지 않은 경우에 대한 계산 결과를 보여준다. 곱셈이 덧셈보다 산술 연산자의 우선순위가 앞선다. 산술 연산자의 우선순위가 가장 앞서는 소괄호를 사용하면 2+3을 하나로 묶어서 실행하기 때문에 원하는 결과를 얻는다.

```
>> 2+3*2+3*2+3
ans =
    17
>> (2+3)*(2+3)*(2*3)
ans =
   150
```

[그림 1-7] 소괄호 유무에 따라 다른 실행 결과

산술 연산자의 우선순위에 따라 연산의 결과가 바뀌기 때문에, 산술 연산의 순서를 정하는 연산자의 우선순위는 매우 중요하다. 산술 연산자의 우선순위는 다음과 같이 소괄호(중첩되어 있는 경우 가장 안쪽부터 바깥쪽으로 확장 해석), 지수함수, 곱셈 혹은 나눗셈, 덧셈 혹은 뺄셈의 순서로 계산된다. 같은 우선순위의 연산자는 왼쪽에 위치한 연산자부터 해석한다.

( ) → ^ → exp → *, /, \ → +, -

우선순위 없이 연산을 실행하여 실제로 원하던 결과가 안 나와도 MATLAB에서는 경고나 오류 메시지를 표시하지 않는다. 이는 전체 프로그래밍에 심각한 영향을 미치거나 부정확한 결과를 제공하므로 주의해야 한다. 음의 무한대 표시 -Inf, 양의 무한대 표시 Inf, 수학적으로 부정과 불능 상태를 의미하는 NaN(Not-a-Number)과 같은 비 숫자의 결과도 마찬가지이다.

1.1.4 등호 지정 연산자

변수는 정보를 임시로 저장할 메모리 공간을 의미하며, 변수에 정보를 저장하는 것을 '지정한다'고 한다. 등호는 수학에서 왼쪽과 오른쪽이 같음을 나타내는 부호다. 그러나 MATLAB을 포함한 대부분 프로그래밍 언어에서는 전혀 다른 의미로 사용된다. 수학에서 $x = 3$은 변수 x가 3과 같다는 표현이지만, MATLAB에서는 변수 x에 3이라는 수를 임시로 저장하는 것을 의미한다.

수학에서 수식 $x = 3$일 때 $x = x + 2$를 풀면, 오른쪽에 위치한 변수 x가 왼쪽 변수 x와 상쇄되어 $0 = 2$라는 거짓 결과가 생성되며 더 이상 등호가 성립하지 않는다. 그러나 MATLAB에서 **등호 지정 연산자**를 사용하여 이 연산을 하면 전혀 다른 결과를 볼 수 있다.

등호 지정 연산자 왼쪽에 있는 변수 이름은 영어 대문자, 영어 소문자, 숫자와 아래 밑줄을 혼합하여 63 문자까지 사용할 수 있다. 오른쪽에는 반드시 상수, 초깃값이 지정된 변수, 수식 형태를 입력해야 한다. 수학에서 사용하는 등호와 동일한 기능을 갖는 MATLAB의 부호는 "=="이다.

MATLAB 1-5 등호 지정 연산자

변수 x가 5일 때 이 값을 수식 $x=x-2$에 입력한 후 그 결과를 확인하라.

풀이

```
Command Window
>> x = x-2
Unrecognized function or variable 'x'.
>> x = 5    ...... ❶
x =         ...... ❷
     5
>> x = x-2
x =
     3
```

[그림 1-8] 등호 지정 연산자

[그림 1-8]과 같이 변수의 초깃값은 반드시 수식보다 먼저 지정해야 한다. ❶에서 변수 x에 초깃값 5가 지정되고, ❷부터 변수 x에 임시로 저장된 초깃값 5에서 2가 빼져서 다시 변수 x에 3이 새롭게 지정되는 결과를 보여준다.

SECTION

1.2 MATLAB 자료 입출력 형식

자료와 명령어를 입력할 때는 **명령창**을 직접 사용하거나 **스크립트**(script) **파일**을 이용한다. 명령창에 직접 차례대로 자료를 입력하면 과정마다 변수를 미리 검사할 수 있고, 작업이 완전히 끝나기 전에 결과의 중간 상태를 조사하여 작업의 정확성을 향상시킬 수 있다. 스크립트 파일을 이용한 입력 방법은 전체적으로 수행할 명령어들을 알고리즘(algorithm)에 맞게 코딩한 뒤 MATLAB 파일에 저장하고 한번에 실행할 때 사용한다.

두 가지 입력 방법은 각각 장단점이 있다. 짧은 코딩에는 명령창에 직접 입력하는 것이, 복잡하고 긴 코딩에는 스크립트 파일에 입력하는 것이 유용하다. 스크립트 파일은 MATLAB 함수/명령어를 포함하는 텍스트 파일로 확장자가 .m이다. 그래서 스크립트 파일을 'm파일'이라고 한다.

1.2.1 스크립트 파일

스크립트 파일을 생성하기 위해서는 MATLAB 명령창 안에서 제공하는 편집창을 이용한다.

MATLAB 명령창이 열려 있는 상태에서 다음과 같은 순서로 클릭하여 편집창을 열 수 있다.

[HOME] > [New Script]

[그림 1-9] 편집창 화면

스크립트 파일 저장 및 다시 불러내기

저장된 파일이 없는 새로운 편집창이 열리면 편집창 안에 스크립트 파일의 내용을 입력하고

[Save] > [Save as]

메뉴를 클릭한 후 새롭게 열리는

[Selected File for Save As] > [파일 이름(N):]

에 스크립트 파일의 확장자 .m 없이 저장할 파일명만 직접 입력한다. 이때 스크립트 파일의 확장자 .m은 [파일 형식(T):]에 자동으로 생성된다. 예를 들어 파일명이 'file'이면 [Current Folder] 창에 'file.m' 파일이 저장된다. 이미 생성된 파일을 수정 및 보완 후 다시 저장하는 경우는 [Save] 버튼을 클릭한다.

이미 저장된 스크립트 file.m 파일을 편집창에 다시 불러내어 확인하거나 수정할 때는

[HOME] > [Open] > file.m

의 순서로 진행하거나 보다 간편하게 [Current Folder] 창에 존재하는 file.m을 더블클릭한다.

스크립트 파일 실행

만일 스크립트 파일이 [Current Folder] 창에 저장되어 있지 않은 경우, 스크립트 파일을 실행하려면 먼저 스크립트 파일이 저장된 경로를 현재 폴더로 변경해야 한다. 저장된 스크립트 파일을 명령창에서 실행하는 방법은 다음과 같다.

1. 명령창에 확장자(.m)를 제외한 파일명만 입력하고 Enter↵ 키를 누른다.
2. 열려 있는 편집창에서 [Run] 버튼 ▶을 클릭한다.
3. 열려 있는 편집창에서 컴퓨터의 키보드에서 기능키 F5를 누른다.

스크립트 파일 디버깅

디버깅(debugging)은 일반적으로 프로그램의 오류를 발견하고 수정하는 작업이다. 스크립트 파일을 디버깅하려면 검사할 행을 표시하는 중단점(breakpoint)을 설정한다. 중단점을 설정하는 방법은 다음과 같다.

1. 커서를 중단점을 설정하는 줄에 둔 뒤 F12 키를 누른다.
2. 커서를 중단점을 설정하는 줄에 둔 뒤 [Breakpoints] > [Set/Clear] 메뉴를 클릭한다.

중단점을 해제하는 방법은 다음과 같다.

1. 커서를 중단점을 해제하는 줄에 둔 뒤 F12 키를 누른다(켜고/끄기).
2. 커서를 중단점을 해제하는 줄에 둔 뒤 [Breakpoints] > [Clear All] 버튼을 클릭하면 한꺼번에 모든 중단점을 해제할 수 있다.

Check it up!

☑ 스크립트 파일 확장자의 이해

문서를 편집할 때 마이크로소프트(Microsoft) 워드나 한컴오피스를 많이 이용하는데, 각각의 파일을 저장할 때는 확장자(.doc 혹은 .hwp)가 반드시 붙는다. 만일 저장하고자 하는 워드 파일 이름이 'file' 이면 'file.doc' 혹은 'filde.hwp'로 지정된다. 물론 컴퓨터에 이미 마이크로소프트 오피스 혹은 한컴오피스가 설치되어 있으면, 문서 편집을 마칠 때 파일 이름만 입력해도 자동으로 확장자가 지정된다. 기술적으로 'file.doc' 파일은 마이크로소프트 오피스가 설치되어 있지 않은 컴퓨터에서는 사용할 수 없고 환경이 다른 한컴오피스에서도 사용할 수 없다.

이처럼 MATLAB의 스크립트 파일 'file.m'은 마이크로소프트 오피스에서 사용할 수 없고, 같은 이유로 'file.doc' 파일도 MATLAB에서 사용하지 못한다.

1.2.2 행렬 입력 서식

C언어에서는 정수형 자료는 **int**, 소수형 자료는 **float** 등의 명령어로 지정해주어야 한다. 그러나 MATLAB은 특정 자료의 형식이나 행렬의 차원에 대한 선언이 필요 없는 언어다.

행렬 $\mathbf{A} = \begin{bmatrix} 1 & 2 & 3 \\ 4 & 5 & 6 \\ 7 & 8 & 9 \end{bmatrix}$ 를 입력해보자.

Command Window

```
>> A = [1 2 3;4 5 6;7 8 9]
A =
     1     2     3
     4     5     6
     7     8     9
```

[그림 1-10] 행렬 **A** 입력 실행 결과

- 영문 변수 이름은 반드시 대문자와 소문자를 구별하여 쓴다. 즉 a와 A는 완전히 다른 변수 이름이다.
- 대괄호 사이의 세미콜론은 행 바꿈을 표시한다.
- 열 바꿈은 한 칸을 띄거나 쉼표를 사용한다.

- 세미콜론(semicolon)을 명령어 끝에 입력하지 않으면 방금 입력한 결과를 즉시 이어서 보여준다. 자료의 입력이 정확한지 수시로 확인할 수 있는 장점이 있지만, 너무 많은 자료에 대한 결과가 나열되면 작업의 진행 속도가 느려지고 명령창 사용이 제한되는 단점이 있다.

만일 세미콜론을 명령어 끝에 입력하면, 아무런 입력 결과를 보이지 않고 자동으로 다음 명령줄로 넘어간다. 그렇지만 MATLAB 명령창을 계속 이용하는 동안에는 언제든지 사용 가능하도록 저장된다.

MATLAB 1-6 **첫 스크립트 파일 만들기**

행렬 $\mathbf{A} = \begin{bmatrix} 1 & 2 & 3 \\ 4 & 5 & 6 \\ 7 & 8 & 9 \end{bmatrix}$ 를 스크립트 파일(파일명 : script1.m)로 저장하고 명령창에 직접 입력한 결과와 비교하라. 또한 세미콜론을 사용한 경우와 사용하지 않은 경우를 비교할 수 있도록 입력하고 그 결과를 확인하라.

풀이

스크립트 파일은 문제를 풀고, 설계하는 데 유용하다. 특히 대화형 시스템의 순간적이고 직접적 입력 방법보다 다루기 어렵고 복잡한 명령어도 충분한 시간을 갖고 계획적이고 조직적으로 일련의 순서를 정하여 입력할 수 있다.

Command Window

```
>> A = [1 2 3;4 5 6;7 8 9];
>> A = [1 2 3;4 5 6;7 8 9]
A =
     1     2     3
     4     5     6
     7     8     9
>> script1
A =
     1     2     3
     4     5     6
     7     8     9
```

script1.m

```
A = [1 2 3;4 5 6;7 8 9];
A = [1 2 3;4 5 6;7 8 9]
```

[그림 1-11] 스크립트 파일의 입력 화면과 실행 결과

1.2.3 행렬 출력 서식

숫자를 나타내는 MATLAB의 출력 서식은 입력 서식 명령어로 형태가 지정된다. 먼저 $\frac{4}{3}$와 1.2345×10^{-6}을 서식 명령어 없이 입력하면 [그림 1-12]와 같은 결과가 출력된다.

```
Command Window
>> C = [4/3;1.2345e-6]
C =
    1.3333
    0.0000
```

[그림 1-12] 출력 서식 없는 숫자 실행 결과

```
Command Window
>> format short
>> C = [4/3;1.2345e-6]
C =
    1.3333
    0.0000
```

[그림 1-13] 출력 서식 명령어 **format short** 실행 결과

MATLAB에서 출력되는 숫자는 수학과 마찬가지로 실수로 표현된다. 수학적으로 $\frac{4}{3}$와 1.2345×10^{-6}을 실수로 표시하면, **1.3333**33…의 무한소수 형태와 **0.0000**012345로 나타난다. [그림 1-12]에서는 출력 서식 명령어를 지정하지 않은 상태이므로, MATLAB의 디폴트(default, 기본 권장 사항)인 소수점(decimal point) 네 자리까지만 보여준다.

이번에는 [그림 1-13]과 같이 출력 서식 명령어인 **format short**를 직접 지정해보자. **format short** 명령어를 사용하더라도 서식 형태를 지정하지 않은 디폴트 결과와 같이 소수점 네 자리까지만 표시하고 있다. 서식을 지정하지 않은 모든 원소가 정수인 경우는 소수점 없이도 표현되지만, 만일 원소 중 하나라도 정수가 아닌 실수가 있는 경우는 자동으로 소수점 네 자리까지 표시된다. 서식을 지정할 때도 원소 중 하나라도 정수가 아닌 실수가 있는 경우는 모든 소수점 자리가 네 자리만 표시된다.

그 밖에 MATLAB에서 사용 가능한 서식 명령어를 [그림 1-14]에서 보여준다. 특히 **format long**의 명령어는 소수점 15자리까지 표시한다. **format long**은 소수점 자리에서 발생하는 오차까지 줄여서 측정값을 실제값에 근사시키려는 출력 서식 명령어로, 수치해석에서 자주 사용한다. **format shorte**는 지수승 e를 이용하여 소수점 아래 네 자리까지 출력하고 **format longe**는 지수승 e를 이용하여 소수점 아래 15자리까지 출력한다.

```
Command Window
>> format long
>> C = [4/3;1.2345e-6]
C =
   1.333333333333333
   0.000001234500000
>> format shorte
>> C = [4/3;1.2345e-6]
C =
   1.3333e+00
   1.2345e-06
>> format longe
>> C = [4/3;1.2345e-6]
C =
     1.333333333333333e+00
     1.234500000000000e-06
```

[그림 1-14] 다양한 출력 서식 명령어 실행 결과

1.2.4 저장과 끝내기

중간에 작업을 멈춰야 한다면 명령창을 종료하기 전에 입력된 중요한 자료들을 안전하게 저장해야 한다(스크립트 파일 사용을 권장하는 이유). [그림 1-15]에서 명령창에 입력된 내용을 파일 이름 data로 저장하는 것을 보여준다.

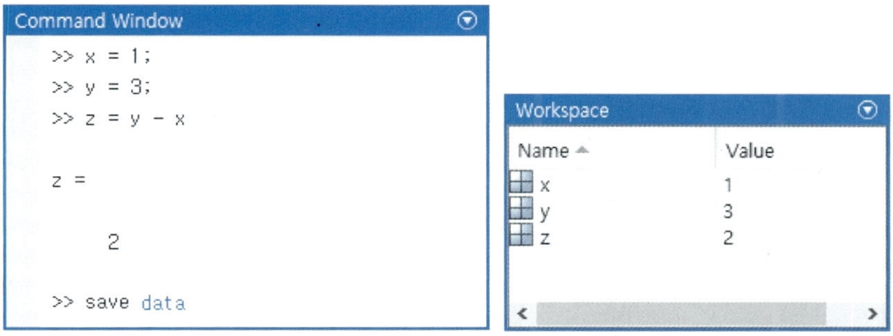

[그림 1-15] **save** 명령어 실행 및 작업공간창에 저장된 data 파일 내용

[그림 1-15]처럼 data 파일을 저장한 후 사용 중인 MATLAB을 종료하려면 [그림 1-2]의 화면의 오른쪽 상단의 × [닫기] 버튼을 마우스로 클릭하거나 명령창에 직접 다음과 같은 명령을 입력해도 종료할 수 있다.

```
>>quit
```

혹은

```
>>exit
```

이후 MATLAB 명령창을 다시 열어 저장된 data 파일을 불러오려면 [그림 1-16]처럼 명령어를 실행한다.

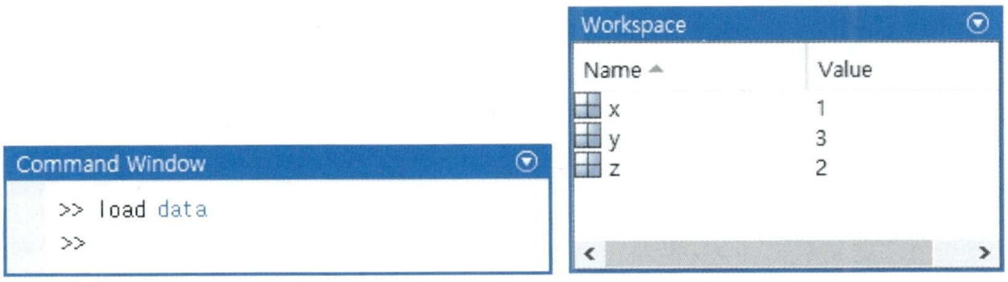

[그림 1-16] **load** 명령어 실행 및 작업공간창에 저장된 data 파일 내용

SECTION
1.3 MATLAB 그래프

그래프를 이용하여 결과를 시각적으로 표현하면 실험이나 수식을 이용해서 얻은 복잡한 수치 자료를 명쾌하게 해석할 수 있다. MATLAB은 직선, 곡선, 표면의 그리기와 시각화를 위한 광범위한 기능을 제공한다. xy 그리기라 부르는 다양한 2차원(2D) 그리기와 xyz 그리기라 부르는 다양한 3차원(3D) 그리기를 구현할 수 있다.

1.3.1 기초 그리기

보편적으로 많이 사용하는 선형 xy 그래프는 입력 자료를 x축(가로축)에 놓고 결과로 생성되는 출력 자료는 y축(세로축)에 놓는 방법이다. MATLAB에서 선형 xy 그래프를 그리기 위해 사용하는 명령어는 **plot**이다(MATLAB에 저장된 함수명 혹은 명령어는 영어의 소문자 사용을 원칙으로 한다).

그래프 그리기 명령어는 **plot** 외에 **loglog**, **semilogx**, **semilogy**, **polar**이 있다. 이 명령어들은 기본적으로 동일하게 적용되나 각 도표의 축의 크기와 그래프의 결과가 조금씩 다르게 나타난다. 이 책에서는 수치해석에서 가장 효과적으로 사용되는 **plot** 명령어만 설명하고, 나머지 명령어에 대한 설명은 생략한다.

plot 명령어

그래프 그리기의 첫 번째 연습으로 x축에 자료를 입력하지 않고 y축 원소 일곱 개에 대한 선을 그려보자. 명령창에 아래와 같이 명령어를 입력하고 Enter↵ 키를 누르면 [그림 1-17]과 같은 MATLAB 그림창이 현재 MATLAB 창에 자동으로 생성된다.

```
>>y = [0 .48 .84 1 .91 .6 .14];
>>plot(y)
```

[그림 1-17]과 같이 주어진 자료를 이용하여 첫 번째 그래프가 그려졌다. [그림 1-17]에서 x축의 1 ~ 7까지의 수는 입력된 자료가 아니라 주어진 원소 일곱 개에 상응하여 표시되는 색인이다. 그러나 이 그래프가 어떤 자료의 무엇을 보여준다는 설명이 전혀 없다. 이러한 문제점을 해결하고 그래프를 확실하게 이해할 수 있도록 다음 명령어를 덧붙여 쓰자.

```
>>title('The first MATLAB graph')
>>xlabel('Index of y')
>>ylabel('Ranges of y')
>>grid
```

새로 생성된 [그림 1-18]은 [그림 1-17]에 제목 및 가로축과 세로축 **꼬리표**(label)와 **모눈**(grid)을 붙여 그래프를 좀 더 쉽게 이해할 수 있다.

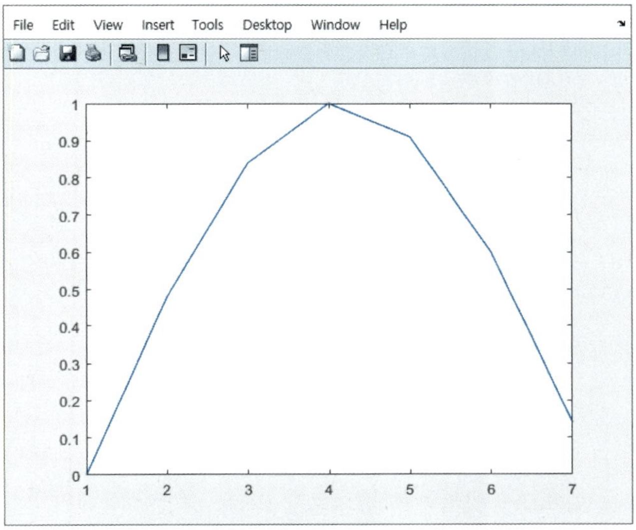

[그림 1-17] y의 원소 7개를 이용한 선 그리기

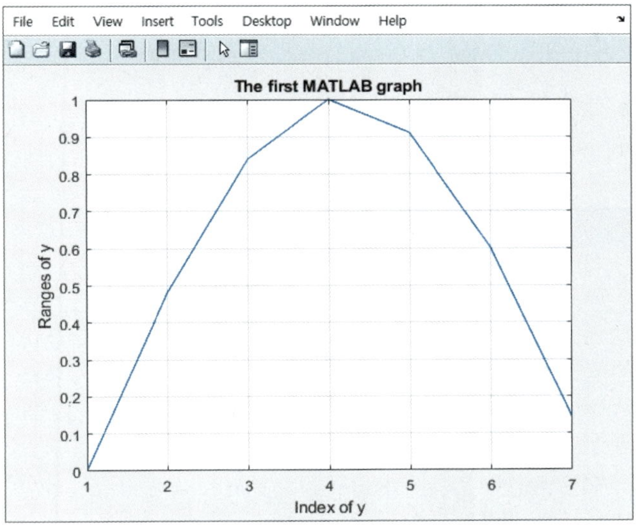

[그림 1-18] 시각적으로 향상된 [그림 1-17]

[그림 1-19]와 같이 입력하면 한 번 입력한 자료로 그래프 두 개를 그려 서로 비교할 수 있다. 이때 y1과 y2의 입력 순서는 바뀌어도 무관하다. 마지막에 겹치는 선을 구별하기 위해서 y1에는 디폴트로 설정된 직선을, y2에는 점선을 생성하는 표시를 삽입했다.

```
Command Window
>> x = [1 2 3 4 5 6 7];
>> y1 = [0 .48 .84 1 .91 .6 .14];
>> y2 = [.2 .50 1 .84 .6 .32 .09];
>> plot(x,y1,x,y2,':');
```

[그림 1-19] 입력 화면

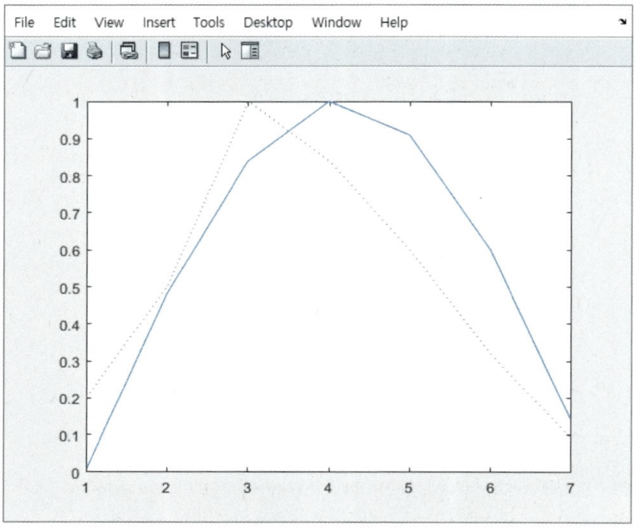

[그림 1-20] 그림창에 선 두 개 그리기

[표 1-1]에 MATLAB에서 제공되는 다양한 자료 기호, 선과 색상을 나타냈다. 복잡하게 그려지는 여러 선을 확실하게 구별하기 위해서 아래 세 가지 형태를 혼합해서 사용할 수 있다.

[표 1-1] 그리기에 이용하는 다양한 선과 표시 종류

자료 기호		선 형태		색상	
동그란 점 (.)	.	실선	–	검정색	k
별표 (*)	*	일점쇄선	--	파란색	b
x 표 (x)	x	쇄선–점선 혼합	–.	청록색	c
원형 (o)	o	점선	:	초록색	g
플러스 부호 (+)	+			자홍색	m
정사각형 (□)	s			빨간색	r
다이아몬드 (◇)	d			흰색	w
다섯 뾰쪽한 별 (★)	p			노란색	y

hold 명령어

두 개 이상의 선을 그림창 하나에 나타내는 경우 잘못 그려지는 선을 중간에 잡아내기가 어렵다. 모든 선이 그려진 이후에 처음부터 검토하여 수정해야 하므로 번거롭다. 이때 **hold** 명령어를 이용하면 선을 하나 생성한 이후에 다음에 그려지는 그림을 연속으로 추가하여 그릴 수 있다. 또한 중간마다 자료에 대한 확인 작업과 수정 작업을 함께 진행할 수 있다.

plot 명령어로 작성한 것을 [그림 1-21]처럼 **hold** 명령어로 다시 작성해도 새로 생성되는 [그림 1-22]의 그래프는 [그림 1-20]과 같다.

```
Command Window
>> x = [1 2 3 4 5 6 7];
>> y1 = [0 .48 .84 1 .91 .6 .14];
>> plot(x,y1);
>> hold;
Current plot held
>> y2 = [.2 .50 1 .84 .6 .32 .09];
>> plot(x,y2,':');
```

[그림 1-21] 입력 화면

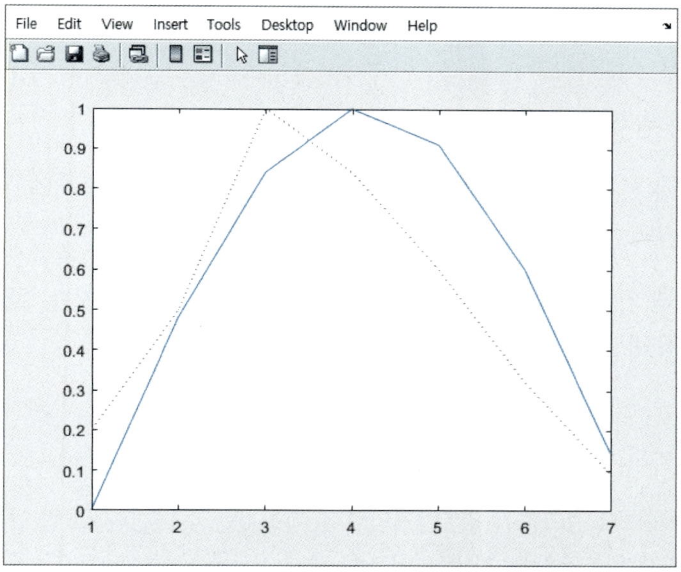

[그림 1-22] **hold** 명령어로 선 두 개 그리기

만일 **hold** 동작을 멈추고 싶을 때에는 한 번 더 **hold** (또는 **hold on**) 명령어를 입력한다. 즉 **hold** 명령어를 번갈아 입력하면 켜고/끄기를 반복할 수 있다.

```
>>hold
Current plot released
```

colon 명령어

콜론(colon)은 주어진 배열에 대한 각 원소, 행, 열 및 부분 배열을 다양한 방법으로 표시하는 데 사용한다. 1 ~ 7까지 규칙적으로 1만큼 증가하는 자료를 변수 x에 지정하기 위해 [그림 1-19]에서 다음과 같이 입력했다.

```
>>x = [1 2 3 4 5 6 7];
```

원소 일곱 개를 직접 쓰는 것이 다소 번거로울 수 있지만, 시간이 많이 들지는 않는다. 그러나 만약 100 혹은 1000까지 확장하여 쓰는 경우라면 지루한 작업일 뿐더러 많은 시간을 낭비하게 될 것이다. 세미콜론과 함께 콜론도 MATLAB에서 중요한 문장 부호이다. 특히 콜론은 연산자와 와일드 카드의 기능을 동시에 갖고 있다.

콜론 연산자를 이용해서 한 번 더 앞의 변수 x를 쓰면

```
>>x = [1:1:7];
```

과 같다. 일반적으로 MATLAB에서 여러 가지 원소를 벡터로 표시할 때에는 대괄호로 여닫지만, 콜론을 사용하는 경우 대괄호를 빼고 사용해도 무방하다.

```
>>x = 1:1:7;
```

첫 번째 1은 초깃값, 두 번째 1은 규칙적으로 증가하는 값, 마지막 7은 최종값을 나타낸다. 또한 규칙적으로 증가하는 값이 1인 경우는 생략해도 동일한 결과를 얻는다.

MATLAB 1-7 **콜론 연산자**

$0 \sim 2\pi$까지 $\frac{\pi}{3}$씩 규칙적으로 증가하는 행벡터 **v**를 써라.

풀이

```
Command Window
>> v = 0:pi/3:2Pi
 v = 0:pi/3:2Pi
            ↑
Error: Invalid expression. Check for missing multiplication operator, missing or
unbalanced delimiters, or other syntax error. To construct matrices, use
brackets instead of parentheses.

>> v = 0:pi/3:2*Pi
Unrecognized function or variable 'Pi'.
Did you mean:
>> v = 0:pi/3:2*pi
v =
         0    1.0472    2.0944    3.1416    4.1888    5.2360    6.2832
```

[그림 1-23] 콜론 연산자를 이용한 벡터 생성

콜론 연산자를 사용하지 않고 원소를 차례대로 입력할 수도 있지만 이는 다소 번거롭다. [그림 1-23]의 결과를 살펴보면 숫자와 변수의 곱셈은 반드시 MATLAB 곱셈 연산자를 사용해야만 하고, 내장변수 혹은 지정된 변수는 반드시 소문자로 표기해야만 한다.

콜론 연산자를 이용하여 $7 \sim 1$까지 규칙적으로 하나씩 감소하는 자료를 변수 x에 지정하려면

```
>>x = 7:-1:1;
```

과 같이 입력한다. 이 경우는 반드시 초깃값이 최종값보다 큰 수로 지정되어야 한다.

gtext, text, legend, subplot 명령어

그 외 MATLAB에서 복수로 그려진 그래프를 좀 더 분명하게 구별하기 위해서 사용하는 명령어로 **gtext**, **text**, **legend**, **subplot**이 있다. 다음 실습 예제들을 통해 이 명령어를 어떻게 활용하는지 알아보자.

MATLAB 1-8 gtext 명령어를 사용하여 그래프에 제목 달기

아래 명령어를 직접 입력하고 그 결과를 설명하라.

```
Command Window
>> x = 0:pi/180:2*pi;
>> y1 = sin(x);
>> y2 = cos(x);
>> plot(y1);
>> axis([0 360 -1 1]); ······ ❶
>> hold on;
>> plot(y2,':');
>> axis([0 360 -1 1]);
>> xlabel('Radian');
>> ylabel('Amplitude');
>> title('sin(x) & cos(x)');
>> grid;
>> gtext('sin(x)');
>> gtext('cos(x)');
```

[그림 1-24] 입력 화면

풀이

axis 명령어를 이용하면 현재 그림창에서 각 축의 크기를 조절할 수 있다. **axis** 명령어의 0과 360은 변수 x의 실제값이 아닌 x가 포함하는 361개 원소를 x축에 첫 번째 원소 0부터 마지막 원소 360까지 표시한다(❶)(이때 MATLAB 원소들의 색인을 표시할 때는 반드시 1번부터 지정해야 한다. 즉 원소 0인 x의 값을 찾으려면 $x(1)$로 표시하고 원소 360인 x의 값은 $x(361)$로 표시한다.). -1과 1은 변수에 상응하는 sin 값의 최솟값과 최댓값을 지정하고 있다. **axis** 명령어는 반드시 **plot** 명령을 실행한 후에 입력해야 한다.

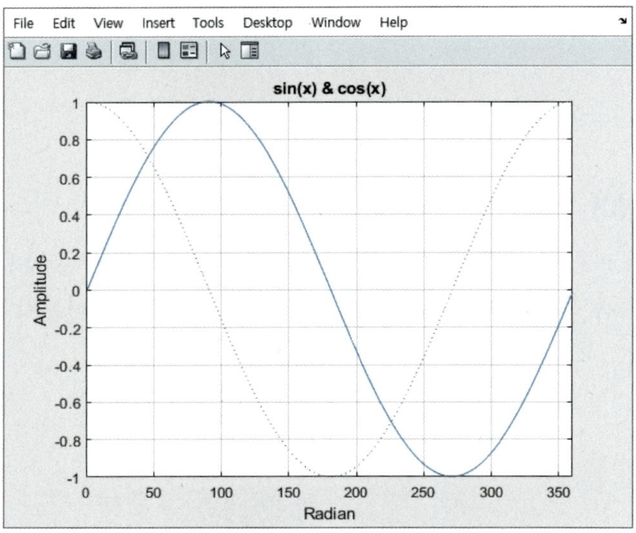

[그림 1-25] **gtext** 실행 이전의 그래프

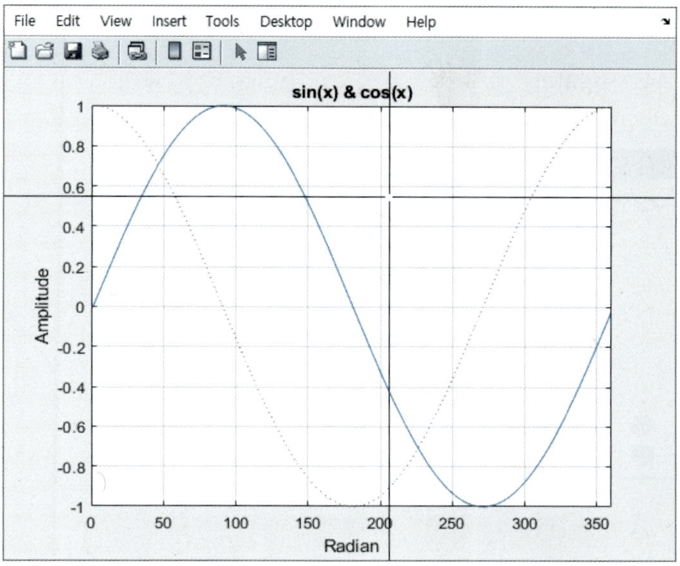

[그림 1-26] **gtext** 실행 커서 표시

gtext를 실행하기 이전에는 [그림 1-25]와 같다. sine과 cosine을 나타내는 선 두 개를 쉽게 판별하기 위해서 **gtext** 명령어를 사용했다. 이때 선이 두 개인 경우는 두 개의 **gtext** 명령어를, 선이 세 개인 경우는 세 개의 **gtext** 명령어를 입력해야 한다. 필요한 수만큼의 **gtext** 명령어를 입력하면 [그림 1-26]과 같이 문자 입력을 위한 커서(위치를 나타내는 기호)가 나타난다.

[그림 1-27]은 sin(x)와 cos(x)가 올바르게 입력된 최종 결과 그래프이다.

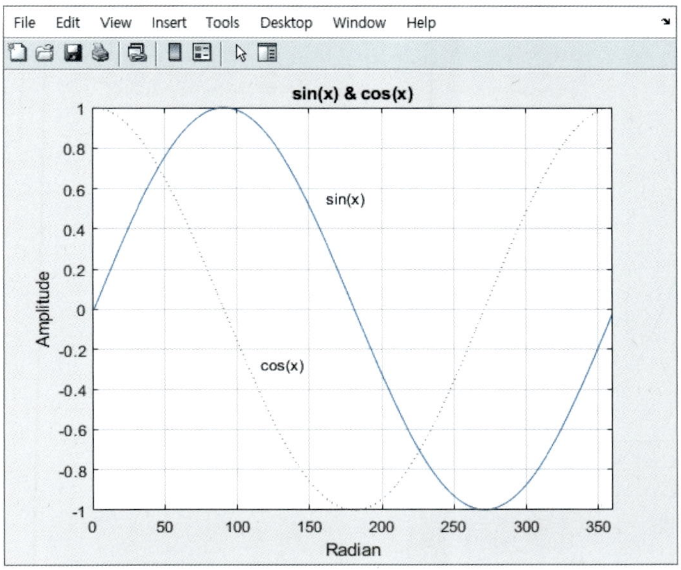

[그림 1-27] **gtext** 명령어 사용

MATLAB 1-9 text 명령어를 사용하여 그래프 생성하기

아래 명령어를 직접 입력하고 그 결과를 설명하라.

```
Command Window
>> x = 0:pi/180:2*pi;
>> y1 = sin(x);
>> y2 = cos(x);
>> plot(x,y1,x,y2,':');
>> axis([0 2*pi -1 1]);
>> xlabel('Radian');
>> ylabel('Amplitude');
>> title('sin(x) & cos(x)');
>> gtext('sin(x)');           ······ ❶
>> text(1.5,-0.6,'cos(x)');   ······ ❷
```

[그림 1-28] 입력 화면

풀이

text는 그래프를 생성하기 전에 입력할 문자열의 가로와 세로의 좌표 위치를 미리 설정할 때 사용한다.

[그림 1-28]에서 sin(x) 문자열은 [MATLAB 1-8]과 동일하게 **gtext**로 표시했고(❶), cos(x) 문자열은 **text** 명령어를 사용하여 x좌표 1.5와 y좌표 -0.6을 미리 지정한 후에 서로 교차하는 좌표에 표시했다(❷).

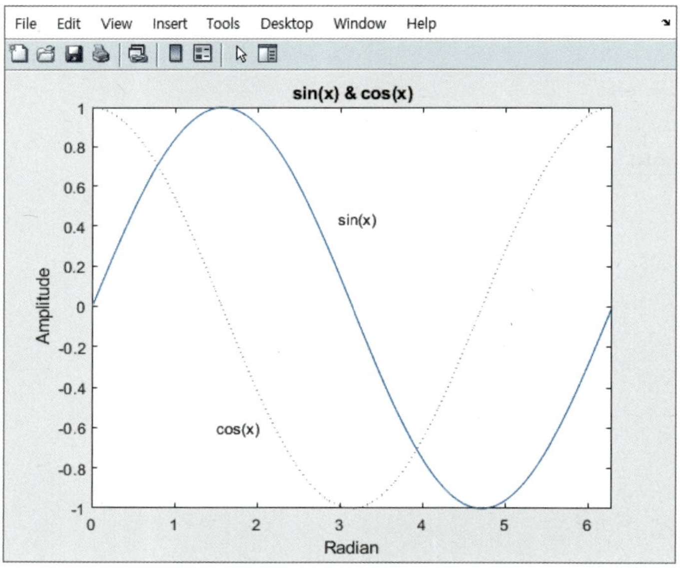

[그림 1-29] **text**와 **gtext** 명령어 사용 실행

MATLAB 1-10 legend 명령어를 사용하여 그래프 생성하기

아래 명령어를 직접 입력하고 그 결과를 설명하라.

```
Command Window
>> x = 0:pi/180:2*pi;
>> y1 = sin(x);
>> y2 = cos(x);
>> plot(x,y1,x,y2,':');        ······ ❶
>> axis([0 2*pi -1 1]);
>> xlabel('Radian');
>> ylabel('Amplitude');
>> title('sin(x) & cos(x)');
>> legend('sin(x)','cos(x)','Location','sw');······ ❷
```

[그림 1-30] 입력 화면

풀이

MATLAB 그림창에서 여러 그래프를 구분하기 위해서 범례 표시 명령어 **legend**도 자주 사용한다. 단, **legend** 명령어는 반드시 **plot** 명령어 이후에 실행시킨다.

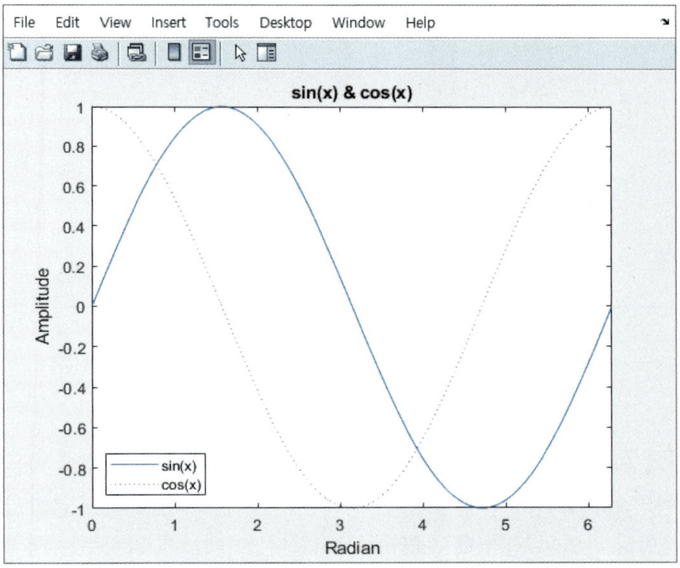

[그림 1-31] **legend** 명령어 사용

plot 명령어의 괄호 안에 쓰인 순서(❶)와 동일하게 **legend** 명령어 괄호 안(❷)을 입력한다. 문자 sw는 그림창 안에서 범례의 왼쪽 아래 위치(동서남북 표시의 남서쪽 위치)를 자동으로 지정하는 역할을 한다(오른쪽 위는 ne, 왼쪽 위는 nw, 오른쪽 아래는 se). 이미 범례의 위치가 지정되어 있을 때도 마우스 왼쪽을 클릭한 상태에서 범례 상자를 움직이면 언제든지 원하는 위치로 옮길 수 있다.

MATLAB 1-11 subplot 명령어를 사용하여 그래프 생성하기

아래 명령어를 직접 입력하고 그 결과를 설명하라.

```
Command Window
>> x = 0:pi/180:2*pi;
>> y1 = sin(x);
>> y2 = cos(x);
>> y3 = y1+y2;
>> y4 = y1-y2;
>> subplot(221);
>> plot(x,y1);
>> axis([0 2*pi -2 2]);
>> xlabel('Radian');
>> ylabel('Amplitude');
>> title('sin(x)');
>> subplot(222);
>> plot(x,y2);
>> axis([0 2*pi -2 2]);
>> xlabel('Radian');
>> ylabel('Amplitude');
>> title('cos(x)');
>> subplot(223);
>> plot(x,y3);
>> axis([0 2*pi -2 2]);
>> xlabel('Radian');
>> ylabel('Amplitude');
>> title('sin(x)+cos(x)');
>> subplot(224);
>> plot(x,y4);
>> axis([0 2*pi -2 2]);
>> xlabel('Radian');
>> ylabel('Amplitude');
>> title('sin(x)-cos(x)');
```

[그림 1-32] 입력 화면

풀이

주어진 결과를 차례대로 쉽게 비교하기 위해서 MATLAB 그림창에 여러 그래프를 나누어 그려야 하는 경우도 발생한다. 이때 그리기 명령어인 **subplot**(mnp)를 사용한다. 여기서 m은 그림창 안에 분할시키려는 행의 수, n은 열의 수, p는 분할된 칸들의 위치(❶ ~ ❹)를 표시한다. 이때 p의 자릿수는 행과 열을 곱한 수 이상은 지정할 수 없다.

subplot(221)의 명령어는 함수 y1을 나타내는 sin(x)의 그림을 행 두 개와 열 두 개로 지정된 총 네 개의 칸 중 첫 번째 위치(❶)에 그린다. **subplot**(222)의 명령어는 함수 y2를 나타내는 cos(x)의 그림을 두 번째 위치(❷)에 나타내고, **subplot**(223) 명령어는 함수 y1과 y2를 더한 함수 y3의 결과 그림을 세 번째 위치(❸)에 나타낸다. 마지막으로 **subplot**(224)의 명령어는 함수 y1에서 함수 y2를 뺀 함수 y4의 결과 그림을 네 번째 위치(❹)에 보여준다. 앞에서 설명했듯이 여기서 **subplot**(225)의 명령어는 사용할 수 없다.

subplot 명령어 다음에는 **plot** 명령어가 반드시 실행되어야 한다.

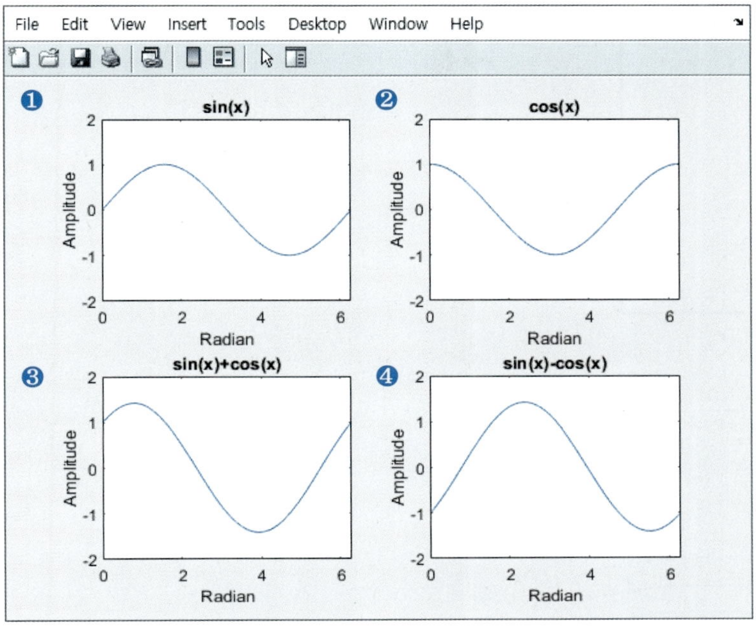

[그림 1-33] **subplot** 명령어 사용

1.3.2 3차원 그리기

1.3.1절에서는 자료의 입력을 표시하는 x축과 이에 상응하는 결과를 표시하는 y축을 평면적으로 그리는 방법을 검토했다. 이 절에서는 더욱 입체적으로 그래프를 생성할 수 있는 3차원 그리기를 소개한다.

3차원 공간 그리기

plot 명령어가 **x** 벡터에 상응하는 **y** 벡터의 관계를 직선적으로 묘사했다면 **plot3** 명령어는 직선들을 서로 연결시켜서 3차원 공간에 차례로 그린다. 따라서 세 개의 직선이 서로 조화를 이루어 입체적으로 나타나게 된다.

다음은 **plot3** 명령어를 사용하여 [그림 1-35]와 같은 나선형 모양을 생성시키는 프로그램이다.

Command Window

```
>> t = 0:pi/20:15*pi;
>> x = sin(t);
>> y = cos(t);
>> z = t;
>> plot3(x,y,z);
>> grid on;
>> xlabel('X-axis');
>> ylabel('Y-axis');
>> zlabel('Z-axis');
```

[그림 1-34] 입력 화면

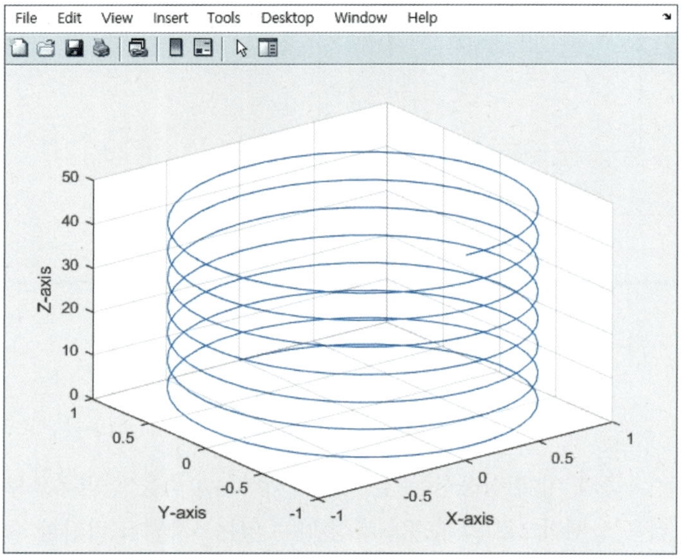

[그림 1-35] 실행 결과 : **plot3** 명령어

3차원 표면 그리기

3차원 표면을 그릴 때는 **mesh**와 **surf** 함수를 사용한다. **surf** 함수는 **mesh** 함수와 기능이 같지만, 특히 3차원 색상 표면을 그릴 때 사용한다. 등고선을 그릴 때 사용하는 **contour** 함수는 3차원적인 표면을 2차원적으로 묘사한다.

meshgrid 명령어를 사용하면 벡터 **x**와 **y**로 지정된 영역을 3차원 그래프로 나타낼 때 변수 x와 y를 행렬 **X**와 **Y** 형태로 변환시킬 수 있다. 이때 행렬 **X**와 **Y**는 **y**의 원소 개수와 동일한 행의 크기와 **x**의 원소 개수와 동일한 열의 크기를 갖는다.

[표 1-2]에서 3차원 표면 그리기 함수의 특징을 각각 비교했다.

[표 1-2] 3차원 표면 그리기 함수의 특징

함수 이름	특징
mesh	격자 무늬만 그리기
surf	격자 무늬 사이에 색상을 채워서 그리기
contour	2차원 등고선 그리기

■ mesh 함수

다음은 **mesh** 함수를 그리기 위한 프로그램이다. $-4 \le x \le 4$와 $-3 \le y \le 3$의 범위에 0.2 간격으로 놓여 있는 함수 $Z = X^2 - 2Y^2$의 표면을 그려보자.

```
Command Window
>> x = -4:0.2:4;
>> y = -3:0.2:3;
>> [X,Y] = meshgrid(x,y); ······ ❶
>> Z = X.^2-2*Y.^2;          ······ ❷
>> mesh(X,Y,Z);
>> xlabel('X');
>> ylabel('Y');
>> zlabel('Z');
```

[그림 1-36] 입력 화면

❶은 **meshgrid** 명령어를 사용하여 x와 y의 격자 무늬를 동시에 생성하는 입력 방법이다. ❷에서 사용한 마침표의 기능은 1.4.3절에서 배우게 될 것이다. 프로그램에 대한 결과가 [그림 1-37]에 나타나 있다.

특히 **mesh** 함수는 **meshc**, **meshz**, **waterfall**과 같은 함수로 변형하여 자주 이용한다. **meshc** (**mesh** + **contour**) 함수는 표면 그림 바로 밑에 등고선을 그린다. **meshz** 함수는 표면 그림 밑으로 x축과 y축 방향으로 연속적인 수직선을 그리고, **waterfall** 함수는 표면 그림 밑의 x축 혹은 y축 한 방향으로만 연속적인 수직선을 그린다.

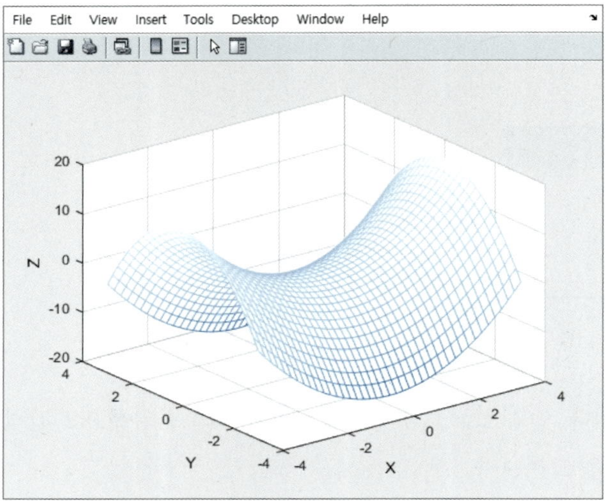

[그림 1-37] 실행 결과 : **mesh** 함수

[표 1-3]에서 **mesh** 그리기 변형 함수의 특징을 비교했다.

[표 1-3] **mesh** 그리기 변형 함수 특징

함수 이름	특징
meshc	표면 아래 등고선 그리기
meshz	표면 아래 x축과 y축 양방향으로 수직선 장막 그리기
waterfall	표면 아래 y축 방향으로 수직선 장막 그리기

MATLAB 1-12 mesh 그리기 변형 함수

함수 **meshc**, **meshz**, **waterfall**을 이용하여 함수 $Z = X^2 - 2Y^2$에 대한 3차원 그림을 그려라. 이때 범위는 $-4 \leq x \leq 4$와 $-4 \leq y \leq 4$이며, 각각의 간격은 0.2로 지정한다.

풀이

앞에서 사용한 [그림 1-36]의 입력 프로그램의 **meshgrid** 명령어 부분을 수정하고, **mesh** 함수가 들어간 자리에 **meshc**, **meschz**, **waterfall** 함수를 넣으면 각각 [그림 1-39], [그림 1-41], [그림 1-43]의 결과를 얻는다.

(i) **meshc**

```
Command Window
>> [X,Y] = meshgrid(-4:0.2:4);
>> Z = X.^2-2*Y.^2;
>> meshc(X,Y,Z);
>> xlabel('X');
>> ylabel('Y');
>> zlabel('Z');
```

[그림 1-38] 입력 화면

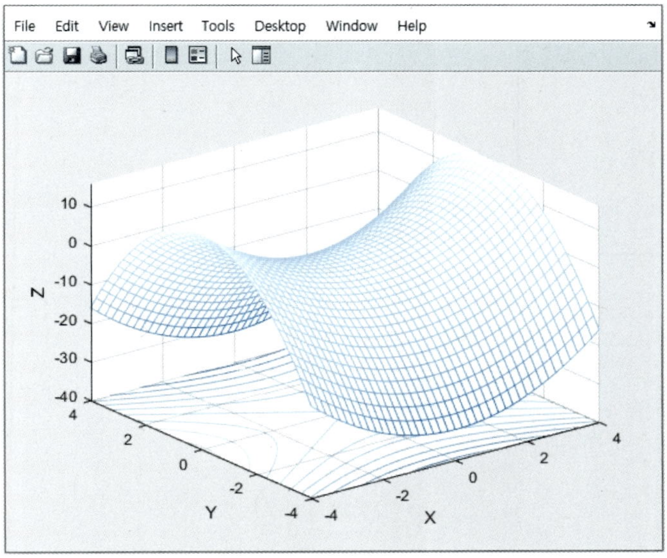

[그림 1-39] 실행 결과 : **meshc** 함수

(ii) **meshz**

```
Command Window
>> [X,Y] = meshgrid(-4:0.2:4);
>> Z = X.^2-2*Y.^2;
>> meshz(X,Y,Z);
>> xlabel('X');
>> ylabel('Y');
>> zlabel('Z');
```

[그림 1-40] 입력 화면

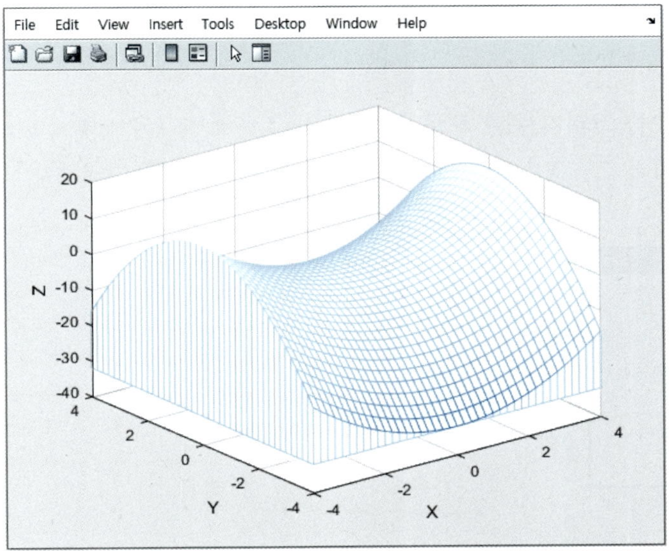

[그림 1-41] 실행 결과 : **meshz** 함수

(iii) **waterfall**

```
Command Window
>> [X,Y] = meshgrid(-4:0.2:4);
>> Z = X.^2-2*Y.^2;
>> waterfall(X,Y,Z);
>> xlabel('X');
>> ylabel('Y');
>> zlabel('Z');
```

[그림 1-42] 입력 화면

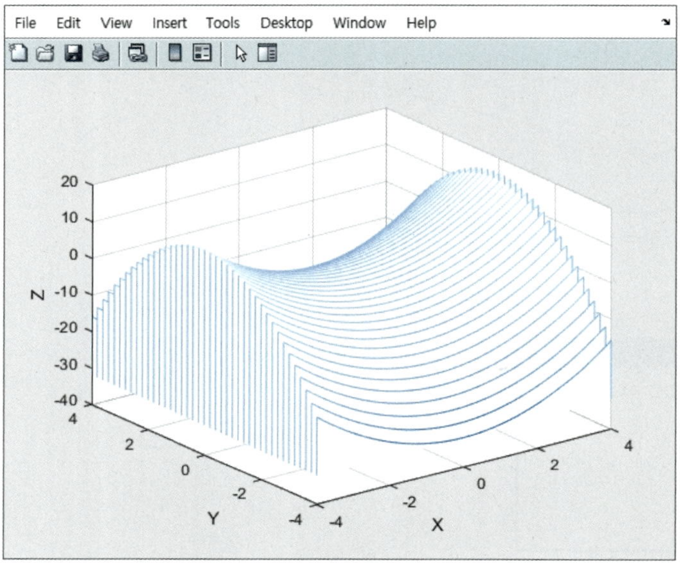

[그림 1-43] 실행 결과 : **waterfall** 함수

■ surf 함수

다음은 **mesh** 함수 대신 **surf** 함수를 그리기 위한 프로그램이다. $-4 \le x \le 4$와 $-4 \le y \le 4$의 범위에 0.2 간격으로 놓여 있는 함수 $Z = X^2 - 2Y^2$의 표면을 색상 막대와 함께 그려보자.

```
Command Window
>> [X,Y] = meshgrid(-4:0.2:4);
>> Z = X.^2-2*Y.^2;
>> surf(X,Y,Z);
>> colorbar;
>> xlabel('X');
>> ylabel('Y');
>> zlabel('Z');
```

[그림 1-44] 입력 화면

프로그램에 대한 결과는 [그림 1-45]와 같다. **surf** 함수를 사용하면 격자 무늬 사이에 색상이 더 뚜렷하게 채워진다. 그리고 **surf** 함수와 함께 **colorbar** 명령어를 사용하면 3차원 격자 무늬에 사용하고 있는 각 색상을 막대로 나타낸다.

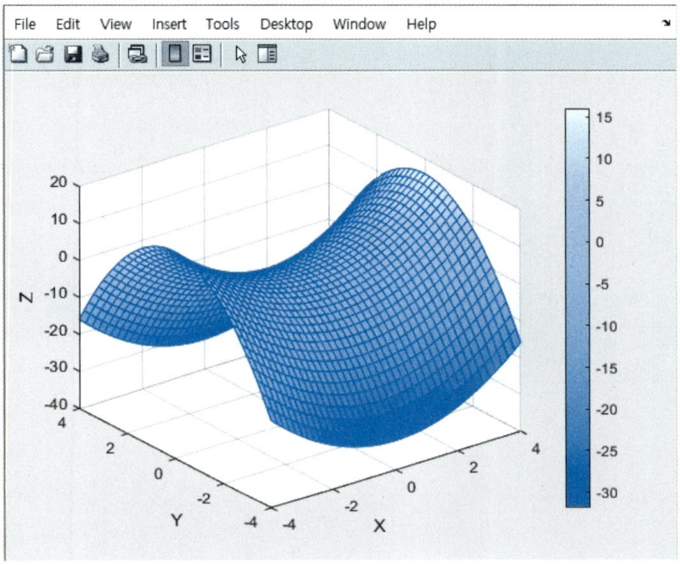

[그림 1-45] 실행 결과 : **surf** 함수

■ contour 함수

다음은 **mesh** 함수 대신 **contour** 함수를 그리기 위한 프로그램이다. $-4 \le x \le 4$와 $-4 \le y \le 4$의 범위에 0.2 간격으로 놓여 있는 함수 $Z = X^2 - 2Y^2$의 표면을 색상 막대와 함께 그려보자.

```
Command Window
>> [X,Y] = meshgrid(-4:0.2:4);
>> Z = X.^2-2*Y.^2;
>> contour(X,Y,Z,15);
>> colorbar;
>> xlabel('X');
>> ylabel('Y');
```

[그림 1-46] 입력 화면

mesh 함수를 **contour** 함수로 바꾸면 된다. 이때 **zlabel** 명령어는 쓸 필요가 없다. **contour** 함수가 3차원 표면 그리기 함수이지만 2차원적인 등고선 그림을 묘사하기 때문이다. 등고선의 개수를 15개로 지정했다. 프로그램에 대한 결과는 [그림 1-47]과 같다.

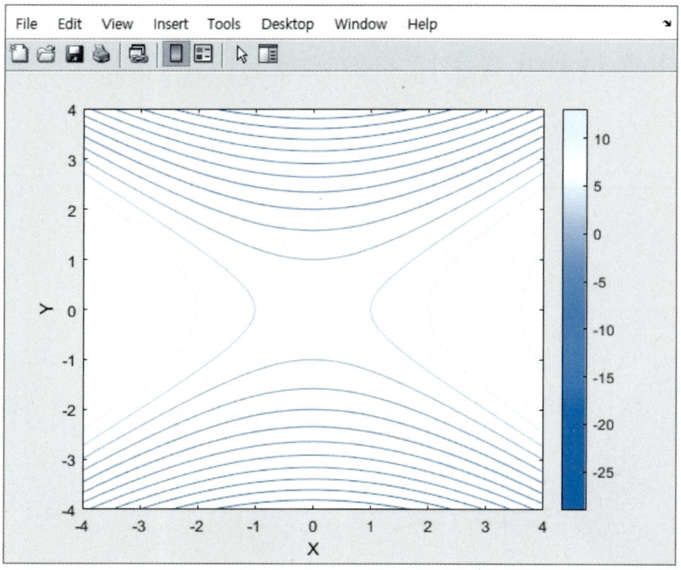

[그림 1-47] 실행 결과 : **contour** 함수

1.3.3 저장과 출력

완성된 그림 파일을 'File'이라는 이름으로 저장해보자. 그림창이 열려 있는 상태에서 다음과 같은 과정을 수행한다.

[File] > [Save As...]를 클릭하고 열려 있는 bin 디렉터리 안에 [파일 이름(N):]에 저장할 파일 이름 'File'을 입력하고 [파일 형식(T):]에는 MATLAB 그림 파일의 확장자 [MATLAB File(*.fig)]가 기본으로 설정되어 있으므로 [저장(S)] 버튼을 클릭하면 'File.fig'로 저장된다.

확장자 .bmp, .jpg, .jpeg, .tiff 등이 붙은 일반 그림 파일은 컴퓨터상에서 자유롭게 열 수 있지만 .fig 확장자의 그림 파일은 반드시 MATLAB이 설치되어 있고 MATLAB을 연 뒤에만 사용할 수 있다. 그러므로 그림창이 열려 있는 경우는 [File] > [Open...]을 클릭하거나 [Current Folder] 창에 존재하는 File.fig를 더블클릭하여 열 수 있다.

마지막으로 생성된 그림 파일을 프린터로 출력하려면 그림창 안에서 다음 과정을 거치면 된다.

[File] > [Print..] > 이름(N): 프린터 선택 > [OK]

SECTION 1.4

MATLAB 프로그래밍

앞에서 MATLAB의 함수 혹은 변수를 간단하게 응용하는 방법을 학습했다. 이 절에서는 MATLAB을 이용한 프로그램 설계와 개발에 대해서 살펴보자.

1.4.1 프로그래밍이란?

MATLAB을 이용하여 프로그램을 설계하고 구현하는 것은 현재 사용 중인 다른 프로그래밍 언어와 거의 같은 개념이다. '훌륭한 프로그램을 설계하기 위한 학습 방법은 무엇인가?'에 대한 대답을 구하기는 쉽지 않다. 학습 능력이 우수한 학생이 반드시 프로그램에 대한 이해와 구현 능력이 탁월하다고 단정할 수도 없다.

만약 소프트웨어 엔지니어가 한정된 시간 내에 새로운 프로그램 개발을 의뢰받았다면 제일 먼저 무엇부터 시작하겠는가?

첫 번째로 구조화된 프로그램을 위한 알고리즘을 작성한다. 주어진 과제에 대해 정확하게 정의된 명령어들의 순서를 정하고 연속적으로 명령어를 수행하는 것을 **알고리즘**(algorithm)이라고 한다. 이처럼 알고리즘은 차례대로 작동되는 명령어들의 순서에 의해서 실행된다.

순서에 의해서 알고리즘 명령어들을 설정하고 수행하는 중간에 일부 명령어를 변경시키려면 조건 작동 혹은 반복 작동과 같은 제어 알고리즘 구조를 이용한다. 조건 작동과 반복 혹은 순환 작동은 1.5.4절 조건문과 1.5.5절 순환문에서 자세히 설명할 것이다.

두 번째로 프로그램을 내부적으로 하나의 종합된 동작을 하도록 작은 부분으로 나눈다. 이것을 **모듈**(module) 혹은 함수라고 부르는데 MATLAB에서는 내장함수 혹은 사용자정의함수가 이 역할을 한다. 모듈은 프로그램 설계를 위한 중요 기술 중 하나이다. 모듈의 구성은 입력 하나에 출력 하나를 얻을 수 있도록 설계되며, 차례대로 쓰인 알고리즘의 구조에 의해서 위에서 아래로 실행된다.

프로그래머는 모듈 단위로 비교적 쉽게 쓰인 알고리즘을 점차 자세한 구조로 다듬는다. 프로그램의 한 부분을 작동시키기 위해서 만들어진 모듈은 프로그램의 다른 부분에 응용할 때도 쉽게 재사용이 가능하다.

세 번째로 문서화된 프로그램을 효과적으로 생성하기 위해 구조도 혹은 흐름도를 이용한다. 구조도는 여러 직사각형을 연결하여 전체 프로그램의 상태를 그래프로 설명한다. 반면에 흐름도는 조건문을 이용하여 조건으로 주어진 참과 거짓의 흐름을 제어하고 분기시키면서 결과에 도달하는 것을 보여주는 것으로 화살표, 마름모, 직사각형을 이용해서 표현한다. 프로그램이 실행되기 전에 기계코드로 번역해야 하는 것은 의사코드(pseudocode)로 표시하는 것도 효과적이다.

프로그램을 제작할 때 발생하는 오류나 버그(bug)를 찾아내고 제거하는 과정을 **디버깅**(debugging)이라고 한다. MATLAB에서 발견되는 오류는 크게 두 가지로 나눌 수 있다. 구문상 오류는 괄호나 쉼표를 생략하거나 명령어 철자를 틀릴 때 발생한다. 실행 시간 오류는 프로그램 실행 중에 발생하며 부정확한 수학적 표기 방법 때문에 일어나는데, 매번 발생하는 것이 아니라 특정한 코드를 입력했을 때만 발생한다.

명령창을 이용하여 프로그램을 작성할 때 실행 시간 오류를 미리 방지하기 위해서는 명령줄 끝에 세미콜론을 생략하고 연산 결과들을 즉시 확인하는 것이 좋다. 전체 프로그램의 작은 부분으로 구성된 모듈의 가장 큰 장점은 오류를 쉽게 검출하고 제거할 수 있다는 것이다. 작업 중에도 프로그램이 원하는 방향으로 진행되고 있는지 간편하게 테스트할 수 있다.

규모가 큰 프로그램을 프로그래머 한 명이 작업하는 것은 거의 불가능하다. 큰 프로그램 설계는 여러 명의 프로그래머가 공동으로 작업해야 한다. 프로그래머들이 여러 부분으로 나뉜 프로그램을 할당받으면 작은 프로그램을 혼자서 설계한다는 느낌으로 모듈을 구현하고 검사를 수행한다. 이후에 분할되었던 여러 개의 작은 프로그램을 하나의 프로그램으로 만들기 위해 필요한 모듈을 다시 설계한다.

전체 프로그램이 하나로 완성된 이후에는 제작에 참여한 모든 프로그래머와 내부 전문가들이 제작된 프로그램이 오류 없이 실행되는가를 검사한다. 부분 프로그램의 호환성 문제로 새로운 오류가 발생하는 경우가 종종 있기에 디버깅 과정은 필수이다. 제작사 내부 검사가 완벽하게 끝났더라도 프로그램 개발에 참여하지 않은 외부 전문가들의 최종 검사까지 통과한 후에 출시하는 것이 좋다.

1.2.1절에서 학습했듯이 구조화된 프로그램을 쓰기 위해서 스크립트 파일은 명령어를 MATLAB 명령창에 직접 입력하는 대신에 m파일 안에 필요한 명령어를 순서대로 정렬시켜서 작성한다. m파일에서 정의된 모든 변수는 MATLAB 작업공간에서 실행할 수 있다. 스크립트 파일을 이용하면 실행 시간 오류를 미리 방지할 수 있다. 또한 언제든지 새로운 자료에 대한 계산을 반복하고 쉽게 변경할 수 있다.

스크립트 파일을 작성할 때에 중요한 부분이 바로 백분율(%)로 표시하는 주석줄이다. 백분율 부호 뒤에 쓰인 설명들은 MATLAB 프로그램을 실행할 때 전체 프로그램 기능에는 아무런 영향을 주지 않는다. 명령어에 앞서서 쓰인 주석문들은 명령어의 기능을 자세히 설명한다.

1.4.2 MATLAB 변수와 함수

MATLAB 변수

MATLAB에서 새로운 변수명을 생성할 때는 지정 연산자인 등호를 가운데 두고 오른쪽에는 수들의 혼합, 수학 연산자, 변수들을 다양하게 지정할 수 있다. 그리고 등호의 왼쪽 자리에는 반드시 새롭게 사용할 변수명을 써야 한다.

새로운 변수명의 첫 글자는 반드시 영어의 소문자 a~z 혹은 대문자 A~Z로 시작해야 하고 이후에는 다른 영문자, 0~9까지 수, 밑줄(_)을 사용할 수 있다. 다른 컴퓨터 프로그래밍 언어와 마찬가지로 MATLAB도 소문자와 대문자를 구별해서 사용한다. 예를 들면 변수명 'Name'과 'name'은 서로 다른 변수명으로 지정할 수 있다. 그러나 MATLAB에서 제공하는 내장변수명, 내장함수명, 혹은 이미 지정된 사용자정의함수명과 중복되는 변수명은 사용할 수 없다.

[표 1-4]에 MATLAB에서 제공하는 **변수** 중 자주 사용하는 몇 가지를 소개했다.

[표 1-4] MATLAB 내장변수

변수명	의미
ans	수식을 연산할 때 특정 변수명을 지정하지 않더라도 수식의 결과에 자동 지정되는 내장변수명으로 사용
eps	부동 소수점 정밀도를 표시
pi	원주율 $\pi(3.141592\cdots)$를 표시
Inf	수학적 불능 연산 1/0의 결과를 나타내는 무한대 ∞
NaN	수학적 부정 연산 0/0의 결과를 나타내는 비 숫자 표시

수학적으로 $\sqrt{-1}$ 로 정의된 복소수의 허수 단위인 i 혹은 j도 MATLAB의 내장변수다. 예외적으로 허수 단위들은 일반 변수명으로도 사용할 수 있다. 이해를 돕기 위해서 [그림 1-48]을 살펴보자. 일반 변수명 a는 ❶에 앞서서 지정되어야 한다. 내장변수인 ❷의 i는 내장된 허수 단위 변수로 사용되었기에 미리 지정할 필요가 없다(j도 동일). 이때 i는 일반 변수가 아니므로 숫자 2 사이에 곱셈 연산자를 사용할 필요가 없다(사용해도 무방). ❸의 i와 ❹의 j는 $\sqrt{-1}$ 의 값을 갖는 내장변수로 사용하지 않고 일반 변수명으로 취급된다. 그러므로 ❺ sqrt(i-j)의 결과는 0이 될 수 없다.

```
>> x = 1+2*a          ······ ❶
Unrecognized function or variable 'a'.
>> y = 1+2i           ······ ❷
y =
   1.0000 + 2.0000i
>> i = 5;             ······ ❸
>> j = 8;             ······ ❹
>> z = sqrt(i-j)      ······ ❺
z =
   0.0000 + 1.7321i
```

[그림 1-48] 예외적 내장변수 보기

MATLAB 함수

[그림 1-49]는 MATLAB 프로그래밍에서 제공되는 유용한 표준 수학적 내장함수 **sqrt**, **abs**, **log**, **log10** 등을 사용한 것이다.

```
>> sqrt(36)
ans =
     6
>> abs(-2)
ans =
     2
>> log(128)
ans =
    4.8520
>> log10(128)
ans =
    2.1072
```

[그림 1-49] 유용한 수학적 내장함수 보기

내장함수는 항상 소문자로 표기하고 괄호를 이용하여 필요한 인자를 삽입한다. **sqrt**는 제곱근을 표시하고, **abs**는 절댓값을 표시하는 내장함수이다. **log** 함수는 수학적으로 자연로그를 표시하는 반면, **log10**은 밑수 10인 로그를 표시한다. 그 밖의 필요한 내장함수들은 도움말 기능 명령어를 이용해서 찾을 수 있다.

일반적으로 명령창을 이용하여 MATLAB 프로그램을 실행할 때는 명령줄 한 줄에 문장 하나를 작성했다. 만약 [그림 1-50]처럼 한 줄에 실행하려는 문장 여러 개를 묶어서 작성하려면 문장과 문장 사이에 쉼표를 사용하면 된다. 이와 같은 방법은 명령창을 보다 넓게 사용하여 진행 중인 작업 상황을 시각적으로 관리하기 편한 장점이 있지만, 여러 문장이 쓰인 후에 잘못 작성한 문장을 수정하는 것이 번거로울 수 있다. 그러므로 가능하면 스크립트 파일을 사용할 것을 권장한다.

```
>> x = 128;
>> y = log(x)
y =
    4.8520
>> z = log10(x)
z =
    2.1072
>> x = 128; y = log(x), z = log10(x)
y =
    4.8520
z =
    2.1072
```

[그림 1-50] 한 줄에 문장 여러 개를 표기

이미 정의했듯이 문장의 끝에 세미콜론을 사용하면 진행 과정의 결과를 숨길 수 있고, 생략하면 실행 중인 변수의 값들을 명령창에서 볼 수 있다.

문자열은 문자를 포함하여 변수로 사용하는데 숫자와 달리 반드시 작은따옴표(single quotation)나 큰따옴표(double quotation)를 문자의 앞뒤에 사용한다. [그림 1-51]과 같이 문자열에 작은따옴표 또는 큰따옴표를 생략하는 경우 오류가 발생한다. 문자열과 함께 표시된 작은따옴표와 큰따옴표는 특수 문자로 출력되는 것이 아니라 문자열을 강조하는 느낌으로 사용된다. 기술적으로는 수와 수식에 작은따옴표 또는 큰따옴표가 있는 경우와 없는 경우 모두 오류 없이 동일한 결과가 나온다. 그러나 기능을 알아보기 위해 일반 수의 지정에 대한 결과를 영어로 읽어 보면 'one hundred twenty three'가 되고, 따옴표가 첨부된 수는 문자열처럼 읽어서 'one two three'가 된다.

```
>> Title = Book
Unrecognized function or variable 'Book'.
>> Title = 'Book'
Title =
    'Book'
>> Title = "Book"
Title =
    "Book"
>> Num = '123'
Num =
    '123'
>> Num = "123"
Num =
    "123"
```

[그림 1-51] 문자열 변수 지정

명령창에 명령어를 계속 입력하면 명령창의 제한된 크기 때문에 내용이 점차 사라진다. 이런 경우에 명령창에 명령어 **clc**를 입력하면 명령창에 표시되어 있는 내용을 지우고 맨 처음 명령줄 위치로 돌아간다. 이때까지 입력한 모든 내용들은 명령창에서 키보드의 화살표 키를 누르면 이전에 보관된 명령어 기록을 확인할 수 있다. 반면에 **clear** 명령어를 입력하면 명령줄은 그대로 유지되지만, 지금까지 입력한 내용은 더 불러낼 수 없다. 그러므로 작업공간창에 저장된 모든 내용이 지워진다. 중복되어 잘못 지정되는 변수의 혼란을 방지하기 위해서 **clear** 명령어를 작업 중간마다 사용하는 것이 좋다.

1.4.3 배열

배열(array)은 문자, 기호 자료 등의 수치 정보들이 순서에 따라 무리 지어 표시되는 것으로, 하나의 행으로 구성된 행벡터와 하나의 열로 구성된 열벡터를 갖고 있다. 2차원 배열을 행렬(matrix)이라고 하고, 공학에서는 배열과 행렬을 자연스럽게 교환해서 사용한다.

배열 연산자

MATLAB에서 정의하는 배열은 수학적 정의와 거의 동일하게 사용하나 차이점이 있다. 선형대수에서는 배열 연산이 항목별로 이루어지는 것을 허용하지 않지만, MATLAB에서는 배열 연산자를 이용한 항목별 계산이 가능하다. MATLAB에서 사용되는 배열 연산자를 [표 1–5]에 정리했다.

[표 1–5] MATLAB 배열 연산자

부호	연산 기능
.*	배열 연산의 항목별 곱셈
./	배열 연산의 항목별 오른쪽 나눗셈
.\ (또는 .₩)	배열 연산의 항목별 왼쪽 나눗셈
.^	배열 연산의 항목별 지수승

배열 연산자는 표준 산술 연산자 바로 앞에 마침표를 붙여서 쉽게 사용할 수 있다. MATLAB에서 자료를 입력하는 기본 형태가 배열이므로, 이들 배열 연산자는 벡터화된 코드를 작성할 때 매우 중요하다. 다른 프로그래밍 언어와 비교하면 MATLAB 프로그램은 배열 연산자를 이용하여 평가하려는 자료를 보다 쉽게 생성하고, 읽고, 문서로 작성할 수 있다.

벡터 **u** = [1 2 3]과 **v** = [4 5 6]에 대한 배열 연산의 항목별 곱셈과 나눗셈을 배열 연산자를 사용한 경우와 사용하지 않은 경우로 나누어서 살펴보자. [그림 1–52]에서 각각 결과를 보여주고 있다.

```
Command Window
>> u = [1 2 3];
>> v = [4 5 6];
>> m1 = u*v          ······ ❶
Error using  *
Incorrect dimensions for matrix multiplication. Check that the number of columns
in the first matrix matches the number of rows in the second matrix. To perform
elementwise multiplication, use '.*'.
>> m2 = u.*v         ······ ❷
m2 =
     4    10    18
>> d1 = u/v          ······ ❸
d1 =
    0.4156
>> d2 = u./v         ······ ❹
d2 =
    0.2500    0.4000    0.5000
```

[그림 1-52] 배열 연산의 항목별 곱셈과 나눗셈

수학적으로 1행 3열 행벡터를 표현하는 벡터 **u**와 **v**를 곱하는 것은 불가능하다. 수학에서는 앞 행렬의 열과 뒤 행렬의 행의 크기가 같아야만 곱셈이 가능하다. [그림 1-52]를 보자. 표준 산술 연산자를 사용한 m1의 연산(❶)은 오류가 발생했다. 반면에 배열 연산자를 사용한 m2의 연산(❷)은 **u**와 **v** 벡터의 같은 자리에 있는 원소들이 항목별로 곱해진 결과를 보여준다.

표준 나눗셈 산술 연산자를 사용한 d1(❸)은 연산이 이루어졌지만, 원래 의도한 항목별 나눗셈의 결과가 아니다. 반면에 배열 연산자를 사용한 d2(❹)의 연산은 **u**와 **v** 벡터의 같은 자리에 있는 원소들이 항목별로 나누어진 결과를 보여준다.

모든 MATLAB 변수는 행렬로 표시할 수 있다. 벡터는 하나의 행 혹은 하나의 열, 스칼라(scalar)는 하나의 행과 하나의 열, 그리고 문자열은 문자들의 열 벡터의 행을 표시하는 행렬들이다. 벡터와 행렬의 원소들은 **u**(2), **A**(4,5)와 같은 표기법으로 나타낸다.

전치 연산자

전치 연산자도 MATLAB 변수를 생성할 때 중요하게 사용한다. 전치 연산자는 생성된 MATLAB 변수의 행과 열을 서로 바꿔주며, 이미 생성된 변수에 아포스트로피(apostrophe)를 붙여서 사용한다.

MATLAB 1-13 전치 연산자

행렬 $\mathbf{A}=\begin{bmatrix}1&2&3\\4&5&6\\7&8&9\end{bmatrix}$로 입력하려다가 행과 열을 서로 바꾸어 $\mathbf{B}=\begin{bmatrix}1&4&7\\2&5&8\\3&6&9\end{bmatrix}$로 잘못 입력했다. 올바르게 다시 입력하고 결과를 설명하라.

풀이

[그림 1-53]처럼 잘못 입력된 행렬 B(❶)는 그대로 두고 전치 연산자를 이용하는 편(❷)이 행렬 A를 처음부터 다시 입력하는 것보다는 훨씬 작업의 효율을 높인다.

```
Command Window
>> B = [1 4 7;2 5 8;3 6 9] …… ❶
B =
     1     4     7
     2     5     8
     3     6     9
>> A = B'            …… ❷
A =
     1     2     3
     4     5     6
     7     8     9
```

[그림 1-53] 실행 결과

배열 함수 find, size, length, linspace

MATLAB에서 배열을 표시하는 데 유용하게 사용하는 **find**, **size**, **length**, **linspace** 함수를 살펴보자.

find 함수는 주어진 수치 배열들 중에 0이 아닌(nonzero) 원소들의 자리번호를 표시한다. [그림 1-54]에서 **find** 함수를 사용한 결과를 보여주고 있다.

```
Command Window
>> x1 = [0 0 0 0 0];
>> F1 = find(x1)
F1 =
  1×0 empty double row vector …… ❶
>> x2 = [0 -1 6 0 9];
>> F2 = find(x2)
F2 =
     2     3     5 …… ❷
>> x3 = [2 0 7 -2 9];
>> F3 = find(x2 < x3)
F3 =
     1     2     3 …… ❸
>> F4 = x2(x2 < x3)
F4 =
     0    -1     6 …… ❹
```

[그림 1-54] **find** 함수 사용

모든 원소가 0인 배열 **x1**에 **find** 함수를 실행하면 오류가 발생한다(❶). 배열 **x2**에서 0이 아닌 값들은 −1, 6, 9인데, 이들의 자리번호는 **find** 함수를 적용하면 2, 3, 5이다(❷). **x3**은 **find** 함수 안의 관계 연산자를 먼저 살펴본 후에 **find** 함수를 적용한다. **x3**과 **x2**의 동일한 원소들의 자리번호를 비교하여 **x3**의 값이 **x2**의 값보다 큰 조건을 만족하면 참인 값 1을 지정하고 반대의 경우는 0인 값을 지정한다. 그 결과 [1, 1, 1, 0, 0]이 나오고, 여기에 **find** 함수를 적용하면 0이 아닌 원소 자리 번호는 1, 2, 3으로 표시된다(❸).

마지막으로는 **F3**에서 참인 값을 갖고 있던 자리번호가 1, 2, 3인데, 이에 상응하는 배열 **x2**의 실제 값 0, −1, 6의 결과를 보여주고 있다(❹). 원소의 자리번호와 그 자리번호의 원소값을 찾아내는 예이다.

size 함수는 배열의 크기를 표시하는 데 사용한다. 이 함수는 시뮬레이션 혹은 무작위로 생성된 자료의 개수를 확인하는 데 유용하다. **length** 함수는 배열의 행의 크기와 열의 크기 중 큰 값 하나만 나타낸다. 일반적으로 행 m개와 열 n개를 행렬 $m \times n$ 형태로 표현한다. 2×4 행렬에 **size** 함수와 **length** 함수를 적용한 결과는 [그림 1-55]와 같다.

Command Window

```
>> A = [2 3 4 5;-1 6 -7 9];
>> S = size(A)
S =
     2     4
>> L = length(A)
L =
     4
```

[그림 1-55] **size** 함수와 **length** 함수 사용

linspace 함수는 콜론 연산자를 이용하는 방법과 동일하고 상호 보완 관계를 갖는다. **linspace** 함수는 초깃값(하한값)과 최종값(상한값)에 필요한 일정한 간격을 상황에 따라서 지정하는 데 사용된다.

linspace 함수의 기본 형식은 다음과 같다.

```
>>linspace(x1, x2, n)
```

여기서 x1은 초깃값, x2는 최종값, n은 초깃값과 최종값 사이의 원소 개수를 나타낸다. 콜론 연산자를 이용한 벡터가 x1 : j : x2이면 **linspace** 함수 인자들을 이용해서 규칙적인 증가값(또는 감소값)을 구하면 $j = \dfrac{(x2 - x1)}{(n-1)}$과 같다.

[그림 1-56]에서 콜론 연산자와 **linspace** 함수를 사용한 결과가 같다는 것을 보여주고 있다. **linspace** 함수 인자들을 이용하여 콜론 연산자의 증가값을 구해보면 $j = \dfrac{(8-5)}{(7-1)} = 0.5$를 쉽게 찾아낼 수 있다.

```
Command Window
>> x = 5:0.5:8
x =
    5.0000    5.5000    6.0000    6.5000    7.0000    7.5000    8.0000
>> y = linspace(5,8,7)
y =
    5.0000    5.5000    6.0000    6.5000    7.0000    7.5000    8.0000
```

[그림 1-56] **linspace** 함수 사용

1.4.4 조건문

순차적 알고리즘 흐름의 변경을 제어할 때 사용하는 조건문이 **if** 조건문이다. 영어에서 if가 들어 있는 문장은 '만일 ~한다면 ~할 것이다.'라는 형식으로 해석된다. MATLAB의 **if** 조건문도 영어와 같은 논리로 사용한다. 제시되는 조건이 '참'을 만족하면 알고리즘의 변경 없이 차례대로 계속 진행될 것이다. 반면에 '거짓'을 만족하면 더 이상 순차적 알고리즘 흐름을 진행할 수 없다.

if 조건문

if 조건문의 기본 형식은 다음과 같이 나타낸다.

```
if   logical expression
        statement
end
```

영어 문장과 다르게 **if** 다음에는 논리적인 수식을 사용한다. 함수를 이용하여 수식을 쓸 때 왼쪽 괄호를 열고 오른쪽 괄호로 끝내는 방법과 같이, **if** 명령어로 시작하고 반드시 **end** 명령어로 **if** 조건문을 종료한다. 만일 'logical expression' 조건을 만족하는 '참'인 경우는 'statement'를 실행하고 **if** 조건문을 종료한다. 반면에 논리 수식의 조건을 만족하지 않는 '거짓'인 경우는 'statement'를 실행하지 않고 **end** 밖으로 빠져나오게 된다. 'statement' 앞의 들여쓰기는 시각적으로 읽기 쉽게 해줄 뿐, 기술적으로 MATLAB은 이 공백을 무시하며 전체 프로그램에는 아무런 지장을 주지는 않는다. 논리적 수식에 사용되는 관계 연산자를 [표 1-6]에 나타냈다.

[표 1-6] 관계 연산자

연산자	의미
A < B	A가 B보다 작다
A <= B	A가 B보다 작거나 같다
A > B	A가 B보다 크다
A >= B	A가 B보다 크거나 같다
A == B	A와 B는 같다
A ~= B	A와 B는 같지 않다

[그림 1-57]은 관계 연산자를 이용한 연산이다. 주어진 벡터 **x**와 **y**의 같은 위치에 놓인 원소들을 각각 비교하여 '참'인 관계는 '1'로, '거짓'인 관계는 '0'으로 표시된다.

```
Command Window
>> x = [6 3 9];
>> y = [13 2 9];
>> R1 = (x < y)
R1 =
  1×3 logical array
   1   0   0
>> R2 = (x ~= y)
R2 =
  1×3 logical array
   1   1   0
>> R3 = (x >= 8)
R3 =
  1×3 logical array
   0   0   1
```

[그림 1-57] 관계 연산자를 이용한 연산

관계 연산자와 함께 논리적인 수식에 사용되는 논리 연산자를 [표 1-7]에 나타냈다.

[표 1-7] 논리 연산자

연산자	의미
&	and
~	not
|	or
xor	exclusive or

[그림 1-58]은 논리 연산자를 이용한 연산이다. 주어진 벡터 **x**와 **y**의 같은 위치에 놓인 원소들을 각각 비교하고 있다. '0'인 값과 '0'이 아닌 값을 비교하는데 &(and) 연산자는 비교하는 두 개의 값에서 한 개라도 값이 '0'인 경우 결과가 '거짓' 값인 '0'으로 표시된다(❶). |(or) 연산자는 비교하는 두 개의 값이 모두 '0'인 경우만 '거짓' 값인 '0'으로 표시된다(❷).

```
Command Window
>> x = [5 -3 0 0 8];
>> y = [2 4 5 0 6];
>> L1 = x&y  ······ ❶
L1 =
  1×5 logical array
   1   1   0   0   1
>> L2 = x|y  ······ ❷
L2 =
  1×5 logical array
   1   1   1   0   1
```

[그림 1-58] 논리 연산자를 이용한 연산

[그림 1-59]는 **if** 조건문을 이용한 스크립트 파일 ExIf1.m이다.

```
ExIf1.m
G = 25;
if G < 50
    disp('Print if condition is true')
end
```

[그림 1-59] **if** 조건문을 이용한 스크립트 파일

[그림 1-60]은 다양한 입력 형식을 이용한 **if** 조건문의 결과이다. 나머지 스크립트 파일 ExIf2.m, ExIf3.m, ExIf4.m은 [그림 1-59]에서 첫 줄의 입력값을 G = 80;, G = 0:10:80;, G = 0:10:20;으로 바꾸어서 다시 작성했다.

```
Command Window
>> ExIf1
Print if condition is true
>> ExIf2
>> ExIf3
>> ExIf4
Print if condition is true
```

[그림 1-60] 스칼라와 벡터를 사용한 **if** 조건문 예제

ExIf1 파일에서는 초기 설정된 G의 값이 50보다 작다는 조건을 만족하는 '참'이므로 알고리즘 순서에 따라서 'statement'에 해당하는 내용을 표시한다.

ExIf2 파일에서는 G의 값이 50보다 작다는 조건에 위반하는 '거짓'이므로 순차적 흐름을 중지하고 **end** 명령어 밖으로 빠져나온다. 따라서 아무런 내용도 표시하지 않는다.

ExIf3 파일은 벡터값을 이용했는데 0, 10, 20, 30, 40의 값은 조건을 만족하는 '참'이지만, 50, 60, 70, 80의 값은 조건을 만족하지 않는 '거짓'이다. 이 같은 경우는 모든 입력값들이 '참'인 조건이 되어야만 'statement' 내용을 표시하고, 하나의 값이라도 '거짓'인 경우는 **if** 조건문을 중단한다. 반면에 ExIf4는 주어진 입력값 전부가 '참'인 조건에 만족하므로 정상적으로 **if** 조건문을 실행한다.

if/else 조건문

if 조건문을 중단하지 않고 '참'과 '거짓'의 조건을 비교하여 필요한 하나의 조건을 선택하면서 계속 순차적 알고리즘을 수행하려는 경우는 **else** 명령어를 사용한다. 마찬가지로 영어 문장과 같은 논리로 해석할 수 있다.

else 조건문의 기본 형식은 다음과 같다.

```
if  logical expression
        statement1
else
        statement2
end
```

만일 'logical expression' 조건을 만족하는 '참'인 경우는 'statement1'을 실행하고, '거짓'인 경우는 **end** 밖으로 빠져나오는 것이 아니라 **else** 명령어 다음 'statement2'를 순차적으로 실행하고 **if/else** 조건문을 마치게 된다.

[그림 1-61]은 **if/else** 조건문을 이용한 스크립트 파일 ExElseIf1.m이다.

ExIfElse1.m

```
x = [0 9 16];
if x >= 0
    y = abs(x)
else
    y = sqrt(x)
end
```

[그림 1-61] **if/else** 조건문을 이용한 스크립트 파일

[그림 1-62]는 논리적 수식 두 개를 이용한 **if/else** 조건문의 결과이다. 스크립트 파일 ExIfElse2.m은 [그림 1-61]의 **if** 조건문에 x < 0의 새로운 논리 수식을 사용했다.

```
Command Window
>> ExIfElse1 ······ ❶
y =
     0     9    16
>> ExIfElse2 ······ ❷
y =
     0     3     4
```

[그림 1-62] 실행 결과 : **if/else** 조건문

❶ ExIfElse1에서는 입력하는 벡터 **x**의 모든 원소가 '참'인 조건을 만족하므로 이어지는 'statement1' 부분을 실행한다. 그 결과 원소들의 절댓값이 표시된다. ❷ ExIfElse2에서는 '참'인 조건을 만족하지 않으므로 **else** 명령어 뒤에 이어지는 'statement2' 부분을 실행한다. 그 결과 원소들의 제곱근값이 표시된다.

elseif 조건문

앞의 **if/else** 조건문은 조건 두 개를 비교하여 '참'과 '거짓'의 내용을 구별한 후에 프로그램을 수행했다. 논리 수식에 만족하지 않는 조건들이 두 개 이상 존재하는 경우에는 **if/else** 조건문에 알고리즘의 흐름을 다양하게 제어하기 위해 **elseif** 조건문을 계속 덧붙여 사용할 수 있다. **elseif** 조건문은 **if** 조건문처럼 새로운 논리 수식을 사용하여 조건을 비교한다.

elseif 조건문의 기본 형식은 다음과 같이 나타낸다.

```
if   logical  expression1
         statement1
elseif logical  expression2
         statement2
else
         statement3
end
```

만일 'logical expression1' 조건을 만족하는 경우는 'statement1'을 실행하고, 만족하지 못하면 **elseif** 조건문 'logical expression2' 조건을 비교하여 이 조건에 만족할 때 'statement2'를 실행한다. **elseif** 조건문의 조건마저 만족하지 못하는 경우는 'statement3'을 실행한다. **if** 조건문과 **else** 명령문 중간에는 여러 개의 **elseif** 조건문을 사용할 수 있다. **else** 조건문은 반드시 맨 마지막에 사용하는 **elseif** 조건문 다음에 작성한다.

MATLAB 1-14 if, elseif, else 조건문

시험점수를 나타내는 변수 x는 $0 \sim 100$ 사이의 값을 가진다. 이때 입력하는 변수의 값을 비교하여 다음과 같은 A, B, C, D, F 성적이 지정된다.

$$\text{A}: x \geq 90, \quad \text{B}: 80 \leq x \leq 89, \ \text{C}: 70 \leq x \leq 79, \ \text{D}: 60 \leq x \leq 69, \ \text{F}: x < 60$$

조건문을 사용하여 스크립트 파일 Grade_If.m을 만들고 $x = 97$, $x = 73$, $x = 50$의 값으로 확인하라.

풀이

[그림 1-63]은 작성된 스크립트 파일이다. [그림 1-64]는 주어진 x 값 세 개를 실행한 결과이다.

```
Grade_If.m
x = input('Enter the grade (1 - 100);');
if x >= 90
    grade = 'A'
elseif x >= 80
    grade = 'B'
elseif x >= 70
    grade = 'C'
elseif x >= 60
    grade = 'D'
else
    grade = 'F'
end
```

[그림 1-63] 조건문을 사용한 성적 스크립트 파일

```
Command Window
>> Grade_If
Enter the grade (1 - 100);97
grade =
    'A'
>> Grade_If
Enter the grade (1 - 100);73
grade =
    'C'
>> Grade_If
Enter the grade (1 - 100);50
grade =
    'F'
```

[그림 1-64] 실행 결과 : **elseif** 조건문

1.4.5 순환문

순환문도 순차적 알고리즘의 흐름을 제어하는 데 유용하게 이용된다. 차례대로 입력되는 자료를 같은 명령어로 실행시킬 때, 각각의 자료에 같은 명령어를 여러 번 작성하는 대신 명령어는 하나로 고정시키고 입력 자료를 반복해서 명령어에 실행시키는 제어문이다.

MATLAB에서는 **for** 순환문과 **while** 순환문을 순환문으로 사용하는데, 기본 기능은 거의 같다. 그러나 **for** 순환문은 반복되는 입력 자료의 초깃값과 최종값을 일정하게 지정한 후에 제한해서 반복시키는 반면, **while** 순환문은 제시된 조건의 기준을 만족할 때까지 계속 반복 순환을 한다.

for 순환문

for 순환문의 기본 형식은 다음과 같이 나타낸다.

```
for  loop variable = m : q : n
     statements
end
```

for 명령어 다음에 쓰인 순환변수는 콜론 연산자를 이용하여 벡터를 표시하는 방법과 같은 형식을 사용했다. 이것을 순환변수 수식이라고 한다. m은 초깃값, q는 일정하게 증가하는 값, n은 마지막 반복에 사용하는 순환변수를 표시한다. 조건문과 똑같이 순환문에도 **end** 명령어를 사용하여 종료시킨다.

초깃값 m을 'statements'에 실행시키고 **end** 명령어 밖으로 벗어나서 결과를 출력한 뒤, 다시 **for** 명령어로 돌아가서 초깃값보다 q만큼 증가한 m + q 값을 동일한 'statements'에 실행한다. 이 과정을 최종값 n까지 반복하여 계속 실행하면서 각각의 결과를 구현한다.

for 순환문의 간단한 보기를 [그림 1-65]와 같이 스크립트 파일 ExFor.m으로 작성했다.

```
ExFor.m
for k = 5:10:35
    x = 3*k-2
end
```

[그림 1-65] **for** 순환문을 이용한 스크립트 파일

순환변수 k는 초깃값 5로 지정되어 'x = 3*k−2'의 계산을 수행한다. k의 값이 35가 될 때까지 10씩 증가하면서 연속적으로 'x = 3*k−2'의 'statements'를 실행한다. 그래서 반복되는 k의 값 5, 15, 25, 35를 계산한 결과인 13, 43, 73, 103의 값을 [그림 1-66]에서 보여주고 있다.

```
Command Window
>> ExFor
x =
    13
x =
    43
x =
    73
x =
   103
```

[그림 1-66] 실행 결과 : **for** 순환문

while 순환문

while 순환문의 기본 형식은 다음과 같이 나타낸다.

```
Initialize  variable
while   logical  expression
    statements
end
```

while 순환문은 **if** 조건문처럼 논리적 수식이 나오고, **for** 순환문처럼 반복 실행한다. 그러나 **for** 순환문처럼 정해진 실행을 반복하는 것이 아니라, 논리적 수식에서 제시한 조건이 만족될 때까지 반복한다. 그리고 초기화 변수(initialize variable)는 **while** 순환문이 선언되기 이전에 지정한다.

while 순환문의 간단한 보기를 [그림 1-67]과 같이 ExWhile.m으로 작성했다.

```
ExWhile.m
  x = 3;
while x < 100
    disp(x)
    x = 3*x-2;
end
```

[그림 1-67] **while** 순환문을 이용한 스크립트 파일

초기화 변수 x는 초깃값 3으로 지정되어 'x = 3*x-2'의 'statements'를 처음 실행한다. 이제 x 값은 3이 아닌 7로 바뀐다. 이와 같은 과정을 반복하여 x 값이 제시하는 'x < 100'에 만족할 때까지 연속적으로 'x = 3*x-2' 연산을 실행한다. 반복되어 얻은 계산의 결과인 3, 7, 19와 55의 값을 [그림 1-68]에 나타냈다.

참고로 **disp**(x) 명령어를 'x = 3*x-2' 연산 이후에 실행하면 연산된 최종값들인 7, 19, 55, 163을 표시한다(이유가 무엇인지 스스로 생각해보자).

```
Command Window
>> ExWhile
     3
     7
    19
    55
```

[그림 1-68] 실행 결과 : **while** 순환문

가능하면 MATLAB 프로그램을 구현할 때는 순환문은 사용하지 않는 것이 바람직하다. 순환문을 사용하는 프로그램은 사용하지 않은 프로그램보다 실행 속도가 현저히 느려진다. 자주 발생하지는 않지만, 몇 시간 반복되는 순환문을 실행하는 경우 사용 중인 컴퓨터 용량에 문제가 생겨 시스템 작동이 중지될 수도 있다. 장시간 MATLAB을 사용한 경우 컴퓨터의 검색 기록 및 쿠키 삭제 기능을 실행하면 쓸데없이 시스템을 공회전시키는 것을 방지할 수 있다.

연속적으로 반복되는 순환문 전체를 조기에 종료시키려면 **break** 명령어를 사용한다. 순환문에서 사용되는 **continue** 명령어도 **break** 명령어와 비슷하다. 그러나 **break** 명령어는 순환문 전체를 조기에 종료시키지만, **continue** 명령어는 순환문 전체를 종료시키는 대신에 바로 이어서 나오는 과정만 건너뛰고 순환문을 계속 실행한다.

1.4.6 사용자정의함수

현재 매스웍스(Mathworks) 사의 소프트웨어 엔지니어들에 의해서 개발되어 상업적 혹은 교육적 목적으로 제공되는 내장함수들은 종류도 많고 기능도 매우 다양하다. 초기 MATLAB 프로그램을 개발하던 시기에는 특정 작업 내용에 적합한 기능을 가진 이용자 지향의 단말 장치 또는 주로 기술적 혹은 과학적 응용으로 사용하는 범용 컴퓨터인 워크스테이션을 대상으로 개발되었다.

그러나 실리콘 칩(silicon chip) 기술의 엄청난 발전으로 개인용 컴퓨터가 이제 마이크로컴퓨터의 자리를 차지하고 있다. 오늘날 개인용 컴퓨터는 기술적인 목적으로 사용하는 전자 장비가 아닌 하나의 생활필수품으로 자리 잡고 있다. 하루가 다르게 발전하는 개인용 컴퓨터 시스템에 보조를 맞추어서 MATLAB 프로그램도 개인용 컴퓨터를 대상으로 더욱 다양한 기능을 출시하고 있다.

MATLAB 프로그램에서 제공하는 내장함수는 공학 혹은 과학에서 자주 사용되는 수식들을 m파일 형태로 작성하여 최초 개발자인 엔지니어가 정의하여 만든 함수이다. 예를 들면 MATLAB에서 제공하는 내장함수 **cos**도 cos.m의 m파일로 작성되어 있기 때문에 명령창에서 **cos**만 입력해도 삼각함수 기능이 활성화되어 연산을 실행하는 것을 학습했다. 마이크로 시스템에서 MATLAB 프로그램을 이용하면 내장함수의 소스 코드(source code)를 확인할 수 있지만, 개인용 컴퓨터는 소스 코드를 확인하기가 쉽지 않다. 비록 컴퓨터 시스템의 대상은 바뀌었지만 소프트웨어 엔지니어들의 개발 알고리즘은 예전과 큰 차이 없이 수행되고 있다.

소프트웨어 엔지니어가 내장함수를 개발하는 과정과 같은 방법으로 개개인이 필요로 하는 나만의 함수를 만들어 사용하는 방법을 살펴보자. 사용자인 내가 m파일로 작성한 함수를 MATLAB에서 제공하는 내장함수와 구별하여 사용자정의함수라고 부른다. 사용자가 필요하면 언제든지 사용자정의 함수를 생성할 수 있다는 점이 MATLAB 프로그램의 훌륭한 특성 중 하나이다.

MATLAB 프로그램을 연구 목적으로 사용하는 전 세계 많은 대학의 연구실에서 연구를 보다 간편하고 일반화시키기 위해 다양한 연구자정의함수를 작성하여 사용하고 있다. 이렇게 만든 연구자정의 함수들은 유사한 연구를 진행하고 있는 다른 연구실과 공유하면서 사용하기도 한다. 사용자정의함수 개념으로 시작했지만 사용 범위가 확대되어 더 많은 사람이 사용하게 되면 하나의 내장함수의 역할을 충분히 할 수 있다.

사용자정의함수의 기본 형식은 다음과 같다.

```
function[output variables] = name(input variables)
```

사용자정의함수 작성에 필요한 중요한 기본 규칙은 다음과 같다.

- 사용자정의함수는 반드시 스크립트 m파일로만 작성한다.
- function의 단어는 반드시 사용자정의함수 맨 첫 줄의 처음에 쓴다. 첫 철자 'f'는 물론이고 모든 철자는 소문자로 작성한다.
- 'function' 다음에는 수식에서 최종 결과로 사용하려는 출력변수와 같은 변수명을 사용한다. 출력변수가 하나인 경우는 대괄호를 사용하거나 혹은 사용하지 않아도 상관없지만, 출력변수가 여러 개인 경우는 반드시 대괄호를 사용해야 한다.
- 출력변수 다음에는 등호 지정 연산자를 사용한다.
- 'name'의 자리에는 스크립트 m파일과 같은 이름을 사용한다. 확장자 .m은 생략하고 파일명만 쓴다.
- 맨 첫 줄의 마지막에는 입력변수를 표시한다. 최종 결과인 출력변수들을 연산하는 데 입력으로 사용한 변수와 같은 변수명을 사용한다. 입력변수가 하나이든 여러 개이든 반드시 소괄호를 사용해야 한다.
- 출력변수 혹은 입력변수가 여러 개면 쉼표를 변수들 사이에 지정한다.
- 명령줄의 끝에 세미콜론을 사용해도 상관없다.
- 선택적으로 'function'에 상응하는 'end' 명령어를 지정할 수 있다.
- 사용자정의함수 'name.m'을 저장한 후 첫 번째 행의 'function' 부분을 제외한 나머지 [output variables] = name(input variables)를 MATLAB 명령창에 직접 입력한다. 이때 input variables에는 수식에서 계산하려는 입력 상숫값을 지정한다.

MATLAB 1-15 사용자정의함수 : 단수 입력 및 단수 출력

섭씨온도(Celcius)를 화씨온도(Fahrenheit)로 변환할 수 있는 사용자정의함수를 작성해보자. 이때 스크립트 파일의 이름은 cel2fah.m으로 지정한다. 섭씨온도와 화씨온도의 비례 수식은 $F=\left(C\times\frac{9}{5}\right)+32$로 표시한다. 작성된 사용자정의함수를 이용하여 하나의 섭씨온도값 30도를 확인하고, 섭씨온도 -5도부터 30도까지 5도씩 증가하는 배열에 대한 화씨온도도 같이 확인하라.

풀이

사용자정의함수 cel2fah.m은 [그림 1-69]처럼 작성된다.

```
cel2fah.m
function F = cel2fah(C)
F = C*(9/5)+32;
end
```

[그림 1-69] 섭씨온도를 화씨온도로 변환하는 사용자정의함수

앞에서 설명한 사용자정의함수의 기본 규칙과 비교해보자.

- 사용자정의함수는 스크립트 파일 cel2fah.m으로 지정했다.
- 맨 처음에 function을 사용했다.
- 최종 결과로 사용하려는 출력변수는 화씨온도의 영문 첫 자인 F가 사용되었으므로 같은 변수 이름을 function 다음에 썼다. 이때 출력변수가 하나이므로 대괄호는 생략이 가능하다.
- 출력변수 F 다음에 등호를 지정했다.
- 사용자 함수명은 스크립트 m파일에서 확장자 .m을 생략한 cel2fah를 사용했다.
- 최종 결과인 출력변수 F를 연산하는 데 입력변수로 섭씨온도의 영문 첫 글자인 C를 사용했다. 함수 인자인 입력변수를 소괄호로 묶었다.
- **end** 명령어로 사용자정의함수를 종료한다.

수식의 끝에는 세미콜론을 사용하여 결과를 확인할 때 중복해서 결과가 출력되는 것을 방지하는 것이 편리하다. [그림 1-70]은 온도 변환 결과이다. 입력변수 C가 스칼라인 경우는 소괄호 안에 30만 그대로 대입한 결과인 화씨온도 86도가 출력된다(❶). 배열을 입력 인자로 이용하는 경우는 소괄호 안에 기본 배열 입력 형태로 쓴다(❷). 전치 연산자를 사용했기 때문에 배열에 대한 결과값은 열 형태를 보여준다.

```
Command Window
>> C = cel2fah(30) ······ ❶
C =
    86
>> C = cel2fah([-5:5:30])' ······ ❷
C =
    23
    32
    41
    50
    59
    68
    77
    86
```

[그림 1-70] 사용자정의함수를 이용한 온도 변환 결과

MATLAB 1-16 사용자정의함수 : 단수 입력 및 복수 출력

반지름이 r인 구의 표면적과 부피를 구하는 사용자정의함수를 작성하라. 이때 스크립트 파일의 이름은 surf_vol.m으로 표시한다. 구의 표면적과 부피의 수식은 각각 $S=4\pi r^2$과 $V=\frac{4}{3}\pi r^3$으로 표시한다. 작성된 사용자정의함수를 이용하여 반지름이 2 ~ 5까지 1씩 증가하는 배열에 대한 구의 표면적과 부피를 확인하라.

풀이

스크립트 파일 surf_vol.m은 [그림 1-71]처럼 작성된다.

```
surf_vol.m
function [S,V] = surf_vol(r)
S = 4*pi*r.^2;
V = (4/3)*pi*r.^3;
```

[그림 1-71] 구의 표면적과 부피를 구하는 사용자정의함수

앞에서 설명한 사용자정의함수의 기본 규칙과 비교해보자.

- 사용자정의함수는 스크립트 파일 surf_vol.m으로 지정했다.
- 맨 처음에 function을 사용했다.
- 최종 결과로 사용하려는 출력변수는 구의 표면적과 구의 부피를 나타내는 영문 첫 자인 S와 V를 사용했기에 같은 변수 이름들이 function 다음에 쓰였다. 출력변수가 한 개 이상이므로 대괄호를 사용하고, 변수들은 쉼표로 분리하여 표시했다. 이때 대괄호로 묶어주지 않으면 '너무 많은 입력 인자들'이라는 오류 메시지가 명령창에 표시된다.

- 출력변수 다음에 등호를 지정했다.
- 사용자정의함수명은 스크립트 m파일에서 확장자 .m을 생략한 surf_vol를 사용했다.
- 최종 결과인 출력변수를 연산하는 데 입력변수로 반지름의 영문 첫 글자인 r을 사용했다. 함수 인자인 입력변수를 소괄호로 묶었다.

[그림 1-72]는 구의 표면적과 구의 부피에 대한 사용자정의함수 결과를 보여주고 있다. 배열을 입력인자 r로 이용하는 경우는 소괄호 안에 기본 배열 입력 형태로 쓰면 된다. 명령창에서 결과를 확인하려는 경우에는 그림과 같이 두 개의 출력 변숫값을 동시에 입력하는 [S,V] = 형태로 쓴다.

사용자정의함수 surf_vol.m에서 수식을 표현할 때에 지수승에 대한 배열 연산자를 사용하지 않고 작성하게 되면 오류가 발생하게 된다.

```
Command Window
>> [S,V] = surf_vol([2:1:5])'
Error using  '
Too many output arguments.
>> [S,V] = surf_vol([2:1:5])
S =
    50.2655  113.0973  201.0619  314.1593
V =
    33.5103  113.0973  268.0826  523.5988
```

[그림 1-72] 사용자정의함수를 이용한 구의 표면적과 부피

CHAPTER

01 핵심요약

01 MATLAB

대화형 인터페이스 시스템과 쉽고 효율적인 고급 프로그래밍 언어를 이용하여 신속하게 다른 프로그래밍 언어와 연결함으로써 과학과 공학에 유용하고 훌륭한 개발 환경을 제공한다.

02 MATLAB의 도움말 명령어

내장되어 있는 MATLAB의 함수 혹은 명령어의 역할과 기능에 대한 정보를 검색하는 데 유용하다.

help	MATLAB에서 사용 가능한 명령어 혹은 함수의 정확한 이름은 알지만 기본 기능을 알지 못하는 경우, 기본 기능을 검색하기 위해서 사용한다.
doc	help와 거의 같은 기능이지만 더 자세한 설명을 검색할 때 사용한다.
lookfor	명령어 혹은 함수의 정확한 철자를 모를 때 찾는 이름을 포함한 비슷한 철자를 가진 단어까지 검색한다.

03 MATLAB의 산술 연산자 부호

덧셈 및 뺄셈의 산술 연산자 부호는 수학과 같지만 그 외 산술 연산자의 부호는 다음과 같다.

곱셈	* (별표)를 사용한다.
나눗셈	두 가지 형태인 /(오른쪽 나눗셈)과 \(왼쪽 나눗셈)을 사용한다.
지수승	^를 사용한다.

04 소괄호

복잡한 수식의 연산에서 연산 순서를 명확히 하여 실제 코딩의 오류를 방지한다.

05 등호

일반 수학에서는 등호(=)를 사이에 두고 왼쪽과 오른쪽이 같지만, MATLAB에서는 지정 연산자 역할을 한다. 예를 들면 MATLAB에서 $x=3$은 오른쪽 상수 3을 왼쪽 변수 x로 지정한다. 등호를 중복(==) 사용하면 일반 수학의 등호와 같은 기능을 한다.

06 스크립트 파일 작성

스크립트 파일을 작성하기 위해서는 MATLAB 명령창 안에서 제공하는 편집창을 이용한다. 스크립트 파일은 전체적으로 수행할 명령어들을 알고리즘에 맞게 코딩한 후에 MATLAB 파일에 저장하고 한번에 실행하여 입력할 때 사용한다.

07 세미콜론

배열의 각 행을 바꿀 때 사용한다. 세미콜론을 명령어 끝에 입력하면 자동으로 다음 명령줄로 넘어간다. 하지만 MATLAB 명령창을 이용하는 동안에는 언제든지 명령한 내용을 사용할 수 있도록 저장된다. 반면에 세미콜론을 명령어 끝에 입력하지 않으면 방금 입력한 결과를 즉시 이어서 보여준다.

08 소수점 자리 표시

다양한 소수점 자리를 표시하기 위해 사용되는 MATLAB의 출력 서식 명령어로는 **format short**, **format long**, **format shorte**, **format longe**가 있다.

09 콜론 연산자

배열에 대한 각 원소, 행, 열 및 부분 배열을 다양한 방법으로 표시하는 데 사용한다. 특히 일정한 간격으로 증가 혹은 감소하는 배열을 쉽게 표시할 수 있다.

10 MATLAB 그래프 그리기 명령어

plot	가장 간단한 2차원 그래프를 그리는 데 사용하는 명령어이다.
plot3	3차원 그래프 그리기에 사용하는 기본 명령어이다. 그 밖의 3차원 그래프의 명령어들은 본문의 [표 1-2]와 [표 1-3]을 참고하라.

11 MATLAB 그래프를 그릴 때 필요한 명령어

title	그래프 제목 표시
xlabel	그래프의 수평축 혹은 입력축의 이름 표시
ylabel	그래프의 수직축 혹은 출력축의 이름 표시
hold	이미 그려진 그래프에 추가 그래프 그리기
grid	그래프에 모눈 표시
axis	그래프 상에서 수평축과 수직축의 범위를 맞춤시켜서 사용

12 MATLAB 그래프를 시각적으로 명확하게 구분시키는 명령어

legend	그려진 여러 그래프를 범례 표시를 이용하여 다양하게 구분
gtext	그려진 그래프의 제목 위치를 마우스로 지정
text	그려질 그래프의 제목 위치를 자동으로 미리 지정
subplot	단수 그림창에 다수 개 그래프를 동시에 그릴 때 사용

13 내장함수

MATLAB에서 제공하는 내장함수를 사용할 때는 반드시 영문 소문자로 함수명을 표기하고 괄호 안에 필요한 인자를 지정한다.

14 배열 연산자

MATLAB의 표준 산술 연산자 *, /, ₩, ^ 바로 앞에 마침표를 붙여서 사용한다. 배열 연산자를 이용하면 항목별 연산이 가능하기 때문에 벡터화된 코드를 작성할 때 유용하다.

15 전치 연산자

지정되어 있는 벡터 혹은 행렬 표시의 끝에 아포스트로피를 붙여주면 행과 열을 서로 바꿀 수 있다.

16 사용자정의함수

MATLAB에서 제공하는 내장함수와 구별하여 사용자가 직접 작성한 m파일 함수이다. 사용자가 필요할 때 언제든지 사용자정의함수를 생성할 수 있다는 점이 MATLAB 프로그램의 장점 중 하나이다.

CHAPTER

01 기본문제

1.1 다음 MATLAB의 명령어 중에 서로 연관성이 없는 것은 무엇인가?

① **ans** ② **doc** ③ **help** ④ **lookfor**

1.2 다음 MATLAB의 지수승과 지수함수의 입력 중 오류가 발생하는 것을 모두 찾아라.

① 1.2e5 ② 1.2*e-05 ③ 1.2*10^-05

④ 2exp(-5) ⑤ -2*exp(05)

1.3 다음 변수 중 MATLAB에서 유효한 형태는 무엇인가?

① A-2 = 3 ② 2A = 3 ③ A_2 = 3 ④ 2_A = 3

1.4 다음과 같이 입력한 뒤의 결과를 찾아라.

```
>>format shorte;
>>x = 0.13345
```

① x = 0.13345 ② x = 0.1335

③ x = 0.13345e+00 ④ x = 1.335e-01

1.5 다음 중 콜론(:) 연산자의 이용이 올바르지 않은 것은 무엇인가?

① x1 = -1:-2:-9 ② x2 = -9:-2:-1

③ x3 = [1:2:9] ④ x4 = 1:2:9

1.6 다음에 주어진 3차원 그리기 함수 중 z축의 라벨을 표시하는 **zlabel** 명령어가 불필요한 것은 무엇인가?

① **meshz** ② **contour** ③ **waterfall**

④ **surf** ⑤ **meshc**

1.7 다음 중 MATLAB에서 제공하는 내장변수가 아닌 것을 골라라.

① i ② j ③ exp
④ Inf ⑤ NaN

1.8 다음 중 잘못 사용한 MATLAB 내장함수를 골라라.

① log2(64) ② sqrt(36) ③ log10(64) ④ ln(64)

1.9 다음 중 문자열 변수의 지정이 잘못된 것을 모두 찾아라.

① S1 = 'MATLAB' (작은따옴표 1번)
② S2 = ''MATLAB'' (작은따옴표 2번)
③ S3 = ""MATLAB"" (큰따옴표 2번)
④ S4 = """MATLAB""" (큰따옴표 3번)
⑤ S5 = '''MATLAB''' (작은따옴표 3번)

1.10 콜론 연산자를 사용하여 생성한 다음의 벡터와 동일한 결과를 생성하는 것을 찾아라.

```
>>z = 20:-4:0
```

① z = linspace(20, 0, 6) ② z = linspace(0, −4, 20)
③ z = linspace(0, 20, −4) ④ z = linspace(20, 0, −4)

1.11 다음 중 잘못 사용한 관계 연산자를 모두 찾아라.

① 5 <= 3 ② −2 => −3 ③ −5 ~= −5
④ 3 == 3 ⑤ 3 > = 2

1.12 다음 중 논리 연산자 xor(A, B)와 동일한 형태를 찾아라.

① (A|B)−(A&B) ② (A&B)−(A|B)
③ ~A −~B ④ ~(A&B)−(A|B)

1.13 다음 중 이중 선택 구조라 불리는 것은 무엇인가?

① **elseif** ② **if** ③ **if/else**
④ **while** ⑤ **switch**

1.14 다음의 빈 칸에 알맞은 단어는 무엇인가?

만일 **for** 순환문의 증가가 ________이면 순환은 ________ 연산이 실행된다.

① 참, 감소 ② 거짓, 감소 ③ 양수, 감소 ④ 음수, 감소

1.15 사용자정의함수의 기본 형식은 다음과 같다. 다음 중 올바르지 않은 기본 규칙을 모두 찾아라.

function [output variables] = name (input variables)

① 사용자정의함수의 스크립트 파일 이름은 반드시 'name.m'으로 지정한다.
② 출력변수 [output variables]가 하나인 경우는 대괄호를 사용할 필요가 없다.
③ 입력변수 (input variables)가 하나인 경우는 소괄호를 사용할 필요가 없다.
④ 출력 혹은 입력변수가 여러 개인 경우는 변수들 사이를 여백 처리하여 지정한다.
⑤ 파일의 마지막 줄에는 **end** 명령어를 생략할 수 있다.

CHAPTER

01 연습문제

1.1 쌍곡선(hyperbolic) cotangent 값을 구하는 함수를 사용하려고 할 때, **lookfor** 명령어를 사용하여 관련 함수를 찾아라.

1.2 수식 $y = e^{-2x} - 2\cos x + 10^{-4}$을 MATLAB 프로그램을 사용하지 말고, MATLAB에서 사용 가능한 두 가지 형태를 손으로 직접 나타내라. 여기서 $x = 0$이고 10^{-4}을 입력할 때 두 가지 형태를 사용해야 한다.

1.3 수식 $w = x - 2y + z$를 MATLAB 프로그램을 사용하여 실행하라. 여기서 $x = 3$, $y = 2$, $z = 1$이다.

1.4 벡터 **y**는 네 개 원소 $\sin 2\pi$, $\sin\left(\frac{\pi}{6}\right)$, $\sin\left(\frac{\pi}{2}\right)$, 2를 포함하고 있다. 전치 연산자를 이용하여 열 벡터 **y**를 생성하는 MATLAB 코드를 표시하라.

1.5 행렬 **A**의 모든 원소에 대한 제곱을 계산하고 그 결과의 제곱근을 계산하면 다시 행렬 **A**를 얻는 과정을 실행하라. 또한 로그와 지수의 역 연산의 관계를 이용하여 행렬 $\mathbf{B} = \log(3\mathbf{A} + 2)$를 계산한 다음 **B**로부터 행렬 **A**를 복구하라.

$$\mathbf{A} = \begin{bmatrix} 8 & 1 & 6 & 5 \\ 5 & 4 & 5 & 8 \\ 3 & 7 & 2 & 2 \end{bmatrix}$$

1.6 행렬이 아래와 같이 주어졌다. 콜론 연산자를 이용한 다음 명령어를 실행하려고 한다. MATLAB 프로그램을 사용하지 말고 결과를 예측하라. 이어서 MATLAB을 이용하여 확인하라.

```
>>u = [5,6,3 ; 2,7,7 ; 1,3,9];
```

(a) >> x = u(2: 3, [1, 3])

(b) >> y = u(: , 2)

(c) >> u(1, :) = [ ]

1.7 1부터 7까지 증가하는 입력자료에 대한 2개의 출력자료 **y1**, **y2**가 있다. 이때 입력변수 **x**에 대한 출력변수 **y1**과 **y2**를 그래프로 나타내라. **y1**의 그래프는 점선, 별표, 자홍색으로 나타내고 **y2**는 쇄선-점선 혼합, 원형, 초록색으로 나타내라.

$$\mathbf{y1} = [0\ 0.48\ 0.84\ 1\ 0.91\ 0.6\ 0.14]$$
$$\mathbf{y2} = [0.5\ 0.24\ 0.31\ 0.7\ 1\ 0.8\ 0.44]$$

1.8 $-2\pi \le x \le 2\pi$에 위치한 코사인 함수 $y_1 = \cos(x)$와 사인 함수 $y_2 = \sin(x)$에 대한 그래프를 그리려고 한다. 주기는 $\frac{\pi}{360}$ 라디안이며, x축 이름은 'Radian', y축 이름은 'Amplitude', 그래프 제목은 'cos(x) & sin(x)'로 지정한다. text 명령어를 이용하여 좌표 위치 (−5.0, −0.8)에 'cos(x)'를, 좌표 위치 (0.0, − 0.4)에 'sin(x)'를 표시하라.

1.9 벡터 **x**와 **y**가 다음과 같이 주어졌다.

$$\mathbf{x} = [9, 5, -1, -2, 4]$$
$$\mathbf{y} = [8, 1, -2, -1, 4]$$

관계 연산자를 이용한 다음 연산을 손으로 먼저 계산하고, MATLAB을 사용하여 확인하라.

(a) z1 = (x>=1)

(b) z2 = (x<=y)

(c) z3 = (x==y)

(d) z4 = (x~=y)

1.10 벡터 **x**와 **y**가 다음과 같이 주어졌다.

$$\mathbf{x} = [-7, -3, 12, 3, 8, 0]$$
$$\mathbf{y} = [-7, -2, 10, 3, 6, -1]$$

논리 연산자를 이용한 보기의 연산을 손으로 먼저 계산한 후, MATLAB을 사용하여 확인하라.

(a) z1 = ~(x&y)

(b) z2 = x|y

(c) z3 = xor(y, x)

1.11 벡터 **x1**과 **x2**가 다음과 같이 주어졌다.

$$\mathbf{x1} = [1, 4, 7, -2, 0, 0]$$
$$\mathbf{x2} = [9, 2, 3, 0, -1, -4]$$

다음에 나오는 MATLAB 수식의 결과를 구하라.

(a) z1 = x1(x1>x2)

(b) z2 = find(x1>x2)

(c) z3 = x2(x1<=x2)

1.12 배열 **A**, **B**, **C**, **D**가 다음과 같이 주어졌다.

$$\mathbf{A} = [1\ -2\ -1\ 10; -3\ -2\ 4\ 12; 2\ -7\ 0\ 0]$$
$$\mathbf{B} = [19, 13, 22, 17, 23, 17, 20]$$
$$\mathbf{C} = [24, 17, 20, 22, 19, 18, 16]$$
$$\mathbf{D} = [25, 18, 22, 19, 21, 19, 17]$$

다음에 나오는 MATLAB 수식의 결과를 구하라.

(a) R1 = **size**(**A**)

(b) R2 = **size**(**D**)

(c) R3 = **length**(**find**(**B**>**C**&**B**>**D**))

(d) R4 = **length**(**find**(**B**>=**D** | **C**<**B**))

1.13 다음과 같이 다항식이 주어져 있다.

$$y(x) = x^4 + 3x^2 - 2x + 1$$

주어진 함수 $y(x)$는 점 61개가 $-3.0 \le x \le 3.0$ 범위에 같은 간격으로 놓여 있다. 이때 함수 $y(x)$를 그리려고 한다. 아래 빈칸에 알맞은 명령어를 넣어라.

```
>>x =                    ;     %or x = -3.0:0.1:3.0;
>>y = __________________ ;
>>plot(x, y);
>>xlabel('x');
>>ylabel('y(x)');
>>title('Plot of a polynomial');
```

1.14 이중 선택을 하는 **if/else** 조건문을 사용하여 시험 점수가 50 이상인 경우는 "Passed"를 출력하고 49 이하인 경우는 "Failed"를 출력하는 프로그래밍을 작성하라.

1.15 **elseif** 조건문을 사용하여 시험 결과가 90점 이상이면 성적 A, 80점 이상이면 성적 B, 70점 이상이면 성적 C, 60점 이상이면 성적 D, 그리고 60점 미만이면 성적 F를 출력하는 프로그래밍을 작성하라.

1.16 다음 MATLAB 코드를 살펴보자.

```
if num1 < 2
    num3 = num1*sqrt(num2);
elseif (num1 > 2) & (num2 = = 0)
    num3 = sqrt(num1);
else
    num3 = num1 + num2;
end
num3
```

(a) 만일 num1 = 5; num2 = 25이면 출력값 num3은 무엇인가?

(b) 만일 num1 = 9; num2 = 0이면 출력값 num3은 무엇인가?

1.17 $N = 100$일 때, **for** 순환문으로 $S = \sum_{k=1}^{N} \frac{1}{k^3}$ 을 계산하는 스크립트 파일을 작성하라.

1.18 $N = 100$일 때, **while** 순환문으로 $S = \sum_{k=1}^{N} \frac{1}{k^3}$ 을 계산하는 스크립트 파일을 작성하라.

1.19 다음 MATLAB 코드를 살펴보자.

```
while b > 15
    b = b/5;
end
b
```

만일 초깃값 b가 다음과 같이 주어진 경우 최종 결과값을 구하라. 이 문제는 MATLAB을 사용하지 말고 풀어라.

(a) $b = 125$　　(b) $b = 500$

1.20 학생 10명의 MATLAB 중간고사 점수 분포가 다음과 같을 때, **while** 순환문과 **if** 조건문을 혼합 사용하여 평균보다 낮은 점수를 받은 학생 수를 구하는 스크립트 파일을 작성하라. 여기서 10명의 점수는 **pts** = [84 46 90 92 56 65 73 74 50 40]이고 점수의 평균을 구하려면 **mean** 명령어를 이용하라.

1.21 다음과 같은 프로그래밍을 작성하여 실행하고 그 결과를 보여라.

Pfor_if_else.m

```
A = [1 3 -4;-5 -2 4];
[r,c] = size(A);
B = ones(r,c);
for i = 1:r
    for j = 1:c
        if A(i,j) < 0
            B(i,j) = B(i,j);
        else
            B(i,j) = A(i,j);
        end
    end
end
disp(B)
```

1.22 다음 그림과 같이 삼각형 2개가 합쳐진 마름모가 원 안에 딱 맞게 놓여 있다. 지름이 d인 원에서 마름모를 뺀 나머지 부분의 면적 S를 구하는 사용자정의함수 '**cir_rhom.m**'을 작성하라. 지름 $d = 10\,[\mathrm{cm}]$를 입력하여 출력값 $S\,[\mathrm{cm}^2]$를 확인하라. 입력변수는 원의 지름인 d이고, 출력변수는 S이다.

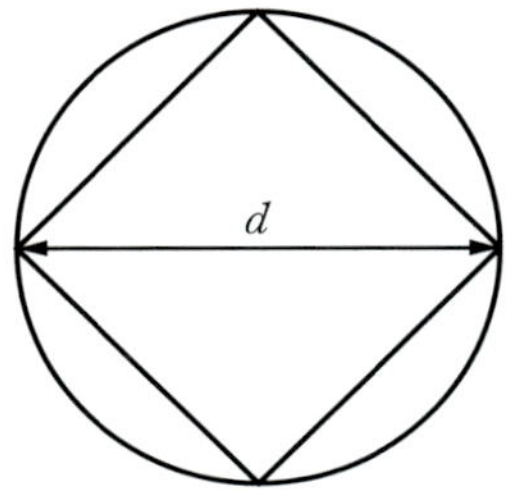

1.23 자유 공간에서 거리 d, 길이 L, 반지름 r인 평행한 두 도체의 커패시턴스를 구하는 식은

$$C = \frac{\pi \varepsilon_0 L}{\ln\left(\frac{d-r}{r}\right)}$$

이다. 여기서 도체의 길이 $L = 2\,[\mathrm{m}]$이고 자유 공간의 유전율은 $\varepsilon_0 = 8.854 \times 10^{-12}\,[\mathrm{F/m}]$이다. 거리 $d = 5\,[\mathrm{mm}]$와 반지름 $r = 2\,[\mathrm{mm}]$를 입력하여 커패시턴스 C를 출력하는 사용자정의함수 **paracap.m**을 작성하라.

1.24 음이 아닌 정수 n의 계승(factorial)은 $n!$로 표시하고 연속 곱 $n \neq n \times (n-1) \times (n-2) \times \cdots \times 1$이 된다. 예를 들어, 3의 계승 $3!$은 $3 \times 2 \times 1 = 6$이 되고 $0!$과 $1!$은 동일한 1의 값을 나타낸다. 계승을 계산하는 사용자정의함수 **factorial**을 작성하여 0, 1, 3의 계승을 실행하라.

CHAPTER

02

MATLAB 응용

Advanced MATLAB

1장에서는 MATLAB의 기본적인 기능과 사용 방법을 학습했다. 이 장에서는 수치해석의 개념을 쉽게 이해하는 데 필요한 MATLAB의 응용 기능을 고찰할 것이다. 이 장에서 소개되는 MATLAB 예제들은 수치해석 이론을 담은 2부와 자연스럽게 연결되어 있다. 이후 학습에 활용할 수 있도록 기초적인 식 풀이 방법부터 자세한 내용까지 다룬다.

CONTENTS

SECTION 2.1 선형연립방정식

수치해석에서 가우스(Gauss) 소거법을 이용하여 선형연립방정식의 해를 구하기 위해서는(자세한 이론 설명은 4.3절, 4.4절 참고) 먼저 수학에서 연립방정식을 푸는 방법과 행렬의 특성을 이용한 역행렬 계산, 크래머(Cramer)의 법칙과 같은 기초 지식을 알아야 한다. 또한 MATLAB의 왼쪽 나눗셈 연산자를 이용해도 풀 수 있다.

2.1.1 수학적 풀이 방법

일차방정식에서 x와 y, 미지수가 두 개 있다면 최소한 두 개의 일차방정식이 제시되어야 한다. 두 개의 일차방정식을 동시에 만족하는 값이 바로 연립일차방정식의 해이다. **가감법**(addition and subtraction method), **대입법**(substitution method), **등치법**(equivalence method)을 이용하면 일차방정식을 동시에 만족하는 x와 y의 값을 쉽게 구할 수 있다.

- **가감법** : 두 일차방정식을 변끼리 더하거나 빼서 한 미지수를 소거하여 해를 구한다. 이때 소거하려는 미지수는 계수의 절댓값이 같아야 한다.
- **대입법** : 연립일차방정식에서 일차방정식 하나를 미지수 하나에 대해 푼 뒤, 그것을 다른 일차방정식에 대입하여 해를 구한다.
- **등치법** : 주어진 두 방정식을 미지수 하나에 대해 푼 뒤 둘을 같다고 놓고, 미지수 하나를 소거하여 해를 구한다.

주어진 선형연립방정식의 형태를 살펴보고 가장 최적의 방법을 선택한다. 미지수가 세 개라면 어떤 방법을 쓰든지 손으로 계산하기 쉬울 것이다. 그러나 만일 세 개 혹은 그 이상의 미지수가 있는 경우 직접 계산하는 것은 바람직한 방법이 아니다.

일차방정식에 x, y, z의 세 미지수가 있을 때 가감법을 이용해보자. 다음과 같이 연립일차방정식이 세 개가 주어져 있다.

$$\begin{aligned} -x+4y-z&=4 \\ 2x-2y+3z&=7 \\ 3x+y-2z&=-1 \end{aligned}$$

가감법을 이용하여 미지수 x, y, z 중 x를 먼저 소거해보자. 첫 번째 방정식에 2를 곱하여 두 번째 방정식에 더하고, 이어서 첫 번째 방정식에 다시 3을 곱하여 세 번째 방정식에 더하면 미지수 y와 z만을 갖는 새로운 방정식 두 개가 생성된다.

$$\begin{aligned} 6y + z &= 15 \\ 13y - 5z &= 11 \end{aligned}$$

같은 방법으로 첫 번째 방정식에 5를 곱하고 두 번째 방정식에 더하여 z를 소거하면, y의 해로 2를 구할 수 있다. 역계산에 의해서 차례대로 $z=3$과 $x=1$의 해를 구할 수 있다. 이 계산에서 가감법을 총 세 번 수행했다. 미지수가 네 개인 경우 가감법은 여섯 번 필요하다. 즉 n개의 미지수를 구하기 위해서는 $\dfrac{n(n-1)}{2}$번의 가감법이 필요하다.

위의 세 연립방정식을 벡터-행렬 형태로 표현할 수 있는 행렬방정식으로 나타내면

$$\begin{bmatrix} -1 & 4 & -1 \\ 2 & -2 & 3 \\ 3 & 1 & -2 \end{bmatrix} \begin{bmatrix} x \\ y \\ z \end{bmatrix} = \begin{bmatrix} 4 \\ 7 \\ -1 \end{bmatrix}$$

이 된다. 이제 행렬방정식을 일반화시키면 다음과 같이 표현할 수 있다.

$$\mathbf{Ax} = \mathbf{c} \tag{2.1}$$

행렬 $\mathbf{A}$는 계수 x, y, z에 차례대로 대응한다. 행렬식(determinant)은 행과 열의 수가 같은 정방행렬(square matrix)에 수를 대응시킨 함수로, 기호 $|\mathbf{A}|$ 또는 $\det(\mathbf{A})$로 나타낸다. 예를 들면, 행렬

$$\mathbf{A} = \begin{bmatrix} a_{11} & a_{12} & a_{13} \\ a_{21} & a_{22} & a_{23} \\ a_{31} & a_{32} & a_{33} \end{bmatrix}$$

에 대한 행렬식은

$$|\mathbf{A}| = \det(\mathbf{A}) = a_{11}a_{22}a_{33} + a_{12}a_{23}a_{31} + a_{13}a_{32}a_{21} - a_{13}a_{22}a_{31} - a_{12}a_{21}a_{33} - a_{11}a_{32}a_{23}$$

이다. 즉 오른쪽 대각선 방향으로 차례대로 원소 3개씩 묶어서 곱하고 서로 더한 뒤, 왼쪽 대각선 방향으로 차례대로 원소 3개씩 묶어서 곱한 것을 모두 빼준다. 행렬식은 연립방정식이 유일한 해를 갖는지를 결정한다. 17세기 독일의 수학자 라이프니츠(Leibniz)가 2행 2열 행렬 및 3행 3열 행렬의 행렬식을 이런 방식으로 사용했다. 참고로 $|\mathbf{A}|$가 0이 아닌 정칙행렬(nonsingular matrix)인 경우에만 연립방정식의 해가 존재한다. MATLAB에서 행렬식의 명령어는 **det**(A)이다.

1.1.3절에서 배운 두 가지 종류의 나눗셈 연산자 중에 왼쪽 나눗셈을 이용하여 식 (2.1)의 행렬방정식을 풀면 다음과 같다.

$$\mathbf{x} = \mathbf{A} \setminus \mathbf{c} \tag{2.2}$$

상수 벡터항 $\mathbf{c}$를 행렬 $\mathbf{A}$로 나누어야 세 개의 미지수를 표시하는 벡터 $\mathbf{x}$를 구할 수 있다. 왼쪽 나눗셈 방법은 가우스 소거법을 근거로 이용한다. 가우스 소거법에 대한 자세한 학습은 이후 4.3절, 4.4절에서 자세히 다룰 것이다.

[그림 2-1]에서 MATLAB을 이용하여 세 연립방정식의 미지수 x, y, z를 구하는 과정을 볼 수 있다(왼쪽 나눗셈 연산자 대신 기초 수학에서 사용하는 오른쪽 나눗셈 연산자를 이용하면 오류가 발생).

```
Command Window
>> A = [-1 4 -1;2 -2 3;3 1 -2];
>> c = [4;7;-1];
>> x = A/c
Error using  /
Matrix dimensions must agree.
>> x = A₩c
x =
    1.0000
    2.0000
    3.0000
```

[그림 2-1] 왼쪽 나눗셈을 이용한 연립방정식 풀이 과정

MATLAB 2-1 비정칙행렬 : 행렬 변환으로 풀 수 없는 연립방정식

MATLAB을 이용하여 주어진 세 연립방정식의 해를 구하라. 그리고 그 결과를 설명하라.

$$\begin{aligned} x + 5y + 3z &= 12 \\ 2x + 8y + 6z &= 24 \\ x + 2y + 3z &= 30 \end{aligned}$$

풀이

세 연립방정식을 행렬방정식 하나로 나타내면 다음과 같다.

$$\begin{bmatrix} 1 & 5 & 3 \\ 2 & 8 & 6 \\ 1 & 2 & 3 \end{bmatrix} \begin{bmatrix} x \\ y \\ z \end{bmatrix} = \begin{bmatrix} 12 \\ 24 \\ 30 \end{bmatrix}$$

[그림 2-2]에서 알 수 있듯이 정확한 해는 구하지 못했다. 이유는 행렬 $\mathbf{A}$로 표기한 세 연립방정식의 계수들의 행렬식이 비정칙행렬(singular matrix), $|\mathbf{A}| = 0$이기 때문이다(4.2.3절 참고).

```
>> A = [1 5 3;2 8 6;1 2 3];
>> c = [12;24;30];
>> x = A\c
Warning: Matrix is singular to working precision.

x =
   NaN
   NaN
   Inf
>> det(A)
ans =
     0
```

[그림 2-2] 비정칙행렬 예제

2.1.2 역행렬 계산

행렬 $\mathbf{A}$에 대한 역행렬이 존재하려면 $\mathbf{A}$가 **정방행렬**이고 **정칙행렬**($|\mathbf{A}| \neq 0$)이라는 조건을 만족해야 한다. 식 (2.1)에서 $\mathbf{x}$에 대한 해를 구하려면 개념적으로 상수 벡터 $\mathbf{c}$를 계수 행렬 $\mathbf{A}$로 나누는 형태가 되어 분모 위치에 놓이는 행렬 $\mathbf{A}$는 $\mathbf{A}^{-1}$로 표시할 수 있다. 이때 수학적으로 $\mathbf{A}^{-1}$를 행렬 $\mathbf{A}$의 **역행렬**(inverse matrix)이라고 한다. 다시 말해, 행렬 $\mathbf{A}$와 행렬 $\mathbf{A}$의 역행렬 $\mathbf{A}^{-1}$를 서로 곱하면 단위행렬(identity matrix) $\mathbf{I}$가 성립한다.

$$\mathbf{A}^{-1}\mathbf{A} = \mathbf{A}\mathbf{A}^{-1} = \mathbf{I} \tag{2.3}$$

식 (2.1)의 양변의 왼쪽에 역행렬 $\mathbf{A}^{-1}$를 곱하면

$$\mathbf{A}^{-1}\mathbf{A}\mathbf{x} = \mathbf{A}^{-1}\mathbf{c} \tag{2.4}$$

가 되고, 식 (2.3)을 식 (2.4)의 왼쪽 항에 적용하면

$$\mathbf{x} = \mathbf{A}^{-1}\mathbf{c} \tag{2.5}$$

이다. 식 (2.5)를 수학적으로 다시 써보면 $\mathbf{x} = \dfrac{\mathbf{c}}{\mathbf{A}}$가 되는데, 이것을 다시 MATLAB 형식으로 전환하면 식 (2.2)와 같이 왼쪽 나눗셈 연산자로 대치할 수 있다.

MATLAB에서 행렬 **A** 의 역행렬을 구하는 명령어는 **inv**(**A**)이다. [그림 2-3]은 [그림 2-1]과 같은 과정을 역행렬 명령어 **inv**를 사용하여 수행한 것이다. 세 미지수의 해에 대한 결과도 같다. 역행렬 연산과 관련된 자세한 내용은 4.2.3절에서 다시 다룰 것이다.

```
Command Window
>> A = [-1 4 -1;2 -2 3;3 1 -2];
>> c = [4;7;-1];
>> x = inv(A)*c
x =
     1
     2
     3
>> det(A)
ans =
    43
```

[그림 2-3] 역행렬을 이용한 연립방정식 풀이 과정

2.1.3 크래머 법칙

행렬식으로 된 연립방정식은 **크래머 법칙**을 이용하여 체계적으로 풀 수 있다. 세 연립방정식에 대한 행렬식이 다음과 같다고 가정하자.

$$\begin{bmatrix} a_{11} & a_{12} & a_{13} \\ a_{21} & a_{22} & a_{23} \\ a_{31} & a_{32} & a_{33} \end{bmatrix} \begin{bmatrix} x_1 \\ x_2 \\ x_3 \end{bmatrix} = \begin{bmatrix} c_1 \\ c_2 \\ c_3 \end{bmatrix}$$

이때 미지의 변수 x_1, x_2, x_3은 크래머 법칙에 의해서 다음과 같은 과정으로 구할 수 있다.

❶ 행렬식을 찾는다.

$$\det(\mathbf{A}) = a_{11}a_{22}a_{33} + a_{12}a_{23}a_{31} + a_{13}a_{32}a_{21} - a_{13}a_{22}a_{31} - a_{12}a_{21}a_{33} - a_{11}a_{32}a_{23}$$

❷ 행렬방정식의 오른쪽 상수 벡터를 계수행렬 **A** 의 첫 번째 열에 모두 대치한 행렬식을 구한다.

$$\det(\mathbf{A}_1) = \begin{vmatrix} c_1 & a_{12} & a_{13} \\ c_2 & a_{22} & a_{23} \\ c_3 & a_{32} & a_{33} \end{vmatrix}$$

$$= c_1a_{22}a_{33} + c_2a_{13}a_{32} + c_3a_{12}a_{23} - c_1a_{23}a_{32} - c_2a_{12}a_{33} - c_3a_{13}a_{22}$$

❸ 과정 ❷와 같은 방법으로 상수 벡터를 두 번째 열과 세 번째 열에 차례대로 모두 대치한 행렬식을 구한다.

$$\det(\mathbf{A}_2) = \begin{vmatrix} a_{11} & c_1 & a_{13} \\ a_{21} & c_2 & a_{23} \\ a_{31} & c_3 & a_{33} \end{vmatrix}$$

$$= c_1a_{23}a_{31} + c_2a_{11}a_{33} + c_3a_{13}a_{21} - c_1a_{21}a_{33} - c_2a_{13}a_{31} - c_3a_{11}a_{23}$$

$$\det(\mathbf{A}_3) = \begin{vmatrix} a_{11} & a_{12} & c_1 \\ a_{21} & a_{22} & c_2 \\ a_{31} & a_{32} & c_3 \end{vmatrix}$$

$$= c_1a_{21}a_{32} + c_2a_{12}a_{31} + c_3a_{11}a_{22} - c_1a_{22}a_{31} - c_2a_{11}a_{32} - c_3a_{12}a_{21}$$

❹ 과정 ❷와 ❸에서 구한 값들을 ❶에서 구한 값으로 나누면 미지의 변숫값은 각각 다음과 같다.

$$x_1 = \frac{\det(\mathbf{A}_1)}{\det(\mathbf{A})}$$

$$x_2 = \frac{\det(\mathbf{A}_2)}{\det(\mathbf{A})}$$

$$x_3 = \frac{\det(\mathbf{A}_3)}{\det(\mathbf{A})}$$

SECTION
2.2 함수의 근 찾기

완전제곱, 인수분해, 근의 공식, 그래프를 이용하는 다양한 방법으로 이차방정식의 근을 찾을 수 있다. 두 개의 미지수 x와 y를 가진 이차방정식 $y = x^2 + 7x + 10$에 대한 그래프를 그려보자. x축(수평축)을 따라서 움직이는 x의 차수가 2인 항이 선형방정식에 더해지면 그에 따라 y축(수직축)을 따라서 움직이는 y 값이 결정된다. 출력변수 y의 좌표는 독립적인 입력변수 x에 따라 $(x,\ y)$로 형성되며, 2차원 평면에 곡선으로 나타난다. 이때 y는 x를 인수로 갖는 함수(또는 다항식) $f(x)$로 나타낼 수 있다. 따라서 위에서 주어진 이차방정식 $y = x^2 + 7x + 10$은 $f(x) = x^2 + 7x + 10$의 함수 형태로 바꿔 사용할 수 있다(반대도 가능).

MATLAB을 이용하여 $-7 \sim +3$까지 0.1씩 증가하는 구간에 대한 $f(x) = x^2 + 7x + 10$의 그래프를 그려보자.

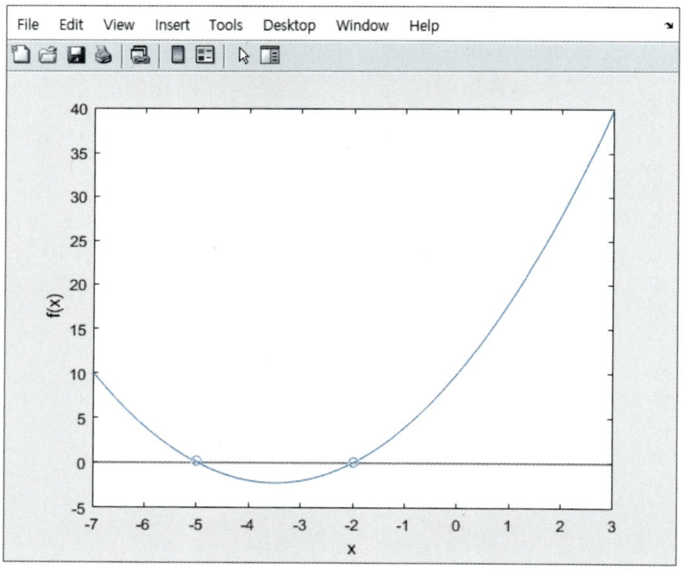

[그림 2-4] $f(x) = x^2 + 7x + 10$의 그래프

[그림 2-4]에서 동그라미 점을 보면 x축의 -5와 -2를 통과할 때 $f(x)$축의 값이 0이다. 이처럼 $f(x) = 0$을 만족하는 x의 집합을 **근**(root)이라고 한다. 근은 그래프가 x축과 만나는 점의 x 좌표로도 나타낼 수 있으며 이차방정식의 근은 실근, 중근, 허근을 가질 수 있다. 방정식의 근을 찾는 것은 응용 수학에서 흔히 다루는 일반적인 문제로 간단한 수치적 방법을 활용하면 쉽게 해결할 수 있다.

2.2.1 명령어 roots

MATLAB에서 함수의 근을 찾을 때 사용하는 함수는 **roots**이다. **roots** 함수를 이용하여 2차 다항식 $f(x) = x^2 + 7x + 10$의 근을 찾아보자. [그림 2-5]에 MATLAB 실행 결과를 나타냈다.

```
Command Window
>> fx = roots([1,7,10])
fx =
    -5
    -2
>> c = [1,7,10];
>> fx = roots(c)
fx =
    -5
    -2
```

[그림 2-5] **roots** 함수를 이용한 근 찾기

[그림 2-5]를 자세히 살펴보자. **roots** 함수는 MATLAB **내장함수**이므로 소괄호를 사용한 뒤, x차수의 계수를 내림차순으로 입력하고 마지막으로 상숫값도 입력했다. 선택적으로 모든 계수를 내림차순으로 지정한 뒤에 **roots** 함수를 실행해도 상관없다. 홀수차 실수계수 다항식의 모든 근은 실수 또는 복소수가 가능하다. 짝수차 다항식의 경우 모든 근이 실수인 것은 아니지만, 대수학의 기본 정리에 따르면 모든 n차 다항식은 중근을 포함해서 n개의 복소수 근을 가진다.

MATLAB 2-2 roots 함수

roots 함수를 사용하여 다항식 $f(x) = x^4 + 7x + 10$의 근을 찾아라.

풀이

```
Command Window
>> fx1 = roots([1,7,10]) ······ ❶
fx1 =
    -5
    -2
>> fx = roots([1,0,0,7,10]) ······ ❷
fx =
   1.3101 + 1.7470i
   1.3101 - 1.7470i
  -1.3101 + 0.6170i
  -1.3101 - 0.6170i
```

[그림 2-6] 실행 결과

4차 다항식 $f(x) = x^4 + 7x + 10$을 정확하게 입력한 것은 ❷이다. ❶과 같이 입력하기 쉬운데, 이 경우 2차 다항식 $f(x) = x^2 + 7x + 10$에 대한 결과가 나오므로 주의한다. x^3항과 x^2항의 계수가 0이므로 수학적으로는 다항식에 포함하지 않았지만, MATLAB으로 배열을 입력할 때는 반드시 모두 입력해야 한다.

2.2.2 fzero 함수

roots 함수는 다항식의 근을 찾을 때 유용하지만 비선형함수 $f(x)=2x+e^{-x}-2$와 같은 경우에는 **fzero** 함수를 이용하여 근을 찾는다. **fzero** 함수는 구하려는 함수에 대한 사용자정의함수를 먼저 생성한 뒤 다음과 같은 기본 형식으로 이용할 수 있기 때문이다. 여기서 function은 사용자정의함수명과 같다. x0은 주어진 함수의 그래프를 먼저 그려본 후에 사용자가 근의 값에 대략적으로 접근하는 값을 지정하여 사용한다.

fzero(function, x0)

fzero 함수를 이용하여 앞에서 사용한 다항식 $f(x)=x^2+7x+10$의 근을 새롭게 찾아보자. [그림 2-4]는 다항식 $f(x)=x^2+7x+10$의 그래프이다. 이 그래프는 **fzero** 함수를 실행하기 전에 다항식 $f(x)=x^2+7x+10$의 근의 대략적인 위치를 추정하는 데 이용한다. 사용자정의함수 스크립트 파일 F2_7.m은 [그림 2-7]과 같이 작성한다.

```
F2_7.m
function f = F2_7(x)
f = x.^2+7*x+10;
end
```

[그림 2-7] 사용자정의함수 F2_7.m

[그림 2-4]에서 근이 -2와 -5임을 알고 있지만, x0 값을 임의로 -6과 2로 지정하고 **fzero** 함수를 실행해보자. 이 결과는 [그림 2-8]과 같다.

```
Command Window
>> x1 = fzero('F2_7',-6)
x1 =
   -5.0000
>> x2 = fzero('F2_7',2)
x2 =
    -2
```

[그림 2-8] **fzero** 함수를 이용한 $f(x)=x^2+7x+10$의 근 찾기

이제 **roots** 함수로 근을 찾기 어려운 함수인 $f(x)=2x+e^{-x}-2$를 **fzero** 함수를 이용하여 실행해보자. 먼저 사용자정의함수 F2_9.m을 만들고 주어진 다항식의 근의 대략적인 위치를 추정하기 위한 그림을 그린다. 사용자정의함수는 [그림 2-9]와 같이 작성한다.

```
F2_9.m
function f = F2_9(x)
f = 2*x+exp(-x)-2;
end
```

[그림 2-9] 사용자정의함수 F2_9.m

그리고 [그림 2-10]과 같이 명령어를 입력하여 함수 $f(x) = 2x + e^{-x} - 2$의 그래프를 그린다. 결과는 [그림 2-11]과 같다. 이 그래프는 **fzero** 함수를 실행하기 앞서 함수 $f(x) = 2x + e^{-x} - 2$의 근의 대략적인 위치를 추정하는 데 이용한다.

```
Command Window
>> x = [-3:0.1:3];
>> fx = 2*x+exp(-x)-2;
>> plot(x,fx);
>> hold;
Current plot held
>> y1 = zeros(1,61);
>> plot(x,y1);
>> xlabel('x');
>> ylabel('f(x)');
```

[그림 2-10] 함수의 그래프를 그리기 위한 명령어 입력

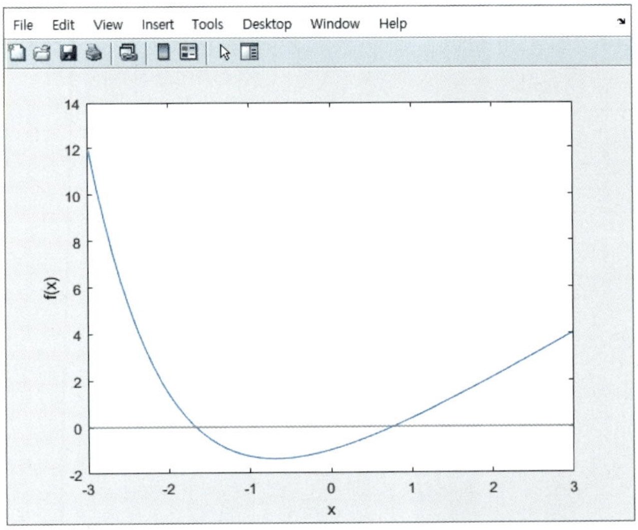

[그림 2-11] 함수 $f(x) = 2x + e^{-x} - 2$의 그래프

[그림 2-12]는 x0 값을 -2와 1로 가정하고 사용자정의함수와 **fzero** 함수를 이용하여 함수의 근 두 개를 정확히 찾아내는 과정을 나타냈다.

```
Command Window
>> x1 = fzero('F2_9',-2)
x1 =
   -1.6783
>> x2 = fzero('F2_9',1)
x2 =
    0.7680
```

[그림 2-12] **fzero** 함수를 이용한 $f(x) = 2x + e^{-x} - 2$의 근 찾기

2.2.3 polyval 함수

입력변수 x 값이 $-2 \sim 4$까지 0.01씩 증가하는 구간에서 다항식 $f(x) = x^3 - 2x^2 + 2x + 1$의 그래프를 그려보자. 이 경우 **polyval** 함수를 이용하면 다항식의 그림을 간편하게 그릴 수 있다. [그림 2-13]과 같이 명령어를 입력한다. 일반적 방법으로 그리는 경우 $f(x)$를 입력할 때는 반드시 **배열 연산자**를 사용하기 때문에 실수하기 쉽다. 차수의 계수를 내림차순으로 하는 배열 **c**를 지정하면 실수를 방지할 수 있고, **polyval** 함수를 이용하면 [그림 2-14]처럼 그래프를 나타낼 수 있다.

Command Window

```
>> x = [-2:0.01:4];
>> c = [1,-2,2,1];
>> fx = polyval(c,x);
>> plot(x,fx);
>> xlabel('x');
>> ylabel('f(x)');
```

[그림 2-13] 함수의 그래프를 그리기 위한 명령어 입력

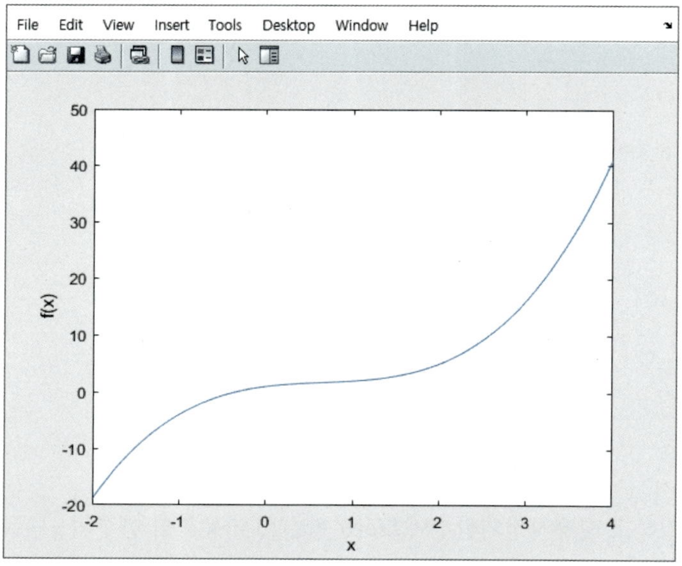

[그림 2-14] **ployval**을 이용한 다항식 그리기

Check it up!

☑ **명령어 zeros와 명령어 ones**

[그림 2-4]와 같이 $y = 0$인 값을 갖는 직선을 x축에 추가하려면 새로운 명령어 **zeros**를 사용해야 한다.

zeros 명령어의 사용법을 [그림 2-15]를 예로 들어 설명한다. 2행 4열 행열 **A**의 모든 원소를 0으로 표시한다면 방법 ❶을 사용해도 상관없다. 그러나 방법 ❶로 450행 150열 행렬의 모든 원소를 0으로 지정한다면, 시간과 노력을 쓸데없이 낭비하는 셈이다. 이때 **zeros** 명령어를 사용하여 지정하려는 행렬 혹은 벡터의 크기를 ❷처럼 입력하면 훨씬 간편해진다. 괄호 안의 첫 번째와 두 번째 인수는 각각 행과 열의 수를 나타낸다. ❸은 0으로 지정된 10개의 원소를 일직선에 나타내는 방법이다. 이 방법을 이용하여 [그림 2-10]에서 변수 x가 $-3 \sim 3$까지 0.1씩 증가하는 총 61개의 원소를 행 벡터로 입력했다. 그러므로 **zeros**의 입력도 1행 61열의 총 61개의 원소를 갖는 행 벡터 형식으로 표시했다.

```
Command Window
>> A = [0 0 0 0;0 0 0 0] ······ ❶
A =
     0     0     0     0
     0     0     0     0
>> A = zeros(2,4)         ······ ❷
A =
     0     0     0     0
     0     0     0     0
>> y1 = zeros(1,10)       ······ ❸
y1 =
     0     0     0     0     0     0     0     0     0     0
```

[그림 2-15] **zeros** 명령어 사용

입력하려는 행렬 혹은 벡터의 전체 원소를 1로 지정하려면 **zeros**와 같은 역할을 하는 명령어 **ones**를 사용한다. [그림 2-16]은 **ones** 명령어를 사용한 예이다. 실제로 **zeros**와 **ones** 명령어는 매우 유용하게 사용된다. 예를 들면 여러 개 입력 단자의 개폐기가 모두 꺼진 상태를 표시하려고 할 때 **zeros** 명령어를 이용하면 매우 편리하게 자료를 입력할 수 있다. 반면에 개폐기가 모두 켜진 상태를 표시하려면 **ones** 명령어를 사용하면 된다.

```
Command Window
>> B = ones(5,3)
B =
     1     1     1
     1     1     1
     1     1     1
     1     1     1
     1     1     1
>> d = ones(4,1)
d =
     1
     1
     1
     1
```

[그림 2-16] **ones** 명령어 사용

SECTION 2.3

보간법

보간법 혹은 내삽법은 측정이나 실험을 통해서 얻은 자료점들 사이에 있는, 얻어지지 않은 자료점들의 평균을 추정하는 방법이다(외삽법은 주어진 자료점 범위 밖의 값들을 이용하여 측정). 보간법은 주어진 자료점들을 다항식과 같은 형태로 표준화시키는 데 유용하므로 수치해석에서 자주 이용한다.

2.3.1 선형 보간법 : interp 함수

MATLAB에서 선형 보간법의 실행은 **interp1**과 **interp2** 함수를 이용한다. **interp1**은 변수가 한 개인 함수를 내삽할 때, **interp2**는 변수가 두 개인 함수를 내삽할 때 사용한다. **interp1** 함수의 기본 형식은 다음과 같다.

```
interp1(x, y, x_int)
```

여기서 벡터 **x**는 독립 변수 자료점이고 벡터 **y**는 x 값에 따라 달라지는 자료점이다. 인수 x_int는 추정하려는 의존 변수 y 값에 상응하는 x 값을 지정하여 사용한다.

MATLAB 2-3 보간법 : interp1 함수

화학물에서 발생하는 거품 반응을 화학적 센서를 이용하여 전력으로 변환시켜 측정하려고 한다. 거품 발생 후 30초 ~ 5분까지 전력을 측정한 결과가 다음 표와 같이 주어져 있다. 표를 이용하여 1분 30초 경과 후, 4분 경과 후 발생하는 전력을 보간법을 이용하여 각각 추정하라.

시간	30초	1분	2분	2분 30초	3분 30초	5분
전력(W)	110	270	350	260	200	150

풀이

주어진 입력 자료점인 1분 30초와 4분에서 전력을 추정할 수 있는 MATLAB 실행 과정을 [그림 2-17]에 제시했다. 30초는 0.5분으로 변환하여 벡터 **x**에 측정 시간을 입력했다. 인수 x_int로는 추정하려는 의존변수 y 값에 상응하는 x 값인 1분 30초와 4분을 지정했다. **interp1** 함수를 실행하여 선형적으로 추정된 y 값은 310[μW]와 183[μW]이다.

```
Command Window
>> x = [0.5,1,2,2.5,3.5,5];
>> y = [110,270,350,260,200,150];
>> x_int = [1.5,4];
>> I = interp1(x,y,x_int)
I =
  310.0000  183.3333
>> plot(x,y,':',x_int,I,'o');
>> axis([0.5 5 100 360]);
>> xlabel('Time(min)');
>> ylabel('Power(₩mu₩)');
```

[그림 2-17] 입력 화면

[그림 2-18]의 점선은 전체 시간에서 측정된 각각의 자료점을 연결한 것이다. 추정된 값은 작은 원으로 나타냈다.

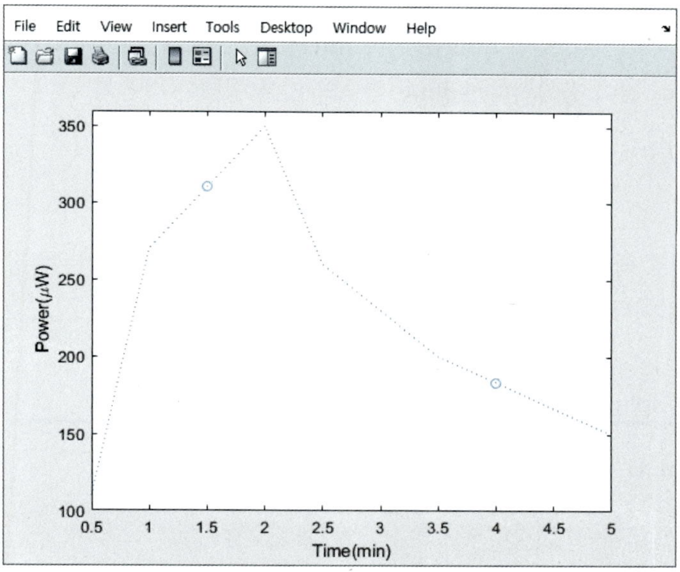

[그림 2-18] **interp1** 함수를 이용한 시간 변화에 따른 전력 변화 그래프

변수가 2개인 함수 $z = f(x, y)$의 $x = x_i$와 $y = y_i$에 대한 변수 z를 추정하려는 경우에는 함수 **interp2**를 사용한다. **interp2**의 기본 형식은 다음과 같다.

```
interp2(x, y, z, x_int, y_int)
```

여기서 벡터 **x**와 **y**는 독립변수 자료점들이고 벡터 **z**는 x와 y 값에 의존하는 자료점들이다. 인수 x_int와 y_int는 추정하려는 의존변수 z 값에 상응하는 x와 y 값을 지정하여 사용한다.

2.3.2 명령어 spline

스플라인(spline) **보간법**은 고차 다항식의 단점을 보완하기 위해 인접한 자료점의 각 쌍 사이에 저차 다항식을 사용하여 자료점을 맞추는 것을 말한다. 일반적으로 3차 다항식에 많이 사용된다. 인접한 자료점들의 각 쌍들을 좀 더 세밀하게 추정하여 **interp1**이나 **interp2** 함수보다 좀 더 부드러운 곡선 형태의 그래프를 그릴 수 있다는 것이 장점이다. **spline** 함수의 기본 형태는 다음과 같다.

```
y_int = spline(x, y, x_int)
```

여기서 벡터 **x**는 독립변수 자료점이고 벡터 **y**는 x 값에 따라 달라지는 자료점이다. x_int는 추정하려는 의존변수 y 값에 상응하는 x 값이다.

MATLAB 2-4 스플라인 보간법 : spline 함수

[MATLAB 2-3]에 주어진 문제를 **spline** 함수를 이용하여 구하라.

풀이

[그림 2-19]에서는 주어진 입력 자료점 0.5 ~ 5까지의 값을 0.01씩 증가시키면서 추정하고 있다. [MATLAB 2-3]과 비교해보면 **spline** 함수가 좀 더 세밀하게 의존 변수 y 값들을 추정할 수 있다. [그림 2-20]에서 비교한 바와 같이 완만한 곡선의 자료점들은 실제값에 접근할 가능성이 **interp1** 혹은 **interp2** 함수를 사용한 경우보다 높다.

```
Command Window
>> x = [0.5,1,2,2.5,3.5,5];
>> y = [110,270,350,260,200,150];
>> x_int = [0.5:0.01:5];
>> y_int = spline(x,y,x_int);
>> plot(x,y,'o',x,y,':',x_int,y_int);
>> axis([0.5 5 100 380]);
>> xlabel('Time(min)');
>> ylabel('Power(₩muW)');
```

[그림 2-19] 입력 화면

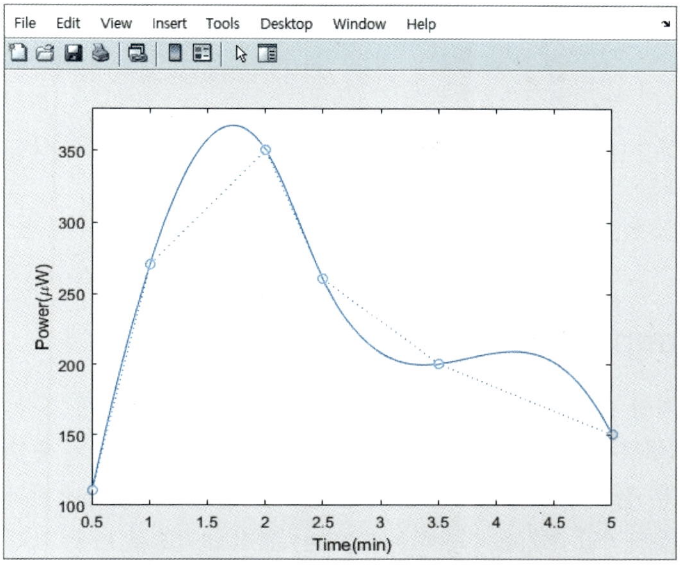

[그림 2-20] **spline** 함수를 이용한 시간 변화에 따른 전력 변화 그래프

SECTION 2.4 수치 적분법

적분의 기본 개념은 x축에 놓여 있는 두 개의 점 a와 b 사이에서 주어진 함수 $f(x)$의 아래쪽 면적 A를 계산하는 것이다. 이는 다음과 같이 정의할 수 있다.

$$A = \int_a^b f(x)dx \tag{2.6}$$

여기서 x는 적분의 변수이고, $f(x)$는 피적분함수이다. 그리고 a와 b는 각각 적분의 하한과 상한을 나타낸다.

2.4.1 사다리꼴 적분법 : trapz 함수

함수의 곡선 아래쪽 면적을 구하는 가장 간단한 방법은 정해진 구간 안의 면적을 직사각형 조각 여러 개로 잘라내고, 각각의 직사각형 면적을 차례로 더하는 것이다. 이때 직사각형의 너비가 충분히 작은 값으로 설정되면 식 (2.6)의 적분 결과와 거의 근사한 값이 된다. 직사각형을 사용해서 면적을 구하는 것보다 더욱 정교한 방법이 사다리꼴 조각을 이용하는 것이다. 여러 조각으로 나눈 각각의 사다리꼴을 **판**(pane)이라고도 부른다.

MATLAB에서 사다리꼴 적분법을 실행하기 위한 함수는 **trapz**이다. **trapz** 함수의 기본 형식은 다음과 같다.

```
trapz(x, fx)
```

여기서 x는 미리 정한 부분 판들 사이의 간격을 나타내는 배열이고, fx는 피적분함수이다. 즉 **trapz** 함수는 배열 x에 대한 $f(x)$의 각 열을 적분한다는 의미이다.

MATLAB 2-5 trapz 함수

수학적으로 피적분함수 $\sin(x)$의 $0 \sim \pi$ 구간을 적분한 값은 $\int_0^{\pi} \sin x dx = 2$이다. **trapz** 함수를 이용하여 적분을 실행하라.

풀이

[그림 2-21]에 결과를 제시했다. $0 \sim \pi$ 구간의 배열을 지정할 때는 콜론 연산자보다 **linspace** 함수가 더 간편하다. 판의 수를 임의로 조정할 수 있기 때문이다. 판의 수를 10개 사용한 경우는 판의 너비가 $\frac{\pi}{10}$이고(❶), 100개를 사용한 경우는 상대적으로 판의 간격이 작아져서 실제 적분값에 더 가깝게 접근하고 있음을 보여준다(❷). 반복 실행으로 간격의 수를 증가시키면 183개 이후부터는 정확한 적분 계산값인 2.0000을 나타낸다(❸).

```
Command Window
>> x = linspace(0,pi,10);   ...... ❶
>> fx = sin(x);
>> A = trapz(x,fx)
A =
    1.9797
>> x = linspace(0,pi,100);  ...... ❷
>> fx = sin(x);
>> A = trapz(x,fx)
A =
    1.9998
>> x = linspace(0,pi,183);  ...... ❸
>> fx = sin(x);
>> A = trapz(x,fx)
A =
    2.0000
```

[그림 2-21] **trapz** 함수를 이용한 적분 계산

2.4.2 구적법 : quad 함수

MATLAB에서 제공하는 구적법 함수는 **quad**와 **quadl**이 있다.

quad 함수는 수치해석에서 적분을 계산하기 위해 자주 사용하는 **심슨**(Simpson) 공식을 응용한 버전이다. **quad** 함수의 기본 형식은 다음과 같다.

quad('fx', a, b, E)

여기서 fx는 피적분함수, a는 적분의 하한, b는 적분의 상한을 나타낸다. 선택적으로 사용하는 매개변수 E는 허용 오차(error tolerance)를 의미한다.

반면에 **quadl** 함수는 로바토(Lobatto) 적분 알고리즘을 기초로 만들어진 함수이다. 함수명에서도 추측할 수 있듯이 **quad** 함수에 로바토의 첫 글자 **l**을 붙여서 사용하고 있다. 기본 형식은 **quad** 함수와 동일하다.

MATLAB **2-6** **quad 함수와 quadl 함수**

피적분함수 $\sin(x)$의 $0 \sim \pi$ 구간을 적분한 값은 $\int_0^\pi \sin x dx = 2$이다. **quad**와 **quadl** 함수를 이용하여 적분을 실행하라. 단 허용 오차는 고려하지 마라.

풀이

이 두 함수는 함수 **trapz** 함수보다 좀 더 정확한 결과를 얻을 수 있다.

Command Window

```
>> A = quad('sin',0,pi)
A =
    2.0000
>> B = quadl('sin',0,pi)
B =
    2.0000
```

[그림 2-22] **quad**와 **quadl** 함수를 이용한 적분 계산

그러나 피적분함수가 적분의 상한값과 하한값 사이에 일정한 간격으로 지정된 모든 점의 집합에 대해서 적분하는 경우에는 **quad** 혹은 **quadl** 함수를 사용할 수 없다. 이런 경우에는 함수 **trapz**를 사용하면 문제가 해결된다.

2.4.3 심벌릭 적분 : int 함수

MATLAB 프로그램에서 제공하는 심벌릭 툴박스는 매우 유용하다. 심벌릭 툴박스는 기호로 표현되는 식을 간편하게 풀어주고 수치로 평가하는 것을 도와준다. 또한 매우 복잡한 함수의 적분도 기호로 표현하여 쉽게 실행할 수 있다.

심벌릭 툴박스에서 적분을 계산할 수 있는 함수명은 **int**이다. 적분의 하한 a와 상한 b를 갖는 피적분함수 $f(x)$에 대한 **int** 함수의 기본 형식은 다음과 같다.

int(fx, a, b)

심벌릭 툴박스를 이용하여 [MATLAB 2-5]와 같은 적분을 실행했다. 그 결과는 [그림 2-23]과 같다. **syms** 명령어는 심벌릭 툴박스에서 사용할 변수들을 미리 지정할 수 있다(❶). 사용할 변수와 **syms** 명령어에 지정한 변수가 일치하지 않으면 오류가 발생하므로 주의해야 한다(❷). **clear** 명령어를 사용한 이유는 심벌릭 툴박스에서 이미 지정한 명령어와 연속으로 새롭게 지정한 명령어 사이에 충돌이 발생하는 것을 방지하기 위함이다.

```
Command Window
>> syms x;                    ...... ❶
>> A = int(sin(x),0,pi)
A =
2
>> clear
>> syms y;
>> A = int(sin(x),0,pi) ...... ❷
Unrecognized function or variable 'x'.
```

[그림 2-23] **int** 함수를 이용한 적분 계산

SECTION
2.5 수치 미분법

적분과 상호 보완적 작용을 하는 것이 미분이다(적분은 미분과 반대 기능). 미분은 연속적이고 지속적인 변화량에 대한 순간 변화율을 나타낸다. 즉 함수 그래프의 특정 지점에서 나타나는 접선의 기울기를 말한다.

원래의 함수를 미분하여 생성되는 함수를 도함수라 한다. 다음과 같은 2.4절의 식 (2.6)인

$$A = \int_a^b f(x)dx$$

를 식 (2.7)과 같이 다시 써보자.

$$g(x) = \int_a^b f(x)dx \tag{2.7}$$

x에 대한 함수 $g(x)$의 도함수가 바로 $f(x)$이다. 따라서 다음과 같은 관계식으로 다시 쓸 수 있다.

$$f(x) = \frac{d}{dx}g(x) \tag{2.8}$$

적분이 일정 구간 내에서 나누어진 부분들을 서로 합치는 과정이라면 미분은 합쳐져 있는 것을 잘게 쪼개는 과정이다.

2.5.1 오일러 방법

수치적으로 미분방정식(differential equation)을 풀기 위한 가장 기본적인 방법은 복잡한 형태의 미분방정식을 계차방정식(difference equation)으로 변환시키는 것이다. 이것을 **오일러**(Euler) **방법**이라고 부른다. 이는 **테일러**(Taylor) 급수(미분 가능한 어떤 함수를 다항식의 형태로 근사하는 방법)에서 유도된 방법으로 미분방정식의 수치적 풀이에 대한 가장 간단한 알고리즘을 제시한다. 그러나 작은 시간상수 변화에도 급격하게 영향을 받기 때문에 오차가 크게 발생하는 것이 단점이다.

일반적인 1차 상미분방정식은 다음과 같다.

$$\dot{y} = \frac{dy}{dt} = f(t, y) \tag{2.9}$$

식 (2.9)를 오일러 방법으로 나타내면

$$y(t_{k+1}) = y(t_k) + f[t_k, y(t_k)]\Delta t \tag{2.10}$$

와 같다. 여기서 Δt는 아주 조금씩 증가하는 시간의 증분량을 의미한다. 그리고

$$t_{k+1} = t_k + \Delta t \tag{2.11}$$

로 나타낸다. t_{k+1}는 처음 시간 t_k에서 시작하여 시간이 Δt만큼 증가한 새로운 시간이다.

MATLAB 2-7 오일러 방법 : 상미분방정식 풀이

0 ~ 4π까지 시간이 0.05π씩 증가하고, 초깃값이 1인 1차 상미분방정식 $\frac{dy}{dt} = \cos t$의 해답을 오일러 방법을 이용하여 찾으려고 한다. 상미분방정식의 실제 풀이는 $y = 1 + \sin t$이다. 실제 결과와 오일러 방법을 이용한 결과를 그래프로 비교할 수 있는 스크립트 파일을 작성하라.

풀이

[그림 2-24]에 오일러 방법을 이용하여 작성한 스크립트 파일을 제시했다. 초깃값은 보통 $y(0)$으로 표기하지만 MATLAB 프로그램의 특성상 배열의 제일 처음 자리의 색인은 0으로 시작할 수 없으므로 $y(1) = 1$로 지정한다(❶). **for** 순환문을 반복하기 위해서 계수 상수 k의 초깃값을 0으로 지정한다(❷). 그리고 식 (2.10)을 오일러 방법인 y(k+1) = y(k) + (del_t)*cos(t-del_t);로 나타냈다(❸).

```
F2_24.m
del_t = 0.05*pi;
y(1) = 1;            ...... ❶
k = 0;               ...... ❷
for t = del_t:del_t:4*pi
    k = k + 1;
    y(k+1) = y(k)+(del_t)*cos(t-del_t); ...... ❸
end
ft = 0:del_t/10:4*pi;
fy = 1+sin(ft);
t = 0:del_t:4*pi;
plot(t,y,'o',ft,fy);
xlabel('t');
ylabel('1+sin(t)');
axis([0 4*pi 0 2.5]);
```

[그림 2-24] 오일러 방법의 MATLAB 스크립트 파일

[그림 2-25]는 [그림 2-24]에서 작성한 스크립트 파일의 결과이다. 실제 결과를 그린 실선 그래프와 비교해보면 오일러 방법을 이용하여 그린 그래프는 작은 동그라미를 따라서 오락가락하며 많은 오차를 보이는 것을 볼 수 있다.

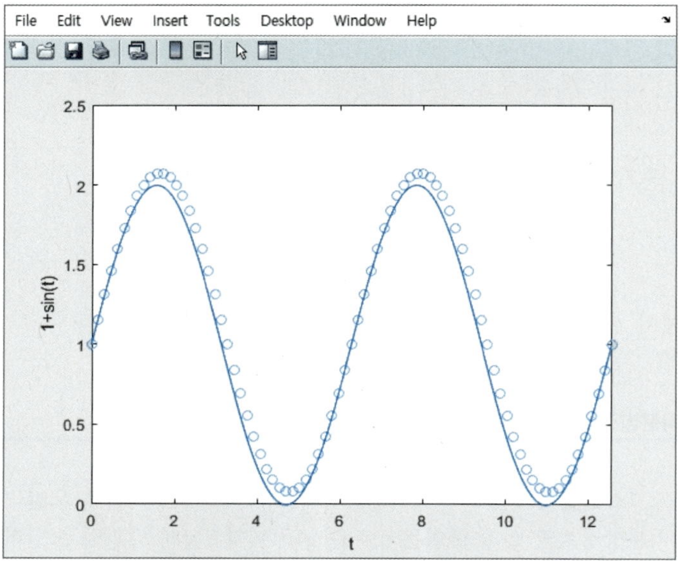

[그림 2-25] [그림 2-24] 스크립트 파일의 결과 그래프

[그림 2-25]에 나타난 오차를 줄이기 위해서 수정된 오일러 방법을 사용해보자. 수정된 오일러 방법은 시간 간격 t_k와 t_{k+1}에서 식 (2.10)의 우항 중 $f[t_k, y(t_k)]\triangle t$에 평균을 치환하여

$$y(t_{k+1}) = y(t_k) + \frac{\triangle t}{2}(f_k + f_{k+1}) \tag{2.12}$$

과 같이 쓴다. 여기서 $f_k = f[t_k, y(t_k)]$를 표시한다.

MATLAB 2-8 수정된 오일러 방법 : 상미분방정식 풀이

수정된 오일러 방법을 이용하여 [MATLAB 2-7]의 그래프를 다시 그려라.

풀이

[그림 2-26]에 수정된 오일러 방법을 이용하여 작성한 스크립트 파일을 제시했다. 식 (2.12)를 [그림 2-24]의 ❸처럼 변형했다.

F2_26.m

```
del_t = 0.05*pi;
y(1) = 1;
k = 0;
for t = del_t:del_t:4*pi
    k = k + 1;
    y(k+1) = y(k)+(del_t/2)*(cos(t-del_t)+cos(t));
end
ft = 0:del_t/10:4*pi;
fy = 1+sin(ft);
t = 0:del_t:4*pi;
plot(t,y,'o',ft,fy);
xlabel('t');
ylabel('1+sin(t)');
axis([0 4*pi 0 2.5]);
```

[그림 2-26] 수정된 오일러 방법의 MATLAB 스크립트 파일

수정된 오일러 방법을 실행하면 [그림 2-27]의 그래프를 얻는다. 수정된 방법은 원래 오일러 방법보다는 오차를 많이 줄여주지만, 여전히 오차가 있다. 오일러 방법의 단점을 보완하기 위해서 룬게쿠타(Runge-Kutta) 방법을 쓰는데 이에 대해서는 9.3절에서 자세히 설명할 것이다.

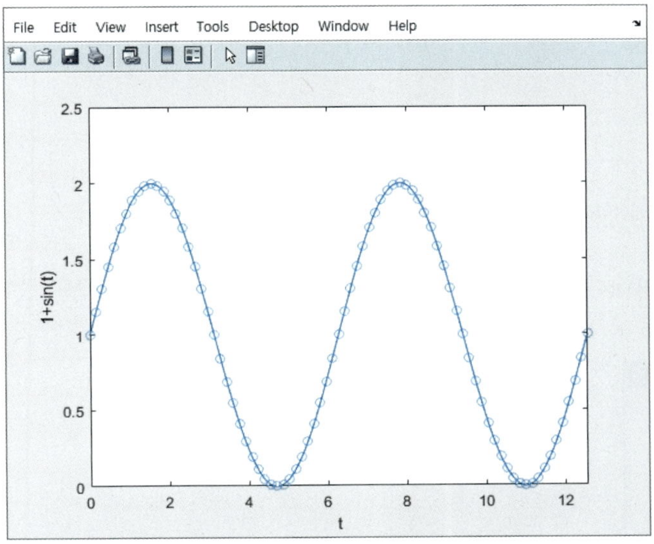

[그림 2-27] [그림 2-26] 스크립트 파일의 결과 그래프

2.5.2 심벌릭 미분

MATLAB은 적분과 마찬가지로 미분에 대해서도 심벌릭 툴박스를 제공하고 있다. 미분방정식은 하나 이상의 독립변수(입력변수)에 상응하여 의존하는 하나 이상의 의존변수(출력변수)의 도함수 또는 미분을 포함하는 방정식을 말한다. 독립변수의 이름이 무엇이든 상관없이 심벌릭 툴박스에서 기본으로 사용하는 미분변수의 영문자는 항상 t를 사용한다. 식 (2.9)의 1차 상미분방정식은 독립변수 t에 대해 의존변수 y를 미분한 것이다. 2차 상미분방정식은 독립변수 t에 대해 1차 상미분 $\frac{dy}{dt}$를 한 번 더 미분한 형태이다.

$$\ddot{y} = \frac{d^2y}{dt^2} = f\left(t, y, \frac{dy}{dt}\right) \tag{2.13}$$

심벌릭 툴박스에서 미분을 계산할 수 있는 함수명은 **dsolve**이다. 초깃값이 $y(0)$인 1차 상미분방정식을 나타내는 **dsolve** 함수의 기본 형식은 다음과 같다.

dsolve('E', y(0))

여기서 E는 상미분방정식의 심벌릭 식을 나타낸다. **dsolve** 함수를 이용하여 두 개 이상의 상미분방정식을 나타내려면 다음과 같이 입력한다.

dsolve('E1', 'E2', y(0))

심벌릭 툴박스에서 원하는 수식의 변수에 대한 미분한 결과를 나타낼 수 있는 함수명은 **diff**이다. **dsolve** 함수와 혼합하여 상미분방정식을 계산할 수 있는 **diff** 함수의 기본 형식은 다음과 같다.

diff(f, n)

여기서 f는 함수이고 n은 연속으로 실행하는 미분의 차수(생략 시 $n = 1$로 지정)이다.

[그림 2-28]은 심벌릭 함수 **diff**와 **dsolve**를 이용한 [MATLAB 2-7]의 다른 실행 결과를 보여준다.

Command Window

```
>> syms y(t);
>> Dy = diff(y);
>> y = dsolve(Dy==cos(t),y(0)==1)
y =
sin(t) + 1
```

[그림 2-28] 심벌릭 함수 **diff**와 **dsolve**를 이용한 1차 상미분방정식 계산

syms 명령어를 이용하여 기본 독립변수 t의 인자를 갖는 함수 $y(t)$를 지정한다. 기호 D는 독립변수 t에 대한 1차 미분을 표시하는 $\frac{d}{dt}$를 대치한다. **diff** 함수를 이용하여 y를 실행한 값을 1차 미분방정식 Dy로 지정한다. **dsolve** 함수에 초깃값을 이용하여 주어진 1차 상미분방정식을 실행한다.

미분 차수가 $\frac{d^2}{dt^2}$, $\frac{d^3}{dt^3}$과 같이 올라가는 경우는 D2, D3 형태로 대치하고 계속해서 차수가 4차, 5차로 증가하면 D의 옆에 같은 숫자로 대치한다. 2차 상미분방정식에는 초기 조건인 초깃값과 1차 미분 초깃값 두 개가 제시되어야 한다.

[그림 2-29]는 심벌릭 함수 **diff**와 **dsolve** 이용한 연립 1차 상미분방정식과 2차 상미분방정식의 실행 결과를 보여준다.

Command Window

```
>> syms z(t) a;
>> Dz = diff(z);
>> D2z = diff(z,2);
>> z = dsolve(D2z==a^2*z,z(0)==1,Dz(0)==0)
z =
(exp(-a*t)*(exp(2*a*t) + 1))/2
```

[그림 2-29] 심벌릭 함수 **diff**와 **dsolve**를 이용한 2차 상미분방정식 계산

syms 명령어를 이용하여 기본 독립변수 t의 인자를 갖는 함수 $z(t)$와 계수를 지정한다. **diff** 함수를 이용하여 z를 실행한 값을 1차 미분방정식 Dz와 2차 미분방정식 D2z로 지정한다. **dsolve** 함수에 두 개의 초깃값을 이용하여 주어진 2차 미분방정식을 각각 실행한다.

ezplot 함수를 사용하면 하나의 변수로 표현된 심벌릭 수식의 그래프를 쉽게 그릴 수 있다. **ezplot** 함수의 기본 형식은 다음과 같다.

> **ezplot**(E, [xmin xmax])

여기서 E는 그래프로 나타낼 심벌릭 수식, xmin은 사용하는 변수의 최소 범위, xmax는 사용하는 변수의 최대 범위를 나타낸다. 이때 변수의 최소 및 최대 범위를 지정하지 않으면 범위는 기본인 $[-2\pi, 2\pi]$로 지정된다.

CHAPTER

02 핵심요약

01 미지수가 세 개인 선형연립방정식

$$a_{11}x_1 + a_{12}x_2 + a_{13}x_3 = c_1$$
$$a_{21}x_1 + a_{22}x_2 + a_{23}x_3 = c_2$$
$$a_{31}x_1 + a_{32}x_2 + a_{33}x_3 = c_3$$

• 행렬방정식

$$\begin{bmatrix} a_{11} & a_{12} & a_{13} \\ a_{21} & a_{22} & a_{23} \\ a_{31} & a_{32} & a_{33} \end{bmatrix} \begin{bmatrix} x_1 \\ x_2 \\ x_3 \end{bmatrix} = \begin{bmatrix} c_1 \\ c_2 \\ c_3 \end{bmatrix}$$

• 일반화된 행렬방정식

Ax = **c** (**A** : 계수행렬, **x** : 변수 벡터, **c** : 상수 벡터)

02 행렬식

$$|\mathbf{A}| = a_{11}a_{22}a_{33} + a_{12}a_{23}a_{31} + a_{13}a_{32}a_{21} - a_{13}a_{22}a_{31} - a_{12}a_{21}a_{33} - a_{11}a_{32}a_{23}$$

• MATLAB 표시 : **det**(**A**)

03 변수 벡터 x 찾기(선형연립방정식 근 찾기)

$$\mathrm{x} = \frac{\mathrm{c}}{\mathrm{A}}$$

• MATLAB 표시 : **x** = **A** \ **c** (왼쪽 나눗셈)

$\mathbf{x} = \mathbf{A}^{-1}\mathbf{c}$

• MATLAB 표시 : **x** = **inv**(**A**)***c** (역행렬 이용)

04 MATLAB 근 찾기 내장함수

roots	입력변수의 계수값을 입력하여 다항식의 근을 찾는다.
fzero	단일 변수 비선형 함수가 0이 되는 점을 찾는 데 이용한다.
polyval	다항식의 그래프 그리기에 편리하다.

05 보간법

측정이나 실험을 통해서 얻은 자료점들 사이에 위치한 구해지지 않은 자료점들의 평균을 추정한다.

- 보간법을 위한 MATLAB 함수 : **interp1**, **interp2**, **spline**

06 사다리꼴 적분법

정해진 구간 안의 면적을 사다리꼴 조각(판)을 이용하여 구하는 방법으로 수치 적분법 계산에 매우 유용한다.

- 사다리꼴 적분법을 위한 MATLAB 함수 : **trapz**

07 구적법

심슨 공식을 응용하여 수치 적분을 계산하기 위해 자주 사용한다.

- 구적법을 위한 MATLAB 함수 : **quad**, **quadl**

08 심벌릭 적분

MATLAB의 심벌릭 툴박스를 이용하여 복잡한 함수의 적분을 기호로 표현하여 쉽게 적분한다.

- 심벌릭 적분을 위한 MATLAB 함수 : **int**

09 오일러 방법

테일러 급수에서 유도된 방법으로 미분방정식의 수치적 풀이에 대한 가장 간단한 알고리즘을 제시한다.

10 심벌릭 미분

MATLAB의 심벌릭 툴박스를 이용하여 복잡한 함수의 미분을 기호로 표현하여 쉽게 미분한다.

- 심벌릭 미분을 위한 MATLAB 함수 : **diff**, **dsolve**

CHAPTER

02 기본문제

2.1 미지수가 6개인 방정식에서 모든 미지수를 구하려면 몇 번의 가감법이 필요한가?

① 6번　　② 9번　　③ 12번　　④ 15번

2.2 다음 연산 중 결과가 다른 것은 무엇인가?

① $\frac{3}{4}$　　② $\left(\frac{4}{3}\right)^{-1}$　　③ $3 \backslash 4$

④ $3 \div 4$　　⑤ $3/4$

2.3 다음 중 행렬방정식 $\mathbf{Ax} = \mathbf{c}$의 해 $\mathbf{x}$를 구하는 방법으로 적절하지 않은 것은 무엇인가?

① 오른쪽 나눗셈　　② 왼쪽 나눗셈

③ 역행렬 계산　　④ 크래머 법칙

2.4 다음 중 MATLAB에서 함수의 근을 찾기 위한 함수 또는 명령어로 적절하지 않은 것은 무엇인가?

① **fzero**　　② **polyval**　　③ **roots**　　④ **sqrt**

2.5 다음 중 MATLAB의 명령어에 대한 설명으로 옳지 않은 것을 골라라.

① **zeros** 명령어는 모든 원소를 0으로 지정한다.

② **ones** 명령어는 모든 원소를 1로 지정한다.

③ **zeros** 명령어는 배열의 크기와 상관없이 원소 0의 지정이 가능하다.

④ **ones** 명령어는 배열의 행과 열이 같은 정방행렬에만 사용할 수 있다.

2.6 다음 중 보간법에 대한 설명으로 틀린 것은 무엇인가?

① 내삽법이라 부른다.

② 주어진 자료점들을 다항식과 같은 형태로 표준화한다.

③ 주어진 자료점 범위 밖의 값들을 이용한다.

④ 수치해석에서 자주 이용한다.

2.7 다음 중 스플라인 보간법에 대한 설명으로 틀린 것은 무엇인가?

① 고차 다항식의 단점을 보완한다.

② 인접한 자료점들의 각 쌍을 좀 더 세밀하게 추정한다.

③ 고차 다항식을 사용하여 인접한 자료점을 맞춘다.

④ **interp1** 함수 또는 **interp2** 함수보다 **spline** 함수를 사용하면 좀 더 부드러운 곡선 형태의 그래프를 생성할 수 있다.

2.8 다음 중 MATLAB에서 수치 적분법을 실행하기 위한 함수로 적당하지 않은 것을 골라라.

① **subs** ② **trapz** ③ **quad**

④ **quadl** ⑤ **int**

2.9 다음 중 수치해석적으로 미분값을 구할 수 있는 방법이 아닌 것은 무엇인가?

① 오일러 방법 ② 테일러 급수의 이용

③ 2차 룬게쿠타 방법 ④ 3차 룬게쿠타 방법

2.10 다음 중 MATLAB에서 수치 미분법을 실행하기 위한 함수로 적당하지 않은 것을 모두 골라라.

① **diff** ② **dsolve** ③ **ode34**

④ **ode45** ⑤ **solve**

CHAPTER

02 연습문제

2.1 다음과 같은 세 선형연립방정식에 대한 행렬방정식을 찾아라.

$$4x_1 - 2x_2 - x_3 = 0$$
$$-x_1 + 2x_2 - x_3 = 3$$
$$-x_1 - 2x_2 + 3x_3 = 3$$

2.2 다음과 같은 세 선형연립방정식의 미지수 x, y, z를 MATLAB의 왼쪽 나눗셈 방법을 이용하여 구하라.

$$4x_1 - 2x_2 - x_3 = 0$$
$$-x_1 + 2x_2 - x_3 = 3$$
$$-x_1 - 2x_2 + 3x_3 = 3$$

2.3 MATLAB에서 역행렬을 이용하여 [연습문제 2.2]의 결과를 다시 실행하라.

2.4 MATLAB에서 크래머 법칙을 이용하여 [연습문제 2.2]의 결과를 다시 실행하라.

2.5 2차 다항식 $y = px^2 + qx + r$이 세 개의 (x, y) 좌표점 $(1, 1)$, $(-2, 19)$, $(-4, 51)$을 통과하고 있다. MATLAB을 이용하여 계수 p, q, r을 찾아라. 그리고 세 개의 계수를 이용하여 구한 곡선의 그래프를 **polyval** 함수를 이용하여 그려라.

2.6 [연습문제 2.5]에서 찾은 세 개의 계수를 이용하여 2차 곡선의 그래프를 그려라. 여기서 입력 변수 x 값은 $-2 \sim 4$까지 0.01씩 증가하는 구간에 위치한다.

2.7 MATLAB의 사용자정의함수를 이용하여 방정식 $\exp(-0.2x)\cos(x+2) = -0.1$을 풀면 $0 < x < 10$ 구간에서 근을 세 개 가진다. 근을 모두 찾아라.

2.8 다음 표에 주어진 (x, y) 좌표는 자동차 부품을 제작하는 데 필요한 자료이다. **spline** 함수를 이용하여 곡선 그래프를 그려라. 그리고 그래프를 생성할 수 있는 MATLAB 스크립트 파일을 작성하라.

x (cm)	0	6.92	20.94	27.62	43.26
y (cm)	32.84	31.66	30.01	29.58	25.32
x (cm)	53.34	56.22	59.0	61.23	64.55
y (cm)	21.39	18.72	15.56	9.74	0

2.9 다음 표는 지난 30년간 서울의 1년 평균 기온을 보여주고 있다. MATLAB에서 제공하는 보간법 함수를 이용하여 직선과 곡선 그래프를 그려라. 그리고 선형 보간법과 스플라인 보간법을 이용하여 4월 5일, 6월 6일, 8월 15일, 11월 20일의 기온을 추정하라.

m (month)	T (°C)	m (month)	T (°C)
1	−2.5	7	24.9
2	−0.3	8	25.4
3	5.2	9	20.8
4	12.1	10	14.4
5	17.4	11	6.9
6	21.9	12	0.2

2.10 다음 표는 장마철에 기습적으로 쏟아진 폭우에 대한 자료이다. 빗물이 흐르는 속력은 1분당 1세제곱미터(m^3/분)이다. 실외 수영장 안에는 이미 10[m^3] 정도의 면적에 물이 저장되어 있다. 14분 후 폭우가 멈추었을 때, 수영장 내부에 채워져 있는 물의 높이를 추정하라.

시간(분)	흐름 속도(m^3/분)	시간(분)	흐름 속도(m^3/분)
0	0	8	3.89
1	2.37	9	3.29
2	3.80	10	3.00
3	4.47	11	2.70
4	4.39	12	2.45
5	4.62	13	1.57
6	4.98	14	0.95
7	4.63		?

2.11 다음과 같은 연립 1차 상미분방정식이 있다. 주어진 방정식에 대한 풀이를 구하라. 단, 초깃값은 지정하지 않는다.

$$\begin{cases} \dfrac{dx}{dt} = 4x + 3y \\ \dfrac{dy}{dt} = -3x + 4y \end{cases}$$

2.12 [연습문제 2.11]에서 초깃값 $x(0)=1$, $y(0)=0$이 주어진 경우, 방정식에 대한 풀이를 다시 구하라.

2.13 3차 상미분방정식 $y^{(3)} - 5\dot{y} + 10 = f(t)$는 $t < 0$일 때 $f(t)=0$, $t \geq 0$일 때 $f(t)=1$이다. 초깃값이 $y(0)=1$, $\dot{y}(0)=0$, $\ddot{y}(0)=0$일 때 방정식을 계산하라.

2.14 $0 \leq t \leq 5$일 때, 다음 같은 1차 미분방정식의 해를 구하고 **ezplot** 함수를 이용하여 $y(t)$의 그래프를 그려라.

$$\dot{y} = 4\sin 3t - 5y, \quad y(0) = 1$$

PART

02

수치해석 입문

CONTENTS

PART 02 들어가기 전에

수치해석 소개

2부에서는 수치해석의 기초 내용을 학습할 것이다. 먼저 상식으로 알고 있는 숫자 이야기부터 시작해보자. 하루 일과 중 눈에 가장 많이 들어오는 기호는 무엇일까? 한글, 영어 혹은 그 밖의 언어, 마땅한 대답이 떠오르지 않는다면 0, 1, 2, 3, …과 같은 숫자를 정답으로 추천하고 싶다. 우리는 아침에 일어나서 잠자리에 들 때까지 온종일 숫자를 보고, 누르고, 확인하면서 보낸다. 숫자를 인류 최고의 발명품 혹은 유일한 세계 공용어라고 칭송하는 사람들도 있다.

오늘날 숫자를 가장 일반적이고 보편적으로 표현하는 방식인 기수법(numeral system)은 10진수(decimal number)이다. 10진수는 서로 다른 기호 10개 '0, 1, 2, 3, 4, 5, 6, 7, 8, 9'를 이용하여 위치적으로 이들 수를 배치하는 아라비아 숫자 체계이다. 예를 들어, 2023의 경우 가장 왼쪽 자리에 숫자 2가 가장 큰 값을 나타낸다.

인간이 데이터를 처리하는 데 사용하는 숫자가 10진수라면, 10진수 데이터를 처리하기 위해서 사용하는 컴퓨터 숫자는 2진수라 부르며 이것을 기초로 8진수와 16진수를 같이 사용한다. 10진수와 2진수, 8진수, 16진수를 구별하기 위해 각 진수의 오른쪽 끝에 진수를 나타내는 2, 8, 16을 아래첨자로 붙인다.

또 아라비아 숫자만큼은 아니지만 학술적인 목차, 연속으로 진행되는 행사 혹은 기념 등의 횟수를 표기하는 데 로마 숫자도 종종 사용한다. 로마 숫자는 영어 대문자를 사용한 일정한 법칙에 따라 표기한다. 기본적인 로마 숫자의 체계는 아라비아 숫자 1, 5, 10, 50, 100, 500, 1000에 대응해서 I, V, X, L, C, D, M을 각각 사용한다.

10진수와 2진수의 상관관계를 사용하여 수치적인 근삿값을 구하는 알고리즘(algorithm)을 연구하는 학문이 바로 **수치해석**(Numerical Analysis)이다. 컴퓨터의 급격한 발전으로 인간에 의한 정밀한 수치적 근삿값 계산의 한계를 점차적으로 뛰어넘고 있는 중이다.

CHAPTER

03

숫자의 이해와 응용

Understanding and Application of Numbers

3장에서는 인간이 데이터를 처리하는 데 사용하는 숫자인 10진수와 컴퓨터가 10진수 데이터를 처리하는 숫자인 2진수, 8진수, 16진수와의 상관관계를 이해한다. 수치해석이 추구하는 최종 목표는 결과를 안정적으로 예측하기 위해 최종 결과를 아무 오차 없이 해결하는 것이다. 오차를 줄이기 위해서는 디지털 계산, 알고리즘의 정확성과 안정에 대한 연구가 반드시 필요하다.

3.1절에서는 10진 정수와 2진수, 8진수, 16진수의 상호관계를 알아본다. 그리고 10진 소수와 2진 소수에 대한 기본 개념을 배우고, 이들 사이의 상호관계를 알아본다. 3.2절에서는 10진 부동 소수점 수와 2진 부동 소수점 수의 체계를 분석하고, 부동 소수점 수에 대한 끝수처리, 잘라버리기와 같은 다양한 처리방법을 배운다. 그리고 3.3절에서는 실제값과 근삿값 사이의 절대 오차와 상대 오차가 발생하는 원인을 배우고, 유효숫자의 개념을 학습한다.

CONTENTS

SECTION 3.1 소개

10진법(decimal system)은 아라비아 숫자 0 ~ 9까지 열 개, 즉 10진수(decimal number)를 사용하는 기수법이다. 0보다 크고 1보다 작은 실수인 소수를 표시할 때는 가장 오른쪽에 있는 숫자에 마침표를 사용하고 이후에 다시 0 ~ 9까지의 수를 배치할 수 있다.

2진법(binary notation)은 0과 1 두 개, 즉 2진수(binary number)만을 이용하는 기수법이다. 2진수는 10진수를 2로 나누어서 발생하는 나머지 값만을 조합해서 사용한다. 예를 들어, 10진수 1을 2로 나눈 나머지는 1이므로 2진수 1이 되고, 10진수 2를 2로 나눈 나머지는 0이므로 2진수 10으로 나타낸다.

10진수와 2진수의 상관관계를 왜 학습해야 할까? 인간이 손으로 정밀한 수치적 **근삿값**을 계산하기에는 분명 한계가 있다. 이러한 단점을 보완하기 위해서 컴퓨터가 도입되었다. 세계 최초의 전자 컴퓨터 에니악(ENIAC)은 1946년 미국의 에커트(Eckert)와 모클리(Mauchly)가 미국 육군성의 요청으로 미사일이 날아가는 각도를 계산하기 위해서 만들었다. 비록 지금 컴퓨터의 성능과 비교할 수 없을 정도로 보잘것없는 수준이었지만 오늘날 인간이 상상하는 것 이상을 보여주는 컴퓨터의 기초가 되었다.

이러한 컴퓨터가 내부에서 데이터를 처리할 때 숫자는 기본적으로 2진수를 이용한다. 따라서 10진수와 2진수의 상관관계를 반드시 이해해야 한다. 10진수가 인간의 숫자라면 2진수는 기계의 숫자 혹은 언어라고 말할 수 있기 때문이다.

2진수와 함께 8진수, 16진수와 10진수의 상관관계도 수치해석을 이해하는 데 가끔씩 필요하다. 8진수(octal number)는 10진수의 0부터 7까지를 사용하고 16진수(hexadecimal number)의 경우는 0부터 9까지는 10진수 숫자를 동일하게 사용한다. 10진수의 10부터 15까지에 해당 숫자는 영문자의 대소 구별 없이 $A=10$, $B=11$, $C=12$, $D=13$, $E=14$, $F=15$로 나타낼 수 있다.

3.1.1 2진 정수와 10진 정수

2진 정수(binary integers) B는 0과 1이 **유한수열** 형태로 표현된다.

$$B = (b_n b_{n-1} \cdots b_2 b_1 b_0)_2 \tag{3.1}$$

식 (3.1)을 다음과 같이 계산하면 10진 정수(decimal integers) D로 변환된다.

$$D = b_n 2^n + b_{n-1} 2^{n-1} + \cdots + b_1 2^1 + b_0 \tag{3.2}$$

예를 들어, 2진 정수 $B = (10101)_2$를 10진 정수로 변환하면 다음과 같다.

$$D = 2^4 + 2^2 + 2^0 = 21$$

1이 n개인 2진 정수 $B = (111 \cdots 1)_2$의 10진 정수는 다음과 같이 간략하게 표현되기도 한다.

$$D = 2^{n-1} + \cdots + 2^1 + 1 = 2^n - 1$$

반대로 10진 정수를 2진 정수로 변환하려면 우선 식 (3.2)를 2로 나누고 생기는 몫 D_1을 다음과 같이 표현한다. 이때 나머지는 b_0으로 표현한다.

$$D_1 = b_n 2^{n-1} + b_{n-1} 2^{n-2} + \cdots + b_1 2^0$$

이를 반복하여 D_1을 2로 나누면 다시 몫이 생기고 나머지는 b_1이 될 것이다. 이러한 과정을 몫이 0이 될 때까지 반복한다. 매번 나머지로 나오는 0과 1을 역순으로 나열하면 변환된 2진 정숫값을 얻을 수 있다.

예를 들어, 10진 정수 11을 2진 정수로 변환해보자. 위에서 설명한 대로 계산하면 다음과 같다.

$$\begin{array}{lllll}
2\overline{)11} & = 5 & & & b_0 = 1 \\
 & 2\overline{)5} & = 2 & & b_1 = 1 \\
 & & 2\overline{)2} \quad = 1 & & b_2 = 0 \\
 & & & 2\overline{)1} \quad = 0 & b_3 = 1
\end{array}$$

각 단계마다 구한 나머지를 역순으로 나열하면 $(b_3 b_2 b_1 b_0)_2 = (1011)_2$와 같이 자연스럽게 2진 정수를 얻는다.

MATLAB 3-1 **2진 정수와 10진 정수의 상호 변환**

MATLAB을 이용하여 2진 정수 1111을 10진 정수로 변환하라. 또 반대로 10진 정수 15를 2진 정수로 변환하라.

풀이

MATLAB에서 2진 정수를 10진 정수로 변환하는 함수는 **bin2dec**이고, 반대로 10진 정수를 2진 정수로 변환하는 함수는 **dec2bin**이다. 두 함수를 사용하여 실행한 결과는 [그림 3-1]과 같다.

```
Command Window
>> bin2dec(1111)
Error using bin2dec
Input argument must be a character vector, string, or cell array of character
vectors.
>> bin2dec('1111') ······ ❶
ans =
    15
>> dec2bin('15')   ······ ❷
ans =
  2×6 char array
    '110001'
    '110101'
>> dec2bin(15)     ······ ❸
ans =
    '1111'
```

[그림 3-1] 실행 결과

bin2dec 함수를 사용할 때는 반드시 2진 정수를 작은따옴표(또는 큰따옴표)로 묶어야 한다(❶). [그림 3-1]의 ❷의 괄호 안 '15'는 일반적인 10진수 15가 아닌, 컴퓨터의 아스키코드(ASCII code) 값으로 지정하고 있는 10진 정수 1과 5를 나타낸다.

그러므로 10진 정수 49의 2진 정숫값인 110001과 53의 2진 정숫값인 110101을 2행 6열 배열로 나타낸다. 반면에 **dec2bin** 함수를 사용하여 따옴표를 생략한 ❸은 그대로 10진 정수 15를 의미하므로, 2진 정숫값 1111로 변환된다.

3.1.2 8진 정수, 16진 정수와 10진 정수

8진수는 10진수의 0부터 7까지를 사용한다. 8진수 34를 10진수로 바꿀 때는 왼쪽부터 등급화된 8의 기수 8^1, 8^0을 상응하는 자릿수 3, 4에 곱하면 다음과 같이 10진수를 구할 수 있다.

$$3 \times 8^1 + 4 \times 8^0 = 28$$

16진수의 경우, 0부터 9까지는 10진수 숫자를 그대로 사용하고, 10진수의 10부터 15까지의 해당 숫자는 영문자의 대소 구별 없이 $a = A = 10$, $b = B = 11$, $c = C = 12$, $d = D = 13$, $e = E = 14$, $f = F = 15$로 나타낸다. 16진수 $1C$를 10진수로 바꿀 때는 왼쪽부터 등급화된 16의 기수 16^1, 16^0을 상응하는 자릿수 1, C에 곱하면 다음과 같이 10진수를 구할 수 있다.

$$1 \times 16^1 + C \times 16^0 = 28$$

2진수 0 혹은 1을 사용하여 컴퓨터의 정보를 표현하는 가장 작은 기본 단위를 비트(bit, binary digit)라 부른다. 8진수와 16진수는 2진수를 기초로 3개의 비트와 4개의 비트를 각각 조합한 형태이다. 컴퓨터 키보드를 이용해서 입력하는 하나의 문자, 숫자, 특수 기호는 8개 비트로 구성되어 있는 디지털 정보의 단위인 바이트(byte)에 의해서 나타낼 수 있다.

예제 3-1 비트를 이용하여 2진수와 8진수 변환

비트의 특성을 이용하여 2진 정수 $(11100)_2$를 8진수로 변환하라.

풀이

2진 정수 3개 비트를 조합하면 8진수가 되므로 3개 비트는 다음 표와 같은 8개 값을 가질 수 있다.

3개 비트	8진수 값
000	0
001	1
010	2
011	3
100	4
101	5
110	6
111	7

3비트씩 사용한 부분에 대한 10진수 값을 조합하면 8진수는 다음과 같이 34_8이 된다.

$$\underbrace{0\ 1\ 1}_{3}\ \underbrace{1\ 0\ 0}_{4}$$

MATLAB 3-2 **16진수와 10진 정수의 상호 변환**

MATLAB을 이용하여 10진 정수 28을 16진수로 변환하라. 또 반대로 16진수 1c를 10진 정수로 변환하라.

풀이

MATLAB에서 10진 정수를 16진수로 변환하는 함수는 **dec2hex**이고, 반대로 16진수를 10진 정수로 변환하는 함수는 **hex2dec**이다. 두 함수를 사용하여 실행한 결과는 [그림 3-2]와 같다.

```
Command Window
>> dec2hex(28)    ...... ❶
ans =
    '1C'
>> dec2hex('28') ...... ❷
ans =
  2×2 char array
    '32'
    '38'
>> hex2dec('1c') ...... ❸
ans =
    28
>> hex2dec(1c)
 hex2dec(1c)
          ↑
Error: Invalid expression. Check for missing multiplication operator, missing or
unbalanced delimiters, or other syntax error. To construct matrices, use
brackets instead of parentheses.
```

[그림 3-2] 실행 결과

dec2hex 함수를 사용할 때는 따옴표를 사용하지 않아야 10진 정수를 16진수로 변환할 수 있다(❶). 작은따옴표(또는 큰따옴표)를 사용하는 경우는 아스키코드의 16진 값에서 문자 2를 지정하는 32와 문자 8을 지정하는 38을 2행 2열 배열로 나타낸다(❷). 반면에 **hex2bdec** 함수를 사용하여 따옴표를 생략한 ❸은 오류가 발생하므로 반드시 따옴표를 16진수와 함께 입력해야 한다.

3.1.3 2진 소수와 10진 소수

일반적으로 2진 소수(binary fractions) B는 0과 1이 **무한수열** 형태로 다음과 같이 표현된다.

$$B = (.b_1 b_2 b_3 \cdots b_n \cdots)_2 \tag{3.3}$$

식 (3.3)을 10진 소수(decimal fractions) D로 변환시키기 위해 다음과 같이 계산한다.

$$D = b_1 2^{-1} + b_2 2^{-2} + b_3 2^{-3} + \cdots \tag{3.4}$$

예를 들어, 2진 소수 $B = (.111)_2$를 10진 소수로 변환하면 다음과 같다.

$$D = 2^{-1} + 2^{-2} + 2^{-3} = 0.5 + 0.25 + 0.125 = 0.875$$

반면에 2진 소수 $(.0101010101010)_2$를 10진 소수로 변환하면

$$2^{-2} + 2^{-4} + 2^{-6} + 2^{-8} + \cdots = 2^{-2}(1 + 2^{-2} + 2^{-4} + 2^{-6} + \cdots)$$

형태가 된다. 이를 유한 합을 갖는 형태로 표시하려면, 다음과 같은 **등비급수**의 일반 공식을 사용하면 쉽다.

$$\sum_{i=0}^{n} r^i = \frac{1 - r^{n+1}}{1 - r} \qquad (r \neq 1) \tag{3.5}$$

만일 등비 r의 차수 n이 무한대로 접근하고 $|r| < 1$인 조건이라면 식 (3.5)는 다음과 같이 다시 쓸 수 있다.

$$\sum_{i=0}^{\infty} r^i = \frac{1}{1 - r} \qquad (|r| < 1) \tag{3.6}$$

앞에서 제시한 $2^{-2}(1 + 2^{-2} + 2^{-4} + \cdots)$에 대한 공비는 $|r| = |2^{-2}| < 1$이 되어 식 (3.5) 대신에 식 (3.6)을 이용하여 계산하면 다음과 같은 10진 소수가 된다.

$$\frac{1}{1 - 1/4} = \frac{4}{3} \rightarrow 2^{-2} \times \frac{4}{3} = \frac{1}{3}$$

예제 3-2 2진 소수 변환하기

2진 소수 $(.0111)_2$와 $(.1100110011001\cdots)_2$를 10진 소수로 각각 변환하라.

풀이

주어진 2진 소수 $(.0111)_2$는 다음과 같다.

$$(.0111)_2 = 2^{-2} + 2^{-3} + 2^{-4} = 0.25 + 0.125 + 0.0625 = 0.4375$$

반면에 주어진 2진 소수 $(.1100110011001\cdots)_2$는 1100이 계속 반복되는 순환소수를 나타내고 있다. 순환소수는 수학적으로 $(0.\overline{1100})_2$로 나타낼 수 있다.

$$
\begin{aligned}
(0.\overline{1100})_2 &= 2^{-1}+2^{-2}+2^{-5}+2^{-6}+\cdots \\
&= 2^{-1}\left[1+2^{-4}+2^{-8}+\cdots\right]+2^{-2}\left[1+2^{-4}+2^{-8}+\cdots\right] \\
&= \left(2^{-1}+2^{-2}\right)\left[1+2^{-4}+2^{-8}+\cdots\right]
\end{aligned}
$$

여기에 식 (3.6)을 이용하면 공비는 $|r| = |2^{-4}| < 1$이 되어 10진 소수는 다음과 같다.

$$\frac{3}{4} \times \frac{1}{1-1/16} = \frac{3}{4} \times \frac{16}{15} = \frac{4}{5} = 0.8$$

10진 소수를 2진 소수로 변환하기 위해서 식 (3.4)를 다음과 같이 다시 써보자.

$$D = D_1 = b_1 2^{-1} + b_2 2^{-2} + b_3 2^{-3} + \cdots$$

여기에 2를 곱하면 b_1은 정수 부분이 되어 다음 식부터는 사라진다.

$$D_2 = b_2 2^{-1} + b_3 2^{-2} + b_4 2^{-3} + \cdots$$

D_2에 다시 2를 곱하면 b_2가 정수 부분이 된다. 이와 같은 과정을 소수 자리가 0이 될 때까지 계속 진행한다. 그리고 차례대로 생성되는 정수 부분을 나열하면 변환된 2진 소수값을 얻을 수 있다.

예를 들어, $D = \frac{1}{5}$인 10진 소수를 계산해보자.

$$
\begin{aligned}
& D = D_1 = 0.2 \\
& 2D_1 = 0.4 = D_2 \rightarrow b_1 = 0 \\
& 2D_2 = 0.8 = D_3 \rightarrow b_2 = 0 \\
& 2D_3 = 1.6 = D_4 \rightarrow b_3 = 1 \\
& 2D_4 = 1.2 = D_5 = 0.2 \rightarrow b_4 = 1
\end{aligned}
$$

이때 D_5가 D_1과 같은 값인 0.2가 되어 더 이상 계산이 필요 없게 된다. 즉 계속 2를 곱하면 소수 자리가 0이 되지 않고 0011을 반복하는 다음과 같은 2진 순환소수가 된다.

$$(.001100110011\cdots)_2 = (.\overline{0011})_2$$

MATLAB을 이용하여 2진 소수를 10진 소수로 변환하거나 혹은 반대로 변환하는 경우, **Fr_dec2bin**과 **Fr_bin2dec** 함수를 사용한다. 그러나 이 함수는 매스웍스(MathWorks) 사에서 기본으로 제공하지 않는 내장함수이기 때문에 사용할 수 없다. 그러므로 프리웨어(freeware) 소프트웨어인 스크립트 파일 Fr_dec2bin.m과 Fr_bin2dec.m을 복사하여 사용 중인 MATLAB의 bin 디렉터리에 저장해야 사용할 수 있다.

Fr_dec2bin과 **Fr_bin2dec** 함수가 이미 MATLAB 작업 공간 디렉터리에 내장된 것으로 가정하고, 이 함수를 사용하여 [MATLAB 3-3]을 실습해보자.

MATLAB 3-3 2진 소수와 10진 소수의 상호 변환

MATLAB을 이용하여 2진 소수 $(.0111)_2$와 $(.01010101010)_2$를 10진 소수로 각각 변환하라. 그리고 10진 소수 0.8을 2진 소수로 변환하라.

풀이

[그림 3-3]에서 2진 소수와 10진 소수의 상호 변환에 사용한 함수 **Fr_bin2dec**(❷, ❸)와 **Fr_dec2bin**(❹) 함수는 Fr_bin2dec.m과 Fr_dec2bin.m 스크립트 파일을 MATLAB의 bin 디렉터리에 저장한 이후 사용한 결과이다. 소수점 자리를 확장하기 위해 **format long**(❶)을 미리 설정했다. 2진 정수나 10진 정수와 달리 따옴표를 붙이거나 떼어도 실행 결과는 같다.

```
Command Window
>> format long;                    ...... ❶
>> Fr_bin2dec('0.0111')            ...... ❷
ans =
   0.437500000000000
>> Fr_bin2dec(0.0111)
ans =
   0.437500000000000
>> Fr_bin2dec(0.01010101010)       ...... ❸
ans =
   0.333007812500000
>> Fr_dec2bin("0.8")
ans =
    '0.11001100110011001'
>> Fr_dec2bin(0.8)                 ...... ❹
ans =
    '0.11001100110011001'
```

[그림 3-3] 실행 결과

SECTION 3.2 부동 소수점 수

이 절에서는 컴퓨터가 기본 연산 체계로 사용하고 있는 2진 부동 소수점을 자세히 알아보자. 부동 소수점 체계는 실수를 표현할 때 소수점의 위치를 고정하지 않고, 그 위치를 나타내는 수를 따로 표기하는 방식이다. 컴퓨터에서 사용하면 고정 소수점 체계보다 넓은 범위의 수를 표시할 수 있다.

3.2.1 2진 부동 소수점 수와 10진 부동 소수점 수

컴퓨터 중심의 2진 **부동 소수점 수**(floating-point numbers)를 설명하기 전에 인간에게 더 친근한 10진 부동 소수점 수를 먼저 살펴보자. 0이 아닌 10진수 x를 부동 소수점 수 체계로 일반화하여 부호로 표시하면 다음과 같다.

$$x = \sigma \cdot \bar{x} \cdot 10^e \tag{3.7}$$

여기서 σ는 $+1$ 혹은 -1 값을 나타내는데 양과 음을 의미한다. e는 정수로서 소수점의 위치를 나타내는 지수이다. 컴퓨터 성능에 따라 차이는 있지만, 지수 e의 범위는 $-99 \le e \le 99$ 범위로 제한되어 있다. $1 \le \bar{x} < 10$의 범위에 있는 $\bar{x}$는 유효숫자 자릿수를 표시하는데, 이를 가수(mantissa)라고 한다. 가수는 부동 소수의 정밀도(precision)를 나타낸다.

예를 들어, 분수 $\frac{40}{3}$을 식 (3.7)의 형태로 표시하면

$$\frac{40}{3} = +1 \cdot (1.3333 \cdots) \cdot 10^1$$

으로 쓸 수 있다. 이때 양의 값을 표시하는 $+1$은 대개 생략한다.

다른 예로 125를 식 (3.7)의 형태로 다시 쓰는 경우를 생각해보자. $\bar{x}$가 $1 \sim 9$까지 아홉 자릿수를 정수로 사용할 수 있기 때문에 $(1.25) \cdot 10^2$으로 쓸 수 있다. 이제 0이 아닌 2진수 x를 부동 소수점 수 체계로 일반화하여 부호로 표시하면 다음과 같다. 식 (3.7)과 비교하여 가수의 범위는 $\bar{x} = (1)_2$와 같이 표시한다.

$$x = \sigma \cdot \bar{x} \cdot 2^e \tag{3.8}$$

예를 들어, 10진 부동 소수점 수 0.1을 식 (3.8)의 형태로 표시해보자. 먼저 10진 부동 소수점 수를 2진 부동 소수점 수로 변환하면 $(0.1)_{10} = (.0001100110011\cdots)_2$가 되어서 $(1.10011001100\cdots)_2 \cdot 2^{-4}$으로 쓸 수 있다.

분수 $\frac{1}{3}$을 10진 부동 소수점 수로 표시하면, 순환소수 3이 계속 반복된 형태인 $0.3333\cdots$이라는 결과가 나온다. 순환소수가 무한 반복한다는 것은 3을 많이 표시하면 할수록 분수 $\frac{1}{3}$의 실제값에 가까워짐을 의미한다. 공학용 계산기는 성능에 따라 화면에 나타낼 수 있는 자릿수가 한정되어 있다. 만일 화면에 소수 표시가 열 자리까지 가능하다면 0.3333333333으로 보일 것이다. 그러나 계산기의 레지스터(register)에는 식 (3.7)의 형태인 $(3.333333333) \cdot 10^{-1}$으로 저장될 것이다.

MATLAB에서 분수 $\frac{1}{3}$을 입력하여 좀 더 많은 순환소수 3을 보기 위해서는 [그림 3-4]처럼 출력 서식 **format long**을 지정해야 한다. 그러면 더 많은 3을 표시할 수 있다.

```
Command Window
>> 1/3

ans =

   0.3333

>> format long;
>> 1/3

ans =

  0.333333333333333

>> format longe;
>> 1/3

ans =

     3.333333333333333e-01
```

[그림 3-4] MATLAB을 이용한 부동 소수점 표시 예

더 많은 소수를 표시하는 것은 **실제값**에 더욱 근접하여 오차 발생을 줄이는 것과 직결된다. 수치해석을 배우는 가장 큰 이유도 오차를 줄여 실제값에 근접한 **근삿값**을 추정하는 것이다. 분수 $\frac{1}{3}$을 식 (3.7) 형태로 다시 써보면 MATLAB에서 출력 서식 **format longe**를 지정한 $(3.333333333333333) \cdot 10^{-1}$ 형태로 저장된다.

2진 부동 소수점 수 x가 컴퓨터에 저장되는 형식을 일반화하면 다음과 같다.

$$Fl(x) = \sigma \cdot (1.b_1 b_2 b_3 \cdots b_{23})_2 \cdot 2^e \qquad (3.9)$$

여기서 $Fl(x)$는 2진 부동 소수점 수 x를 컴퓨터 내부에서 컴퓨터 숫자로 변형시켜 처리한 부동 소수점의 근삿값을 나타낸다. 음과 양의 부호 표시에 사용하는 σ를 컴퓨터에 저장하는 데 필요한 크기는 1비트이다. 가수 표시에 필요한 저장 크기 24비트 중에 2진수 표시에 1비트, 부동 소수점 자리에 23비트가 할당된다. 지수 표시에 필요한 저장 크기는 전체 8비트인데 이 중 1비트는 음과 양을 표시하고 나머지 정수에 7비트가 사용된다.

2진 부동 소수점 수에서 허용되는 지수의 범위는 다음과 같다.

$$-(1111111)_2 \le e \le +(1111111)_2$$

그러나 지수가 0인 2^0을 포함하고 있으므로 실제 10진수 범위는 $-126 \le e \le +127$로 표시한다.

기계 입실론(machine epsilon) ε은 컴퓨터로 계산할 때 정밀도를 나타내는 인자로, 1보다 큰 수를 표현하는 데 필요한 소수점 이하의 자릿수다. 예를 들어, fl이 컴퓨터 연산에서 1보다는 크면서 가장 작은 부동 소수라고 하자. fl과 ε의 관계를 식으로 나타내면 $\varepsilon = fl - 1$이다. 이와 같이 기계 입실론은 컴퓨터 내부에서 표현할 수 있는 모든 수를 정확하게 측정하는 데 유용하게 사용된다.

식 (3.9)의 형태로 1을 가장 간단한 2진 부동 소수점 수로 표현하면 다음과 같다.

$$1 = (1.\underbrace{00\cdots0}_{23})_2 \cdot 2^0$$

가수는 전체 24비트를 사용할 수 있는데, 이 조건을 만족하는 기계 입실론은 어떻게 표기할 수 있을까? 부동 소수점 수 아래에서 23비트만 사용할 수 있으므로 1에 2^{-23}을 더한 $\varepsilon = (1.\underbrace{00\cdots01}_{23\text{비트}})_2 \cdot 2^0$이 된다. 그러므로 IEEE 단일 정밀도 부동 소수점 수의 기계 입실론은 다음과 같이 사용한다.

$$\varepsilon = 2^{-23} = 1.19 \times 10^{-7}$$

3.2.2 부동 소수점 수의 끝수처리와 잘라버림

10진 연산을 먼저 생각해보자. 식 (3.7)을 이용하면 10진 유효숫자가 n자리인 부동 소수점 수 x는 다음과 같이 수정할 수 있다.

$$x = \sigma \cdot (d_1.d_2d_3 \cdots d_n)_{10} \cdot 10^e \tag{3.10}$$

여기서 10진 정수를 나타내는 d_1은 0이 아닌 $1 \sim 9$ 사이의 값으로, $d_2 \sim d_n$까지 10진 소수들은 0을 포함한 $0 \sim 9$ 사이의 값으로 표시된다. 식 (3.10)을 더 일반적인 수의 형태로 표시하면 다음과 같다.

$$x = \sigma \cdot (d_1.d_2d_3 \cdots d_nd_{n+1} \cdots)_{10} \cdot 10^e \tag{3.11}$$

식 (3.11)의 형태는 컴퓨터의 성능과 구조에 따라 사용 가능한 형태로 맞추어져 변환된다. 이러한 맞춤 과정은 **올림 끝수처리**(rounding up)와 **내림 끝수처리**(rounding down) 혹은 **잘라버리기**(chopping) 방법을 이용한다.

식 (3.11)의 x 값에 잘라버리기를 적용하여 컴퓨터에서 허용하는 n자리까지 나타내면 $n+1$의 자리인 d_{n+1}부터 오른쪽에 자리 잡은 모든 부동 소수 자리를 전부 버린다. 그러므로 잘라버리기를 실행한 뒤 10진 부동 소수 x가 컴퓨터에 저장되는 형식은 다음과 같다. 이때 지수는 컴퓨터가 허용하는 영역 내에 맞추어 지정된다.

$$Fl(x) = \sigma \cdot (d_1.d_2d_3 \cdots d_n)_{10} \cdot 10^e \tag{3.12}$$

식 (3.11)의 x 값에 끝수처리를 적용하여 컴퓨터에서 허용하는 n자리까지만 나타내 보자. $n+1$자리의 값이 $5 \sim 9$ 사이의 10진수이면 d_n 값에 1을 더한다. 이것을 10진수 올림 끝수처리라고 한다. 반면에 $n+1$의 값이 $0 \sim 4$ 사이의 10진수이면 d_n 값을 그대로 두고, d_{n+1}부터 오른쪽에 있는 모든 10진 부동 소수점 수는 생략한다. 이것을 10진수 내림 끝수처리라고 한다. 그러므로 끝수처리를 실행한 뒤 10진 부동 소수점 수 x가 컴퓨터에 저장되는 형식은 다음과 같다.

$$Fl(x) = \begin{cases} \sigma \cdot (d_1.d_2d_3 \cdots d_n)_{10} \cdot 10^e & (d_{n+1} < 5) \\ \sigma \cdot \left[(d_1.d_2d_3 \cdots d_n)_{10} + (\underbrace{0.00 \cdots 1}_{n})_{10} \right] \cdot 10^e & (d_{n+1} \geq 5) \end{cases} \tag{3.13}$$

여기서 $(0.00 \cdots 1)_{10}$항을 식으로 표현하면 10^{-n+1}이다. 올림, 내림 혹은 잘라버리기를 실행할 때에 허용되는 자릿수가 n이면 n의 바로 옆 오른쪽 자리인 $n+1$ 값만 비교한다.

이번에는 2진 연산에 대한 끝수처리와 잘라버리기를 살펴보자. 식 (3.8)을 더 일반적인 부동 소수점 수의 형태로 표시하면 다음과 같다.

$$x = \sigma \cdot (1.b_2b_3 \cdots b_nb_{n+1} \cdots)_2 \cdot 2^e \tag{3.14}$$

여기서 2진 부동 소수점 수의 값은 0 혹은 1 값만을 가진다. 10진 연산과 똑같이 식 (3.14)의 형태도 컴퓨터의 성능과 구조에 의해서 사용 가능하도록 맞추어 변환된다.

식 (3.14)의 x 값에 잘라버리기를 적용하여 컴퓨터에서 허용하는 n자리까지 나타내면, $n+1$의 자리인 b_{n+1}부터 오른쪽에 자리 잡은 모든 부동 소수점 수 자리를 전부 버린다. 그러므로 잘라버리기를 실행한 뒤 2진 부동 소수점 수 x가 컴퓨터에 허용되는 형식은 다음과 같다. 이때 지수는 컴퓨터가 허용하는 영역 내에 맞추어 지정된다.

$$Fl(x) = \sigma \cdot (1.b_2b_3 \cdots b_n)_2 \cdot 2^e \tag{3.15}$$

식 (3.14)의 x 값에 끝수처리를 적용하여 컴퓨터에서 허용하는 n자리까지 나타낼 때 $n+1$자리의 값이 1이면 b_n 값에 1을 더한다. 이것을 2진수 올림 끝수처리라고 한다. 반면에 $n+1$ 값이 0이면 b_n 값은 그대로 두고 b_{n+1}부터 오른쪽에 있는 모든 2진 부동 소수점 수는 생략한다. 이것을 2진수 내림 끝수처리라고 한다. 그러므로 끝수처리를 실행한 뒤 2진 부동 소수점 수 x가 컴퓨터에 허용되는 형식은 다음과 같다. 여기서 $(0.00\cdots1)_2$항을 식으로 표현하면 2^{-n+1}이다.

$$Fl(x)=\begin{cases}\sigma\cdot(1.b_2b_3\cdots b_n)_2\cdot 2^e & (b_{n+1}=0)\\ \sigma\cdot\left[(1.b_2b_3\cdots b_n)_2+(\underbrace{0.00\cdots1}_{n})_2\right]\cdot 2^e & (b_{n+1}=1)\end{cases} \tag{3.16}$$

10진 정수와 2진 정수의 끝수처리와 잘라버리기도 부동 소수점 수와 같은 방법을 적용하면 된다. 컴퓨터에서 허용하는 정수가 n자리이면 $n+1$자리의 10진수 혹은 2진수를 확인하여 실행한다.

예제 3-3 부동 소수점 수 변환하기

10진 부동 소수점 수 10.375를 직접 계산하여 2진 부동 소수점 수 B로 변환하고, MATLAB을 이용해서 확인하라. 그리고 2진 부동 소수점 수 $(11.011)_2$는 MATLAB을 이용해서 10진 부동 소수점 수 D를 구하라.

풀이

10진 정수 10을 2진 정수로 변환하기 위해 다음과 같이 계산한다.

$$\begin{array}{llll} 2\overline{)10}=5 & & & b_0=0\\ & 2\overline{)5}=2 & & b_1=1\\ & & 2\overline{)2}=1 & b_2=0\\ & & \quad 2\overline{)1}=0 & b_3=1\end{array}$$

2진 정수는 나머지 값을 나타내는 $b_3\sim b_0$까지 차례대로 역순으로 이어서 $(1010)_2$로 변환된다. 10진 부동 소수점 수 0.375를 2진 부동 소수점 수로 변환하려면 다음과 같이 반복한다.

$$\begin{aligned} &D=D_1=0.375\\ &2D_1=0.75=D_2 \;\rightarrow\; b_1=0\\ &2D_2=1.5=D_3 \;\rightarrow\; b_2=1\\ &2D_3=1.0=D_4 \;\rightarrow\; b_3=1\end{aligned}$$

부동 소수점 수가 0이 되어 더 이상 반복 과정이 필요 없다. 그러므로 2진 부동 소수점 수는 $b_1\sim b_3$까지 차례대로 이어서 $(.011)_2$가 된다. 변환된 최종값은 2진 정수와 2진 부동 소수점 수를 같이 묶은 $(1010.011)_2$이다.

10진 부동 소수점 수 10.375를 MATLAB에서 실행한 결과를 [그림 3-5]에 나타냈다. $(11.011)_2$를 10진 부동 소수점 수로 변환한 값은 0.375이다.

```
Command Window
>> format long;
>> B = Fr_dec2bin('10.375')
B =
    '1010.011'
>> D = Fr_bin2dec('11.011')
D =
   3.375000000000000
```

[그림 3-5] 실행 결과

예제 3-4 끝수처리

2진 부동 소수점 수 $B_1 = (101101.101)_2$와 $B_2 = (.10\overline{1100})_2$라고 하자. 4비트 정밀도를 허용하는 컴퓨터에 맞게 끝수처리를 이용하여 B_1과 B_2를 근삿값으로 나타내라.

풀이

B_1과 B_2를 식 (3.14)의 형태로 다시 써보면 $B_1 = (1.01101101)_2 \cdot 2^5$과 $B_2 = (1.011001100)_2 \cdot 2^{-1}$이다. 2진 정수 한 자리와 부동 소수점 수 세 자리를 합친 네 자리까지만 나타내려면, 부동 소수점 수 네 자리의 값이 0이면 내림을 하고 1이면 올림을 하면 된다.

즉 근삿값은 다음과 같다.

$$\hat{B}_1 = (1.011)_2 \cdot 2^5 = (101100)_2$$
$$\hat{B}_2 = (1.011)_2 \cdot 2^{-1} = (0.1011)_2$$

예제 3-5 잘라버리기

2비트 2진 컴퓨터를 이용하여 다음을 계산한다고 가정한다.

$$\frac{1}{8} + \frac{1}{8} + \frac{1}{4} + \frac{1}{2} + 1 + 2 + 4$$

잘라버리기를 이용하여 왼쪽에서 오른쪽으로 더하라.

풀이

2비트 저장 기능만 있는 2진 컴퓨터이므로 식 (3.8) $x = \sigma \cdot \overline{x} \cdot 2^e$의 조건에 맞추어서 문제를 풀어야 한다. 먼저 왼쪽부터 $\frac{1}{8}$과 $\frac{1}{8}$을 더하면

$$\frac{1}{8}+\frac{1}{8}=(01)_2\cdot 2^{-3}+(01)_2\cdot 2^{-3}=(01)_2\cdot 2^{-2}$$

이 된다. 이 과정을 반복하면 다음과 같이 계산된다.

$$\frac{1}{8}+\frac{1}{8}+\frac{1}{4}=(01)_2\cdot 2^{-2}+(01)_2\cdot 2^{-2}=(01)_2\cdot 2^{-1}$$

$$\frac{1}{8}+\frac{1}{8}+\frac{1}{4}+\frac{1}{2}=(01)_2\cdot 2^{-1}+(01)_2\cdot 2^{-1}=(01)_2$$

$$\frac{1}{8}+\frac{1}{8}+\frac{1}{4}+\frac{1}{2}+1=(01)_2+(01)_2=(01)_2\cdot 2^{1}$$

$$\frac{1}{8}+\frac{1}{8}+\frac{1}{4}+\frac{1}{2}+1+2=(01)_2\cdot 2^{1}+(01)_2\cdot 2^{1}=(01)_2\cdot 2^{2}$$

$$\frac{1}{8}+\frac{1}{8}+\frac{1}{4}+\frac{1}{2}+1+2+4=(01)_2\cdot 2^{2}+(01)_2\cdot 2^{2}=(10)_2\cdot 2^{2}=8$$

예제 3-6 잘라버리기

[예제 3-5]에서 주어진 계산을 잘라버리기를 이용하여 오른쪽에서 왼쪽으로 더하라.

풀이

주어진 식을 오른쪽에서 왼쪽으로 더한다는 것은 다음과 같이 계산함을 의미한다.

$$4+2+1+\frac{1}{2}+\frac{1}{4}+\frac{1}{8}+\frac{1}{8}$$

먼저 오른쪽부터 4와 2를 더하면

$$4+2=(10)_2\cdot 2^{1}+(01)_2\cdot 2^{1}=(11)_2\cdot 2^{1}$$

이다. 다시 위의 결과에 1을 더하면 변환된 $1=(01)_2$ 값을 더 이상 지수 2^1로 표현할 수가 없으므로 잘라버리기를 자동으로 실행한다.

$$4+2+1=(11)_2\cdot 2^{1}+0$$

같은 과정을 계속 실행해도 이미 지정된 지수 2^1으로 더 이상 표시할 수 없으므로 결과는 다음과 같다.

$$4+2+1+\frac{1}{2}+\frac{1}{4}+\frac{1}{8}+\frac{1}{8}=(11)_2\cdot 2^{1}+0+0+0+0+0=6$$

수학에서는 왼쪽에서 오른쪽으로 더하거나, 반대로 오른쪽에서 왼쪽으로 더하더라도 결과는 항상 8이다. 그러나 2비트 2진 컴퓨터라는 조건 아래 잘라버리기를 실행하면 완전히 다른 결과가 나온다.

예제 3-7 부동 소수점 구하기

끝수처리 기능을 가진 컴퓨터의 정밀도를 유효숫자는 24($n=24$), 지수의 최소 정숫값은 -126($m=-126$), 최대 정숫값은 127($M=127$)이라고 가정하자. 이 컴퓨터에 저장되는 0이 아닌 부동 소수점 수는 다음과 같은 정규형으로 나타낼 수 있다.

$$F : \left\{ ''0'',\ \pm(1.b_1 \cdots b_{23})_2 \times 2^e \right\} \qquad (e \in [-126, +127])$$

(a) 가장 큰 부동 소수점 수를 구하라.
(b) 가장 작은 양의 부동 소수점 수를 구하라.
(c) 1과 1 다음으로 큰 부동 소수점 수 사이의 차이를 구하라.
(d) 주어진 정규형을 이용하여 조합 가능한 모든 부동 소수점 수들의 개수를 찾아라.

풀이

(a) 가장 큰 부동 소수점 수는 다음과 같다.

$$(1.\overbrace{11 \cdots 1}^{23})_2 \times 2^{127}$$

(b) 가장 작은 양의 부동 소수점 수는 다음과 같다.

$$(1.\overbrace{00 \cdots 0}^{23})_2 \times 2^{-126}$$

(c) 2개 부동 소수점 사이의 차이는 다음과 같다.

$$(1.\overbrace{0 \cdots 0}^{22}1)_2 \times 2^0 - (1.\overbrace{0 \cdots 0}^{22}0)_2 \times 2^0 = 1 \times 2^{-23}$$

(d) 조합 가능한 부동 소수점 수의 개수는 다음과 같이 찾을 수 있다.

$$2^{23}(254)(2)+1$$

여기서 2^{23}은 $1.111 \cdots 1$과 $1.000 \cdots 0$ 사이의 조합 가능한 수를 표시한 것이고, 254는 지수가 $-126 \sim 127$ 사이에 있다는 것을 의미한다. 2는 양과 음 양쪽의 수를 나타내고, 마지막으로 1은 0 값을 표시한다.

SECTION 3.3 오차

실제값은 x, 컴퓨터에 의해서 끝수처리 혹은 잘라버리기를 실행하여 구한 근삿값은 $\hat{x}$라고 하자. 실제값과 근삿값의 차이를 **오차**라고 부른다. 오차를 식으로 표현하면 $x-\hat{x}$이다. 이때 x와 $\hat{x}$가 같은 값이면 오차는 발생하지 않는다($x-\hat{x}=0$).

3.3.1 오차 발생 원인

오차가 발생하는 근본적인 원인은 미지의 현상을 분석하기 위해 수학적으로 모델링하여 계산하는 과정에서 오류가 발생하기 때문이다. 만약 수학적으로 구현된 모델에 오류가 있다면, 결과를 수치적으로 향상시켜서 오차를 줄이기란 쉽지 않다.

컴퓨터가 개발되기 이전에 발생했던 오차는 대부분 연산 오류 때문이었으나 컴퓨터를 사용하기 시작하면서부터는 프로그래밍 오류가 많아졌다. 프로그래밍 오류는 컴퓨터 사용이 범용화된 현재에도 오차가 발생하는 주요 원인이다. 특히 오늘날 프로그래밍 코드는 이전의 프로그래밍보다 더욱 광범위하고 복잡하게 응용되기 때문에 오류를 찾아내고 수정하는 작업이 매우 어렵다.

실험을 측정하면서 발생하는 오차는 아무리 작은 값이더라도 함부로 제거할 수 없다. 예를 들어, 전자의 반지름은 $(2.81777+\varepsilon)\times 10^{-13}\,[\mathrm{cm}]$인데 전자의 반지름을 이용하여 다른 계산을 실행할 때 오차 ε을 무시하면 정확한 결과가 나오지 않는다. 가능하면 전체 계산의 정확도를 향상시키기 위해서 오차의 영향력을 최소화해야 한다.

3.3.2 절대 오차와 상대 오차

실제값과 근삿값 차이의 절댓값을 **절대 오차**라고 하고, 다음과 같이 쓸 수 있다.

$$\text{절대 오차} = |x-\hat{x}| \tag{3.17}$$

잘라버리기를 적용해서 구한 근삿값은 실제값보다 작으며, 오차는 항상 양의 값을 가진다. 끝수처리 중에 올림을 적용한 경우는 근삿값이 실제값보다 크기 때문에 오차는 항상 음의 값을 가진다. 반면에 내림을 적용한 경우는 항상 양의 값을 가진다.

계산된 오차를 실제값으로 나눈 뒤 절댓값을 적용한 것을 **상대 오차**라고 하고, 다음과 같이 쓸 수 있다.

$$\text{상대 오차} = \left| \frac{x - \hat{x}}{x} \right| \tag{3.18}$$

즉 절대 오차는 오차의 절댓값이고, 상대 오차는 비교 대상에 의해서 크게 혹은 작게 느껴지는 오차이다. 예를 들어, 10 [cm] 자로 부엌에 있는 냉장고의 높이를 측정해보니 100 [cm]였다. 냉장고 매뉴얼에 적힌 실제 높이가 105 [cm]라면 절대 오차는 5 [cm]가 된다. 이 절대 오차 5 [cm]는 여의도에 있는 249 [m] 높이의 63빌딩과 비교하면 상대적으로 아주 작은 오차지만, 10 [cm] 정도의 길이를 갖는 연필과 비교해보면 상당히 큰 오차이다. 결국 절대 오차가 작으면 상대 오차도 작다.

예제 3-8 절대 오차와 상대 오차 구하기

유효숫자 여섯 자리($n=6$), 지수의 최소 정숫값 -40($m=-40$), 최대 정숫값 40($M=40$)과 끝수처리 기능이 있는 컴퓨터가 있다.

(a) 주어진 조건을 고려하여 부동 소수점 수 $2.99792458 \times 10^{10}$(1초당 센티미터로 표시된 빛의 속도)과 $1.67492716 \times 10^{-24}$(그램 단위로 표시한 중성자의 무게)의 근삿값을 각각 구하라.

(b) 두 수의 절대 오차와 상대 오차를 각각 구하라.

풀이

(a) 구하는 근삿값은 각각 $\hat{x} = 2.99792 \times 10^{10}$과 $\hat{x} = 1.67493 \times 10^{-24}$이다. 유효숫자가 여섯 자리이므로 정수 한 자리와 부동 소수점 수 다섯 자리까지 표시해야 한다. 부동 소수점 수 여섯 자리에서 올림 혹은 내림을 적용하면 첫 번째 경우는 4이므로 내림을 적용하고, 두 번째 경우는 5 이상인 7이므로 올림을 적용한다.

(b) 절대 오차는 식 (3.17)을 이용하고, 상대 오차는 식 (3.18)을 이용하면 쉽게 구할 수 있다.
$2.99792458 \times 10^{10}$의 절대 오차와 상대 오차는 다음과 같다.

$$|x - \hat{x}| = |2.99792458 \times 10^{10} - 2.99792 \times 10^{10}| = 0.00000458 \times 10^{10} = 4.58 \times 10^{4}$$

$$\left| \frac{x - \hat{x}}{x} \right| = \left| \frac{4.54 \times 10^{4}}{3.00 \times 10^{10}} \right| = 1.52666666 \times 10^{-6} = 1.53 \times 10^{-6}$$

상대 오차를 계산할 때는 먼저 구한 절대 오차의 유효숫자와 같은 자리를 표시해야 한다.
$1.67492716 \times 10^{-24}$의 결과는 다음과 같다.

$$|x - \hat{x}| = |1.67492716 \times 10^{-24} - 1.67493 \times 10^{-24}| = 0.00000284 \times 10^{-24} = 2.84 \times 10^{-30}$$

$$\left| \frac{x - \hat{x}}{x} \right| = \left| \frac{2.84 \times 10^{-30}}{1.67 \times 10^{-24}} \right| = 1.7005988 \times 10^{-6} = 1.70 \times 10^{-6}$$

MATLAB 3-4 round 함수로 절대 오차 구하기

MATLAB을 이용하여 [예제 3-8]에서 제시한 $2.99792458 \times 10^{10}$(1초당 센티미터로 표시된 빛의 속도)에 대한 절대 오차를 구하라.

풀이

MATLAB의 디폴트 출력 형식은 부동 소수점 수 네 자리까지만 표시하므로 주어진 실제값을 나타내기 위해서 **format longe**(❶)의 형식으로 변환해야 한다. MATLAB에서 **round** 함수를 이용하면 유효숫자 자리를 지정하여 올림 혹은 내림을 실행할 수 있다(❷). 출력 형식 **format longe**는 지수승 e를 이용하여 소수점 아래 열다섯 자리까지 표시된다(❸). 실제값에서 근삿값을 뺀 후에 절댓값을 실행하면 절대 오차를 구할 수 있다(❹).

```
Command Window
>> format longe; ······ ❶
>> x1 = 2.99792458e10;
>> x1_hat = round(x1,6,'significant')······ ❷

x1_hat =

     2.997920000000000e+10        ······ ❸

>> abs_err = abs(x1 - x1_hat)    ······ ❹

abs_err =

       45800
```

[그림 3-6] 실행 결과

예제 3-9 부동 소수점의 근삿값 구하기

다음 물음에 답하라.

(a) [예제 3-3]에서 10진 부동 소수점 수 $x = 10.375$를 2진 부동 소수점 $x = (1010.011)_2$로 변환했다. 3비트 정밀도와 끝수처리 기능이 있는 컴퓨터를 이용하여 변환된 x의 2진 부동 소수점의 근삿값을 구하라.

(b) 10진 정수 x의 절대 오차와 상대 오차를 유효숫자가 두 자리인 부동 소수점 수로 나타내라.

풀이

(a) $x = (1010.011)_2$의 근삿값은 2진 정수 넷째 자리에서 내림이 적용되어 $\hat{x} = (1010)_2 = 10$이 된다.

(b) 절대 오차는 식 (3.17), 상대 오차 식 (3.18)을 이용한다. x의 절대 오차와 상대 오차는 다음과 같다.

$$|x-\hat{x}| = |10.375-10| = 0.375$$

$$\left|\frac{x-\hat{x}}{x}\right| = \left|\frac{0.375}{10.375}\right| = 3.6\times 10^{-2}$$

3.3.3 유효숫자 오차의 손실

실제값을 추정하기 위해 근삿값을 계산할 때, **유효숫자**(significant figure)는 대단히 중요하다. 일반적으로 유효숫자는 0이 아닌 숫자를 말한다. 예를 들어, 22와 22.3의 유효숫자는 각각 두 자리와 세 자리이다. 컴퓨터나 계산기를 이용하여 식을 계산할 때, 유효숫자에 따라 오차가 작게 혹은 크게 발생할 수 있다.

입력 변수 x에 대한 결과 함수 $f(x)$를 다음과 같이 나타낼 수 있다고 가정하자.

$$f(x) = x\left[\sqrt{(x+1)} - \sqrt{x}\right]$$

변수 x의 값을 1부터 10배씩 증가시켜서 100000까지 입력한다(여기서 사용하려는 계산기는 여섯 자리의 10진수만 표시할 수 있다).

연산의 우선 순위에 맞추어서 $x=1$일 때를 계산해보자. 함수 $f(x)$를 구하는 연산 과정은 다음과 같다.

❶ x에 1을 더하고 제곱근을 구한다.
❷ x에 대한 제곱근을 구한다.
❸ 과정 ❶에서 구한 제곱근에서 과정 ❷에서 구한 제곱근을 뺀다.
❹ 과정 ❸의 계산 결과에 x 값을 곱한다.

실제 함숫값을 계산하기 위해서는 과정마다 끝수처리를 적용하지 않고, 모든 과정이 끝난(❹) 이후에 끝수처리를 한다. 여섯 자릿수를 맞추면 다음과 같은 계산 결과를 얻는다.

$$f(1) = 1\cdot\left[\sqrt{2}-\sqrt{1}\right] = [1.4142135623-1] = 0.4142135623 = 0.414214$$

반면에 근사시킨 함숫값을 계산하기 위해서는 과정마다 끝수처리를 적용한다. 즉 다음과 같은 계산 결과를 얻는다.

$$f(1) = 1\cdot\left[\sqrt{2}-\sqrt{1}\right] = [1.41421-1] = 0.414210$$

같은 방법으로 입력값을 10배씩 증가시켜서 계산하면 [표 3-1]과 같은 결과를 얻는다. 입력값이 증가하면 할수록 근삿값과 실제값 사이에 엄청난 오차가 발생하는 것을 볼 수 있다.

만일 유효숫자를 여섯 자리에서 열 자리로 증가시키고 x의 입력값 100000을 입력하면 근삿값은 158.1200000이 되고, 실제값은 158.1134878이 되어 유효숫자를 여섯 자리만 사용한 [표 3-1]의 결과와 다르게 작은 오차를 유지한다. 유효숫자를 증가시키면 오차의 손실을 최소화할 수 있다.

[표 3-1] 오차 손실 보기 : 유효숫자를 증가시킨 결과

x	근삿값 $f(x)$	실제값 $f(x)$
1	0.414210	0.4142104
10	1.54340	1.54347
100	4.99000	4.98756
1000	15.8000	15.8074
10000	50.0000	49.9988
100000	100.000	158.113

예제 3-10 유효숫자의 기초 개념

다음에 주어진 10진수의 유효숫자를 구하라.

$$0.012,\ 1.200,\ 120$$

풀이

부동 소수점 수인 경우 0이 아닌 수들의 앞에 있는 0은 유효숫자에 포함하지 않는다. 따라서 0.012에서는 1과 2만이 유효숫자가 된다. 반면에 0이 아닌 수들의 뒤에 있는 부동 소수점 0은 유효숫자로 처리한다. 따라서 1.200의 유효숫자는 네 자리이다.

10진 정수 120의 경우는 1.20×10^2, 1.2×10^2와 같이 두 가지 형태로 표현할 수 있다. 각각의 경우 유효숫자는 세 자리, 두 자리라고 말할 수 있다. 이러한 불확실성을 방지하기 위해서는 식 (3.10)과 같이 표시하는 것이 바람직하다.

계산기에는 유효숫자의 허용 범위가 낮아서 발생하는 오차를 줄이기 위해 **정밀도**가 설정되어 있다. 이를 조정하는 것은 쉽지 않다. 지정된 유효숫자의 변환 없이 삼각함수의 유사성을 이용하여 오차를 줄이는 방법은 다음과 같다.

입력 변수 x에 대한 결과 함수 $f(x)$는 다음과 같이 나타낼 수 있다고 가정하자.

$$f(x) = \frac{1 - \cos x}{x^2} \quad (x \neq 0)$$

변수 x의 호도값(radian value)을 0.1부터 10배씩 감소시켜서 0.00001까지 입력한다. 이때 주어진 함수의 연산을 위해서 사용하려는 계산기는 유효숫자 열 자리만 표시할 수 있다.

연산의 우선 순위에 맞추어서 $x = 0.01$일 때를 계산해보자. 함수 $f(x)$를 구하는 연산 과정은 다음과 같다.

❶ $\cos(0.01)$의 값을 구한다.
❷ 1에서 과정 ❶의 결과를 뺀다.
❸ (0.01)의 제곱값을 구한다.
❹ 과정 ❷를 과정 ❸으로 나눈다.

실제 함숫값을 계산하기 위해서는 과정마다 끝수처리를 적용하는 것이 아니고, 모든 과정이 끝나는 과정(❹) 이후에 끝수처리를 한다. 10자리를 맞추면 다음과 같은 계산 결과를 얻는다.

$$f(0.01) = \frac{1-\cos(0.01)}{(0.01)^2} = \frac{1-0.9999500004166652}{0.0001} = 0.4999958333$$

반면에 근사시킨 함숫값을 계산하기 위해서는 과정마다 끝수처리를 적용한다. 즉 다음과 같은 계산 결과를 얻는다.

$$f(0.01) = \frac{1-\cos(0.01)}{(0.01)^2} = \frac{1-0.999950000}{0.0001} = 0.4999960000$$

같은 방법으로 입력값을 10배씩 감소시켜서 계산하면 [표 3-2]와 같은 결과를 얻는다. 0.1 ~ 0.0001까지는 근삿값과 실제값의 오차가 줄어들지만, 0.00001의 값을 입력하면 갑자기 오차가 커진다. 이런 경우 문제점을 찾는 것도 힘들지만, 문제 해결도 쉽지 않다.

[표 3-2] 오차 손실 보기 : 입력값을 감소시킨 결과

x	근삿값 $f(x)$	실제값 $f(x)$
0.1	0.4995834700	0.4995834722
0.01	0.4999960000	0.4999958333
0.001	0.5000000000	0.4999999583
0.0001	0.5000000000	0.4999999996
0.00001	0.0	0.5000000000

주어진 함수 $f(x)=\dfrac{1-\cos x}{x^2}$ 는 오차를 줄이기가 쉽지 않다. 그러나 다음과 같이 삼각함수의 유사성을 이용하면 오차를 쉽게 줄일 수 있다.

$$\cos(2\theta)=2\cos^2(\theta)-1=1-2\sin^2(\theta)$$

위 식을 $x=2\theta$ 로 치환하여 원래의 식을 다음과 같이 수정할 수 있다.

$$f(x)=\frac{1-\cos x}{x^2}=\frac{2\sin^2(x/2)}{x^2}$$

$$f(x)=\frac{1}{2}\left[\frac{\sin(x/2)}{x/2}\right]^2$$

수정된 식을 이용하여 입력값 0.01 에 대한 근삿값을 다시 계산하면 다음과 같이 실제값과 오차가 줄어든다.

$$f(0.01)=\frac{1}{2}\left[\frac{\sin(0.01/2)}{0.01/2}\right]^2=\frac{1}{2}\left[\frac{0.004999979167}{0.005}\right]=\frac{1}{2}[0.9999916668]$$
$$=0.4999958334$$

예제 3-11 유리화를 이용한 유효숫자의 처리

방정식 $ax^2+bx+c=0$ 의 근을 구하기 위해 보편적으로 사용하는 공식은 다음과 같다.

$$x_{\pm}=\frac{-b\pm\sqrt{b^2-4ac}}{2a} \tag{1}$$

식 (1)을 분자에 대한 유리화 형태로 변형하면 다음과 같다.

$$x_{+}=\frac{-2c}{b+\sqrt{b^2-4ac}},\quad x_{-}=\frac{-2c}{b-\sqrt{b^2-4ac}} \tag{2}$$

세 자리 유효숫자로 끝수처리 연산을 실행하는 컴퓨터로 식 (1)과 식 (2)를 각각 사용하여 이차방정식 $x^2-14x+1=0$ 의 근의 근삿값을 계산하고, 계산된 두 쌍의 근의 근삿값에 대한 결과를 설명하라.

풀이

식 (1)을 이용하면 다음과 같이 구할 수 있다.

$$\hat{x}_{+}=\frac{-b+\sqrt{b^2-4ac}}{2a}=\frac{14+13.9}{2}\approx 14.0$$

$$\hat{x}_{-}=\frac{-b-\sqrt{b^2-4ac}}{2a}=\frac{14-13.9}{2}\approx 0.05$$

식 (2)를 이용하면 다음과 같이 구할 수 있다.

$$\hat{x}_+ = \frac{-2c}{b+\sqrt{b^2-4ac}} = \frac{-2}{-14+13.9} = 20.0$$

$$\hat{x}_- = \frac{-2c}{b-\sqrt{b^2-4ac}} = \frac{-2}{-14-13.9} \approx 0.0717$$

실제값은 $x_+ = 13.9282$와 $x_- = 0.0718$이다. $\hat{x}_+$의 경우 식 (1)의 $\hat{x}_+$가 식 (2)의 $\hat{x}_+$ 보다 오차가 작지만, $\hat{x}_-$의 경우 식 (2)의 $\hat{x}_-$가 식 (1)의 $\hat{x}_-$보다 오차가 작다. 이처럼 식 (1)과 식 (2)로 구한 두 쌍의 근의 근삿값의 오차가 서로 다름을 보여주고 있다.

3.3.4 언더 플로우와 오버 플로우 오류

식 (3.7)과 식 (3.8)에서 표시된 지수는 상한값과 하한값을 가진다. 이는 컴퓨터의 처리 장치가 취급할 수 있는 수치 연산 범위를 지정하고 있다는 의미이다. 즉 하나의 수치를 표현하기 위해서 컴퓨터에 할당된 기억 용량은 일정 크기로 정해져 있다.

부동 소수점 수가 너무 커서 컴퓨터에서 허용하는 지수의 상한값을 넘겨서 생기는 오류를 **오버 플로우 오류**(overflow error)라고 한다. 반대로 부동 소수점 수가 너무 작아 컴퓨터에서 허용하는 범위가 되지 못할 때 생기는 오류를 **언더 플로우 오류**(underflow error)라고 한다. 이는 처리 장치가 취급하는 절댓값의 하한보다도 더 작은 연산 결과로 마이너스 지수가 생긴 경우이다.

예를 들면, [예제 3-8]을 지수의 최소 정숫값이 $-20(m=-20)$이고, 최대 정숫값이 $5(M=5)$인 컴퓨터로 다시 문제를 푼다고 가정해보자. 빛의 속도에 대한 근삿값의 지수승은 10^5보다 커 오버 플로우 오류가 발생하고, 중성자에 대한 근삿값의 지수승은 10^{-20}보다 작아 언더 플로우 오류가 발생할 것이다.

CHAPTER

03 핵심요약

01 수치해석의 목적

수치해석을 학습하는 주요 목적은 수치적으로 측정된 근삿값을 좀 더 실제값과 일치시키는 알고리즘을 연구하는 것이다.

02 컴퓨터의 언어 : 2진수

측정한 10진수 데이터를 수치해석을 위해 컴퓨터에 입력하면 컴퓨터 내부에서는 2진수 데이터인 기계 숫자로 변환되어 사용된다.

- 8진수 및 16진수도 2진수와 함께 수치해석을 위해 사용되는 숫자 유형이다.

03 2진수를 10진수로 변환

- 2진 정수 $(b_n b_{n-1} \cdots b_2 b_1 b_0)_2$를 10진 정수로 변환하기

  $D = b_n 2^n + b_{n-1} 2^{n-1} + \cdots + b_1 2^1 + b_0$

- 2진 소수 $(.b_1 b_2 b_3 \cdots b_n \cdots)_2$를 10진 소수로 변환하기

  $D = b_1 2^{-1} + b_2 2^{-2} + b_3 2^{-3} + \cdots$

04 부동 소수점 수 표시

- 일반화된 10진수 x의 부동 소수점 수 표시

  $x = \sigma \cdot \bar{x} \cdot 10^e$

- 일반화된 2진수 x의 부동 소수점 수 표시

  $x = \sigma \cdot \bar{x} \cdot 2^e$

σ	양과 음의 전체 부호 표시
e	소수점의 위치를 표시하는 정수 지수
$\bar{x}$	유효숫자 자릿수

05 부동 소수점 수

• 일반화된 10진 부동 소수점 수

$x = \sigma \cdot (d_1.d_2d_3 \cdots d_nd_{n+1} \cdots)_{10} \cdot 10^e$

잘라버리기	d_{n+1} 이하 소수점 무조건 버리기
내림 끝수처리	$d_{n+1} < 5$, d_{n+1} 이하 소수점 버리기
올림 끝수처리	$d_{n+1} \geq 5$, d_n 자리에 1 더하기

• 일반화된 2진 부동 소수점 수

$x = \sigma \cdot (1.b_2b_3 \cdots b_nb_{n+1} \cdots)_2 \cdot 2^e$

잘라버리기	b_{n+1} 이하 소수점 무조건 버리기
내림 끝수처리	$b_{n+1} = 0$, b_{n+1} 이하 소수점 버리기
올림 끝수처리	$b_{n+1} = 1$, b_n 자리에 1 더하기

06 절대 오차와 상대 오차

• 절대 오차는 실제값 x와 근삿값 $\hat{x}$의 차이를 말한다.

절대 오차 $= |x - \hat{x}|$

• 상대 오차는 절대 오차를 실제값 $|x|$로 다시 나눈 값을 말한다.

상대 오차 $= \dfrac{\text{절대 오차}}{|x|} = \left|\dfrac{x - \hat{x}}{x}\right|$

07 유효숫자

0이 아닌 숫자로써 지정되는 개수를 말하며 이에 따라 근삿값과 실제값 사이의 오차의 폭이 작아지거나 커진다.

08 언더 플로우 오류와 오버 플로우 오류

오버 플로우 오류와 언더 플로우 오류는 부동 소수점 수가 너무 크거나 작아서 컴퓨터에서 발생하는 오류이다.

CHAPTER

03 기본문제

3.1 비트의 특성을 이용하여 2진 정수 $(10010110)_2$를 8진수로 변환한 값은 무엇인가?

① $(454)_8$ ② $(226)_8$ ③ $(452)_8$ ④ $(2112)_8$

3.2 비트의 특성을 이용하여 2진 정수 $(111110110)_2$를 16진수로 변환한 값은 무엇인가?

① $(766)_{16}$ ② $(AF6)_{16}$ ③ $(1F6)_{16}$ ④ $(FB0)_{16}$

3.3 다음 MATLAB의 내장함수 중 사용이 불가능한 것을 찾아라.

① **bin2dec** ② **oct2dec** ③ **dec2hex**
④ **hex2dec** ⑤ **dec2base**

3.4 다음 중 기계 입실론 ε에 대한 설명으로 틀린 것은 무엇인가?

① 컴퓨터로 계산할 때 정밀도를 나타내는 인자이다.
② 1보다 큰 수를 표현하는 데 필요한 소수점 이하의 자릿수다.
③ 연산에서 1보다는 크면서 가장 작은 부동 소수 fl과 ε의 관계는 $\varepsilon = 1 - fl$이다.
④ 컴퓨터 내부에서 표현할 수 있는 모든 수를 정확하게 측정하는 데 유용하다.

3.5 10진 정수 1000의 가능한 유효숫자의 자릿수가 아닌 것을 골라라.

① 한 자리 ② 두 자리 ③ 세 자리 ④ 네 자리

CHAPTER

03 연습문제

3.1 MATLAB을 이용하여 2진 정수 101011을 10진 정수로 변환하라. 또 반대로 10진 정수 43을 2진 정수로 변환하라.

3.2 비트의 특성을 이용하여 16진수 값을 표로 나타내고 2진 정수 $(11100)_2$를 16진수로 변환하라.

3.3 MATLAB의 내장함수 **dec2base**와 **base2dec**를 이용하여 10진 정수 28을 8진수로 변환하라. 또 반대로 8진수 34_8을 10진 정수로 변환하라.

3.4 10진 부동 소수점 수 43.3125을 손으로 계산하여 2진 부동 소수점 수로 변환하라. 그리고 MATLAB을 이용해서 확인하라.

3.5 2진 부동 소수점 수 $(10.0011)_2$와 $(1.11101)_2$를 10진 부동 소수점 수로 변환한 뒤에 덧셈을 실행하라. MATLAB을 이용하여 결과를 확인하라.

3.6 2진 소수 $(1.0\overline{1001})_2$를 10진 소수로 변환하라.

3.7 숫자의 2진수 표시는 $x = \sigma \cdot \bar{x} \cdot 2^e$과 같이 나타낸다. $111_2 + 11_2 + 1_2 + 0.1_2$의 덧셈 계산을 잘라버리기와 끝수처리로 계산하라. 필요한 모든 계산 과정을 보이고 소수점 세 자리까지 표시하라.

3.8 다음 계산을 3비트 2진 컴퓨터로 계산한다고 가정한다.

$$5+4+3+2+1$$

(a) 잘라버리기를 이용하여 왼쪽에서 오른쪽 방향으로 덧셈을 실행하라.

(b) 잘라버리기를 이용하여 오른쪽에서 왼쪽 방향으로 덧셈을 실행하라.

3.9 다음 계산을 2비트 2진 컴퓨터로 계산한다고 가정한다.

$$\overbrace{1+1+\cdots+1}^{10}$$

(a) 잘라버리기를 이용하여 왼쪽에서 오른쪽 방향으로 덧셈을 실행하라.

(b) 잘라버리기를 이용하여 오른쪽에서 왼쪽 방향으로 덧셈을 실행하라.

3.10 유효숫자 다섯 자리, 지수의 최소 정숫값 -15, 최대 정숫값 30과 끝수처리 기능이 있는 컴퓨터가 있다.

(a) 부동 소수점 수 $x_1 = 1.673534 \times 10^{-19}$과 $x_2 = 6.0221673 \times 10^{21}$의 근삿값을 주어진 조건에 맞추어서 계산하라.

(b) 절대 오차와 상대 오차를 구하라.

3.11 MATLAB을 이용하여 [연습문제 3.10]의 x_2에 대한 절대 오차와 상대 오차를 구하라.

3.12 방정식 $ax^2+bx+c=0$의 근을 구하기 위해 보편적으로 사용하는 공식은 다음과 같다.

$$x_{1,2} = \frac{-b \pm \sqrt{b^2-4ac}}{2a} \tag{1}$$

식 (1)의 분자와 분모에 $-b \mp \sqrt{b^2-4ac}$를 곱하면 다음과 같은 공식을 얻는다.

$$x_{1,2} = \frac{-2c}{b \pm \sqrt{b^2-4ac}} \tag{2}$$

세 자리 유효숫자로 끝수처리 연산을 실행하는 컴퓨터로 식 (1)과 식 (2)를 각각 사용하여 이차방정식 $x^2-15x+1=0$의 근을 계산하고, 계산된 두 쌍의 근에 대한 결과를 설명하라.

CHAPTER

04

선형시스템의 풀이

Solution of Linear System

2장에서는 MATLAB을 응용하여 선형방정식을 풀어보았다. 이 장에서는 수치해석에서 선형시스템을 다루는 다양한 방법을 익히고자 한다. 선형시스템은 수치해석의 기초가 되므로 정확하고 안정적으로 해답을 구하는 것이 중요하다.

4.1절에서는 행렬 표시법을 이용하여 선형방정식을 행렬방정식으로 변환시키는 방법을 배우고, 4.2절에서는 행렬에 대한 기본 연산, 역행렬 연산, 기본행 연산을 배울 것이다. 4.3절에서는 가우스 소거법 중 자리바꿈을 이용하는 피봇팅과 피봇팅을 이용하지 않는 방법으로 미지수의 해를 구해본다. 4.4절에서는 가우스 소거법을 기반으로 역행렬을 구하는 방법인 가우스 조르단 소거법을 학습한다. 4.5절에서는 가우스 소거법의 느린 실행 속도를 보완하기 위해 상하행렬 분해를 배운다.

CONTENTS

SECTION 4.1 선형방정식

방정식 $4x_1 + x_2 - 6x_3 = 32$는 각각의 항이 상수와 미지의 단일 변수 x_1, x_2, x_3의 곱으로 이루어져 있다. 이를 **선형방정식**이라고 한다. 그러나 주어진 선형방정식만으로는 미지의 변수 세 개를 풀 수 없다.

일반적으로 선형방정식이 미지수 n개를 포함한다면, 방정식도 n개가 필요하다. 위에서 주어진 선형방정식을 포함하여 다음과 같이 선형방정식 세 개가 주어질 때, 변수 세 개를 모두 구할 수 있다.

$$\begin{aligned} 4x_1 + x_2 - 6x_3 &= 32 \\ 5x_1 + 2x_2 + 3x_3 &= 10 \\ -2x_1 + 3x_2 + 5x_3 &= -15 \end{aligned}$$

가감법, 대입법, 등치법 중 하나를 이용하여 미지수를 풀면 다음과 같이 유일한 해 세 개를 얻는다.

$$x_1 = 3, \quad x_2 = 2, \quad x_3 = -3$$

위에서 제시한 선형방정식 세 개와 해 세 개를 다시 배열 형태로 단순화시키면 다음과 같다. 이와 같이 표시된 배열은 각각의 선형방정식과 해를 완벽하게 명시한다.

$$\mathbf{A} = \begin{bmatrix} 4 & 1 & -6 \\ 5 & 2 & 3 \\ -2 & 3 & 5 \end{bmatrix}, \quad \mathbf{c} = \begin{bmatrix} 32 \\ 10 \\ -15 \end{bmatrix}, \quad \mathbf{x} = \begin{bmatrix} 3 \\ 2 \\ -3 \end{bmatrix}$$

배열 **A**에서 가로줄은 행(row)이라고 하고 세로줄은 열(column)이라고 한다. **A**처럼 가로줄과 세로줄이 여러 개인 것을 **행렬**(matrix)이라고 하고, **c**와 **x**처럼 열이 하나인 행렬을 **열벡터**, 반대로 행이 하나인 행렬은 **행벡터**라고 한다.

행렬 표시법을 이용하면 여러 개의 선형방정식을 하나의 행렬방정식으로 표현할 수 있다. 선형방정식을 행렬 형태로 표시하는 방법은 임의의 값을 가진 변수들을 응용하여 소프트웨어를 개발하는 데 유용하게 사용된다.

선형시스템은 다음과 같이 표현할 수도 있다(여기서 선형시스템 혹은 선형방정식의 시스템이란 같은 변수를 표시하는 각기 다른 선형방정식의 모음을 말한다).

$$\mathbf{A}\mathbf{x} = \mathbf{c} \tag{4.1}$$

여기서 $\mathbf{Ax}$는 행렬-벡터의 곱을 나타낸다. 식 (4.1)의 선형시스템은 비선형시스템을 수치적으로 해석하고, 미분방정식과 적분방정식 및 최적화 문제를 푸는 등 응용 수학 부분에서 광범위하게 사용된다.

선형방정식 n개와 변수 n개($x_1, x_2, \cdots, x_n$)를 가진 시스템을 배열 형태로 일반화시키면 다음과 같다.

$$\mathbf{A} = \begin{bmatrix} a_{11} & a_{12} & \cdots & a_{1n} \\ a_{21} & a_{22} & \ddots & a_{2n} \\ \vdots & \ddots & \ddots & \vdots \\ a_{n1} & a_{n2} & \cdots & a_{nn} \end{bmatrix}, \quad \mathbf{c} = \begin{bmatrix} c_1 \\ c_2 \\ \vdots \\ c_n \end{bmatrix}, \quad \mathbf{x} = \begin{bmatrix} x_1 \\ x_2 \\ \vdots \\ x_n \end{bmatrix} \tag{4.2}$$

이를 다시 행렬-벡터의 곱셈 형태인 $\mathbf{Ax} = \mathbf{c}$로 표시하면 다음과 같다.

$$\begin{aligned} a_{11}x_1 + a_{12}x_2 + \cdots + a_{1n}x_n &= c_1 \\ a_{21}x_1 + a_{22}x_2 + \cdots + a_{2n}x_n &= c_2 \\ &\vdots \\ &\vdots \\ a_{n1}x_1 + a_{n2}x_2 + \cdots + a_{nn}x_n &= c_n \end{aligned} \tag{4.3}$$

열벡터 $\mathbf{c}$는 식 (4.1)의 상수만을 표시한다. 이때 열벡터 $\mathbf{c}$의 모든 원소들이 0인 경우를 **동차**(homogeneous) **선형시스템**이라고 한다. 동차 선형시스템 $\mathbf{Ax} = 0$은 $\mathbf{x} = 0$을 만족하는 $x_1 = x_2 = \cdots = x_n = 0$ 값만 갖는다.

SECTION 4.2 행렬 연산

4.2절에서는 행렬에 대한 기본적인 덧셈과 곱셈 연산을 포함하여 역행렬 연산과 기본행 연산을 배운다.

4.2.1 행렬 덧셈 연산

행렬은 실수 혹은 복소수를 직사각형 배열로 표시하며, 행이 m개, 열이 n개인 행렬 $\mathbf{A}$의 형태는 일반적으로 다음과 같이 나타낸다. 행렬 $\mathbf{A}$를 간략하게 $m \times n$ 행렬이라고 한다.

$$\mathbf{A} = \begin{bmatrix} a_{11} & \cdots & a_{1n} \\ \vdots & \ddots & \vdots \\ a_{m1} & \cdots & a_{mn} \end{bmatrix} \tag{4.4}$$

행렬 $\mathbf{A}$의 행과 열이 서로 바뀐 행렬을 **전치행렬**(transposed matrix)이라고 하고, $\mathbf{A}^T$로 표시한다. 전치행렬 $\mathbf{A}^T$의 크기는 $n \times m$이다.

$$\mathbf{A}^T = \begin{bmatrix} a_{11} & \cdots & a_{m1} \\ \vdots & \ddots & \vdots \\ a_{1n} & \cdots & a_{mn} \end{bmatrix} \tag{4.5}$$

$m \times n$ 행렬 $\mathbf{A}$와 $\mathbf{B}$를 더해보자. 행렬의 덧셈 연산은 행렬 $\mathbf{A}$와 $\mathbf{B}$에서 같은 위치에 있는 원소들을 각각 더하면 된다. 연산된 행렬 $\mathbf{C}$의 크기도 $m \times n$이다.

$$\mathbf{C} = \mathbf{A} + \mathbf{B}$$
$$\begin{bmatrix} c_{11} & \cdots & c_{1n} \\ \vdots & \ddots & \vdots \\ c_{m1} & \cdots & c_{mn} \end{bmatrix} = \begin{bmatrix} a_{11}+b_{11} & \cdots & a_{1n}+b_{1n} \\ \vdots & \ddots & \vdots \\ a_{m1}+b_{m1} & \cdots & a_{mn}+b_{mn} \end{bmatrix} \tag{4.6}$$

행렬의 덧셈은 교환법칙(commutative rule)이 성립하기 때문에 행렬 $\mathbf{A}$와 $\mathbf{B}$의 덧셈 순서를 바꾼 $\mathbf{C} = \mathbf{B} + \mathbf{A}$의 연산도 식 (4.6)과 동일하다. 모든 원소가 0인 $m \times n$ 행렬을 **영행렬**(zero matrix)이라고 한다. 영행렬의 표기 방법은 $\mathbf{0}_{m \times n}$이지만, 간략하게 $\mathbf{0}$으로 표기한다. 영행렬은 행렬 덧셈의 항등원이다. $m \times n$ 행렬 $\mathbf{A}$와 $\mathbf{B}$를 덧셈하여 얻은 결과가 영행렬이면, 행렬 $\mathbf{B}$는 행렬 $\mathbf{A}$의 모든 원소가 음의 값을 갖는 행렬 $-\mathbf{A}$이다.

예제 4-1 전치행렬과 뺄셈 연산

행렬 A와 B가 다음과 같다. 전치행렬 A^T를 구하고 $D = A^T - B$를 구하라.

$$A = \begin{bmatrix} -1 & 4 & 1 & 2 \\ 2 & -2 & 3 & 5 \\ 3 & 1 & 2 & 0 \end{bmatrix}, \quad B = \begin{bmatrix} 1 & -1 & 4 \\ 2 & 0 & 1 \\ 3 & 5 & 0 \\ 4 & 6 & -2 \end{bmatrix}$$

풀이

A^T를 구하면 다음과 같다. 주어진 행렬 A의 행과 열을 서로 바꾸면 3×4 행렬은 4×3 행렬이 된다.

$$A^T = \begin{bmatrix} -1 & 2 & 3 \\ 4 & -2 & 1 \\ 1 & 3 & 2 \\ 2 & 5 & 0 \end{bmatrix}$$

전치행렬 A^T에서 같은 자리에 있는 행렬 B의 원소를 빼면 다음과 같다.

$$D = \begin{bmatrix} -1-1 & 2-(-1) & 3-4 \\ 4-2 & -2-0 & 1-1 \\ 1-3 & 3-5 & 2-0 \\ 2-4 & 5-6 & 0-(-2) \end{bmatrix} = \begin{bmatrix} -2 & 3 & -1 \\ 2 & -2 & 0 \\ -2 & -2 & 2 \\ -2 & -1 & 2 \end{bmatrix}$$

MATLAB 4-1 [예제 4-1]의 검증

MATLAB을 이용하여 [예제 4-1]의 결과를 확인하라.

풀이

[그림 4-1]은 MATLAB 실행 결과 화면이다. 전치행렬을 표시하는 윗첨자 T는 MATLAB에서 사용 가능한 아포스트로피를 사용했다.

```
Command Window
>> A = [-1 4 1 2;2 -2 3 5;3 1 2 0];
>> A'
ans =
    -1     2     3
     4    -2     1
     1     3     2
     2     5     0
>> B = [1 -1 4;2 0 1;3 5 0;4 6 -2];
>> D = A'-B
D =
    -2     3    -1
     2    -2     0
    -2    -2     2
    -2    -1     2
```

[그림 4-1] 실행 결과

4.2.2 행렬 곱셈 연산

먼저 식 (4.4)의 행렬 $\mathbf{A}$에 임의의 상수 α를 곱해보자. 행렬의 곱셈 연산은 각각의 원소에 상수 α를 곱하는 것과 같다.

$$\alpha\begin{bmatrix} a_{11} & \cdots & a_{1n} \\ \vdots & \ddots & \vdots \\ a_{m1} & \cdots & a_{mn} \end{bmatrix} = \begin{bmatrix} \alpha a_{11} & \cdots & \alpha a_{1n} \\ \vdots & \ddots & \vdots \\ \alpha a_{m1} & \cdots & \alpha a_{mn} \end{bmatrix}$$

다음으로 행렬과 행렬을 곱해보자. 상수와 행렬의 곱셈과 다르게 다소 복잡한 형태이다. 행렬 $\mathbf{A}$와 행렬 $\mathbf{B}$의 곱셈 연산은 앞쪽 행렬 $\mathbf{A}$의 열의 수와 뒤쪽 행렬 $\mathbf{B}$의 행의 수가 같은 경우에만 가능하다. 예를 들면 $m \neq n$일 때, $m \times n$ 행렬 $\mathbf{A}$와 $m \times n$ 행렬 $\mathbf{B}$의 곱셈 연산 $\mathbf{AB}$는 불가능하다. 행렬 $\mathbf{A}$의 열의 수 n과 행렬 $\mathbf{B}$의 행의 수 m이 같지 않기 때문이다. $m \times n$행렬 $\mathbf{A}$와 $n \times p$ 행렬 $\mathbf{B}$의 곱셈 연산 $\mathbf{C} = \mathbf{AB}$는 가능하다. 곱셈 연산의 결과인 $\mathbf{C}$의 크기는 앞쪽 행렬 $\mathbf{A}$의 행의 수와 뒤쪽 행렬 $\mathbf{B}$의 열의 수로 표시된 $m \times p$다. 곱셈 연산의 수식은 다음과 같다.

$$\begin{aligned} \mathbf{C}_{ij} &= \mathbf{A}_{i*}\mathbf{B}_{*j} \\ &= \begin{bmatrix} a_{i1} & a_{i2} & \cdots & a_{in} \end{bmatrix}\begin{bmatrix} b_{1j} \\ b_{2j} \\ \vdots \\ b_{nj} \end{bmatrix} && (4.7) \\ &= a_{i1}b_{1j} + a_{i2}b_{2j} + \cdots + a_{in}b_{nj} && (4.8) \end{aligned}$$

식 (4.7)을 실행하면 선형시스템 수식 $\mathbf{Ax} = \mathbf{c}$를 얻을 수 있다.

$$\begin{bmatrix} a_{11} & \cdots & a_{1n} \\ \vdots & \ddots & \vdots \\ a_{m1} & \cdots & a_{mn} \end{bmatrix}\begin{bmatrix} x_1 \\ \vdots \\ x_n \end{bmatrix} = \begin{bmatrix} a_{11}x_1 + \cdots + a_{1n}x_n \\ \vdots \\ a_{m1}x_1 + \cdots + a_{mn}x_n \end{bmatrix}$$

$$\begin{aligned} a_{11}x_1 + \cdots + a_{1n}x_n &= c_1 \\ &\vdots \\ a_{m1}x_1 + \cdots + a_{mn}x_n &= c_n \end{aligned}$$

이때 행과 열의 크기 또는 차원이 같은, 즉 $m = n$인 행렬을 **정방행렬**(square matrix)이라고 한다. $n \times n$ 정방행렬의 주대각선에 위치한 모든 원소가 1이고 나머지 원소는 0인 행렬을 **단위행렬**(identity matrix)이라고 한다. $n \times n$ 단위행렬은 $\mathbf{I}_n$으로 표기하지만 보통 간략하게 $\mathbf{I}$라고 표기한다. 단위행렬 $\mathbf{I}$는 기본 연산에서 사용하는 1과 같은 개념이다. 단위행렬의 일반적인 형태는 다음과 같다.

$$\mathbf{I}_n = \begin{bmatrix} 1 & 0 & \cdots & 0 \\ 0 & 1 & & 0 \\ \vdots & & \ddots & \vdots \\ 0 & \cdots & & 1 \end{bmatrix}$$

예제 4-2 행렬 곱셈 연산

행렬 A와 B가 다음과 같다. 곱셈 연산 $M_1 = AB$와 $M_2 = A^T B$를 구하라.

$$A = \begin{bmatrix} -1 & 4 \\ 2 & -2 \\ 3 & 1 \end{bmatrix}, \quad B = \begin{bmatrix} 1 & -1 & 4 \\ 2 & 0 & 1 \end{bmatrix}$$

풀이

손으로 직접 계산하면 3×2 행렬 A와 2×3 행렬 B의 곱셈 연산으로 다음과 같은 새로운 3×3 행렬을 얻는다.

$$M_1 = \begin{bmatrix} (-1)(1)+\ (4)(2) & (-1)(-1)+\ (4)(0) & (-1)(4)+\ (4)(1) \\ (2)(1)+(-2)(2) & (2)(-1)+(-2)(0) & (2)(4)+(-2)(1) \\ (3)(1)+\ (1)(2) & (3)(-1)+\ (1)(0) & (3)(4)+\ (1)(1) \end{bmatrix} = \begin{bmatrix} 7 & 1 & 0 \\ -2 & -2 & 6 \\ 5 & -3 & 13 \end{bmatrix}$$

주어진 행렬 A의 행과 열을 서로 바꾸면 전치행렬 A^T는 2×3 행렬이 되어 열의 수가 2×3 행렬 B의 행의 수와 동일하지 않기 때문에 곱셈 연산 $A^T B$은 구할 수 없다.

예제 4-3 교환 법칙이 성립하지 않는 행렬 곱셈 연산

행렬 A와 B가 다음과 같다. 곱셈 연산 $M_1 = AB$와 $M_2 = BA$를 구하라.

$$A = \begin{bmatrix} -1 & 4 \\ 3 & 1 \end{bmatrix}, \quad B = \begin{bmatrix} 1 & -1 \\ 2 & 0 \end{bmatrix}$$

풀이

손으로 직접 계산하면 곱셈 연산은 다음과 같다.

$$M_1 = \begin{bmatrix} -1 & 4 \\ 3 & 1 \end{bmatrix}\begin{bmatrix} 1 & -1 \\ 2 & 0 \end{bmatrix} = \begin{bmatrix} (-1)(1)+(4)(2) & (-1)(-1)+(4)(0) \\ (3)(1)+(1)(2) & (3)(-1)+(1)(0) \end{bmatrix} = \begin{bmatrix} 7 & 1 \\ 5 & -3 \end{bmatrix}$$

$$M_2 = \begin{bmatrix} 1 & -1 \\ 2 & 0 \end{bmatrix}\begin{bmatrix} -1 & 4 \\ 3 & 1 \end{bmatrix} = \begin{bmatrix} (1)(-1)+(-1)(3) & (1)(4)+(-1)(1) \\ (2)(-1)+\ (0)(3) & (2)(4)+\ (0)(1) \end{bmatrix} = \begin{bmatrix} -4 & 3 \\ -2 & 8 \end{bmatrix}$$

행렬 A와 B의 곱셈은 교환법칙이 성립하지 않는다. 즉 $AB \neq BA$이다.

MATLAB 4-2 [예제 4-3]의 검증

MATLAB을 이용하여 [예제 4-3]의 결과를 확인하라.

풀이

[그림 4-2]와 같이 MATLAB을 이용한 행렬의 곱셈에서는 반드시 곱셈 연산자 *를 이용해야 한다.

```
>> A = [-1 4;3 1];
>> B = [1 -1;2 0];
>> M1 = AB
Unrecognized function or variable 'AB'.
>> M2 = A*B
M2 =
     7     1
     5    -3
>> M2 = B*A
M2 =
    -4     3
    -2     8
```

[그림 4-2] 실행 결과

행렬은 크기가 작은 행렬들이 모여서 구성될 수도 있고, 크기가 큰 행렬을 여러 개의 작은 행렬로 나눌 수도 있다. 예로, 다음의 3×3 정방행렬 $\mathbf{A}$는 작은 행렬 네 개로 분할할 수 있다. 이처럼 양방향, 수직선, 수평선 방향 등 여러 부분으로 나누어진 행렬을 **분할행렬**(partitioned matrix)이라고 한다.

$$\mathbf{A}=\begin{bmatrix}7&1&0\\-2&-2&6\\5&-3&13\end{bmatrix}=\begin{bmatrix}\mathbf{b}&\mathbf{C}\\d&\mathbf{e}\end{bmatrix}\ \rightarrow\ \mathbf{b}=\begin{bmatrix}7\\-2\end{bmatrix},\quad \mathbf{C}=\begin{bmatrix}1&0\\-2&6\end{bmatrix},\quad d=5,\quad \mathbf{e}=[-3\ \ 13]$$

4.2.3 역행렬 연산

앞서 언급한 식 (4.1), $\mathbf{Ax}=\mathbf{c}$는 선형시스템을 행렬방정식으로 전환시킨 것으로, $\mathbf{x}$에 대한 해를 구하려면 상수 벡터 $\mathbf{c}$를 행렬 $\mathbf{A}$로 나누어야 한다. 행렬 $\mathbf{A}$가 분모 위치에 놓여 $\left(\dfrac{\mathbf{c}}{\mathbf{A}}\right)$ $\mathbf{A}^{-1}$로 표시할 수 있는데, 이를 행렬 $\mathbf{A}$의 **역행렬**(inverse matrix)이라고 한다. 행렬과 역행렬의 관계는 다음과 같이 단위행렬을 이용하면 쉽게 이해할 수 있다.

$$\mathbf{A}^{-1}\mathbf{A}=\mathbf{A}\mathbf{A}^{-1}=\mathbf{I} \tag{4.9}$$

식 $\mathbf{Ax}=\mathbf{c}$의 양변에 역행렬 $\mathbf{A}^{-1}$을 곱하고 식 (4.9)를 이용하면 $\mathbf{A}^{-1}\mathbf{Ax}=\mathbf{A}^{-1}\mathbf{c}$, $\mathbf{A}^{-1}\mathbf{Ax}=\mathbf{Ix}=\mathbf{x}$이므로, 다음과 같이 $\mathbf{x}$에 대한 해를 구할 수 있다.

$$\mathbf{x}=\mathbf{A}^{-1}\mathbf{c} \tag{4.10}$$

행렬식(determinant)은 행과 열의 수가 같은 정방행렬에 수를 대응시킨 함수로서, 기호 $|\mathbf{A}|$ 또는 $\det(\mathbf{A})$로 나타낸다. 그러므로 식 (4.10)에서 행렬 $\mathbf{A}$의 역행렬 $\mathbf{A}^{-1}$이 존재하려면 행렬 $\mathbf{A}$는 반드시 정방행렬과 행렬식의 값이 0이 아닌 $|\mathbf{A}|\neq 0$, 즉 **정칙행렬**(nonsingular matrix)이어야 한다. 행렬식의 값이 0인 $|\mathbf{A}|=0$, 즉 **비정칙행렬**(singular matrix)은 역행렬은 가질 수 없다.

주어진 $\mathbf{A}$ 의 역행렬을 구하기 위해서는 다음 과정이 필요하다.

$$\mathbf{A}=\begin{bmatrix} a_{11} & a_{12} & a_{13} \\ a_{21} & a_{22} & a_{23} \\ a_{31} & a_{32} & a_{33} \end{bmatrix}$$

❶ 정칙행렬 조건을 만족하는 $\mathbf{A}$ 의 행렬식을 구한다.

$$\det(\mathbf{A})=a_{11}a_{22}a_{33}+a_{12}a_{23}a_{31}+a_{13}a_{32}a_{21}-a_{13}a_{22}a_{31}-a_{12}a_{21}a_{33}-a_{11}a_{32}a_{23}\neq 0$$

❷ a_{11} 이 포함되는 행과 열을 제외한 나머지 원소만으로 2×2 크기의 새로운 행렬에 대한 행렬식을 만들고 M_{11} 로 지정한다. 이를 a_{11} 에 대한 **소행렬식**(minor)이라고 한다. 같은 방법으로 나머지 원소들에 대한 소행렬식을 구한다.

$$\det(M_{11})=\begin{vmatrix} a_{22} & a_{23} \\ a_{32} & a_{33} \end{vmatrix}=a_{22}a_{33}-a_{23}a_{32}$$

❸ a_{11} 자리에 M_{11} 값을 지정하고 다른 자리에도 소행렬식 방법으로 구한 나머지 값을 지정한 뒤 행과 열을 전치시킨다. 이렇게 구한 행렬을 행렬 $\mathbf{A}$ 에 대한 **수반행렬**(adjoint)이라고 하고 $\mathrm{Adj}(\mathbf{A})$ 로 표시한다.

$$\mathrm{Adj}(\mathbf{A})=\begin{bmatrix} M_{11} & M_{12} & M_{13} \\ M_{21} & M_{22} & M_{23} \\ M_{31} & M_{32} & M_{33} \end{bmatrix}^T=\begin{bmatrix} M_{11} & M_{21} & M_{31} \\ M_{12} & M_{22} & M_{32} \\ M_{13} & M_{23} & M_{33} \end{bmatrix}$$

❹ 수반행렬의 **여인자**(cofactor)를 지정한다. 여인자는 행과 열의 수를 더한 결과가 짝수이면 양의 부호 (+)를 붙이고, 홀수이면 음의 부호 (-)를 지정하는 것을 말한다.

$$\begin{bmatrix} +\mathrm{M}_{11} & -\mathrm{M}_{21} & +\mathrm{M}_{31} \\ -\mathrm{M}_{12} & +\mathrm{M}_{22} & -\mathrm{M}_{32} \\ +\mathrm{M}_{13} & -\mathrm{M}_{23} & +\mathrm{M}_{33} \end{bmatrix}$$

❺ 과정 ❹에서 구한 행렬을 과정 ❶에서 구한 $\mathbf{A}$ 의 행렬식으로 나누면 최종적으로 $\mathbf{A}$ 의 역행렬 $\mathbf{A}^{-1}$를 얻는다.

$$\mathbf{A}^{-1}=\frac{1}{\det(\mathbf{A})}\begin{bmatrix} +\mathrm{M}_{11} & -\mathrm{M}_{21} & +\mathrm{M}_{31} \\ -\mathrm{M}_{12} & +\mathrm{M}_{22} & -\mathrm{M}_{32} \\ +\mathrm{M}_{13} & -\mathrm{M}_{23} & +\mathrm{M}_{33} \end{bmatrix}$$

이런 과정으로 구한 역행렬 $\mathbf{A}^{-1}$를 3행 1열 상수 벡터 $\mathbf{c}$에 곱하면 선형방정식의 해 $\mathbf{x}$를 구할 수 있다.

예제 4-4 **역행렬 계산**

다음 행렬의 역행렬을 구하라.

(a) $\mathbf{A}=\begin{bmatrix} 6 & -4 \\ -3 & 2 \end{bmatrix}$　　　(b) $\mathbf{B}=\begin{bmatrix} -1 & 3 & 4 \\ -1 & 1 & 2 \\ 3 & -1 & 1 \end{bmatrix}$

풀이

(a) 행렬 **A**

행렬식의 값이 0인 비정칙행렬이므로 역행렬을 구할 수 없다.

$$\det(\mathbf{A})=(6)(2)-(-4)(-3)=0$$

(b) 행렬 **B**

❶ 행렬식의 값이 0이 아닌 정칙행렬이므로 역행렬 연산이 가능하다.

$$\begin{aligned}\det(\mathbf{B})&=(-1)(1)(1)+(3)(2)(3)+(4)(-1)(-1)-(4)(1)(3)-(3)(-1)(1)-(-1)(-1)(2)\\&=10\end{aligned}$$

❷ 소행렬식을 구하면 다음과 같다.

$$M_{11}=\begin{vmatrix} 1 & 2 \\ -1 & 1 \end{vmatrix}=3,\quad M_{12}=\begin{vmatrix} -1 & 2 \\ 3 & 1 \end{vmatrix}=-7,\quad M_{13}=\begin{vmatrix} -1 & 1 \\ 3 & -1 \end{vmatrix}=-2$$

$$M_{21}=\begin{vmatrix} 3 & 4 \\ -1 & 1 \end{vmatrix}=7,\quad M_{22}=\begin{vmatrix} -1 & 4 \\ 3 & 1 \end{vmatrix}=-13,\quad M_{23}=\begin{vmatrix} -1 & 3 \\ 3 & -1 \end{vmatrix}=-8$$

$$M_{31}=\begin{vmatrix} 3 & 4 \\ 1 & 2 \end{vmatrix}=2,\quad M_{32}=\begin{vmatrix} -1 & 3 \\ -1 & 1 \end{vmatrix}=2,\quad M_{33}=\begin{vmatrix} -1 & 3 \\ -1 & 1 \end{vmatrix}=2$$

❸ 수반행렬을 구한다.

$$\text{Adj}(\mathbf{B})=\begin{bmatrix} 3 & -7 & -2 \\ 7 & -13 & -8 \\ 2 & 2 & 2 \end{bmatrix}^T=\begin{bmatrix} 3 & 7 & 2 \\ -7 & -13 & 2 \\ -2 & -8 & 2 \end{bmatrix}$$

❹ 여인자를 지정한다.

$$\begin{bmatrix} +(3) & -(7) & +(2) \\ -(-7) & +(13) & -(2) \\ +(-2) & -(-8) & +(2) \end{bmatrix}=\begin{bmatrix} 3 & -7 & 2 \\ 7 & -13 & -2 \\ -2 & 8 & 2 \end{bmatrix}$$

❺ 역행렬을 구한다.

$$\mathbf{B}^{-1}=\frac{1}{10}\begin{bmatrix} 3 & -7 & 2 \\ 7 & -13 & -2 \\ -2 & 8 & 2 \end{bmatrix}=\begin{bmatrix} 0.3 & -0.7 & 0.2 \\ 0.7 & -1.3 & -0.2 \\ -0.2 & 0.8 & 0.2 \end{bmatrix}$$

MATLAB 4-3 [예제 4-4]의 검증

MATLAB을 이용하여 [예제 4-4]의 결과를 확인하라.

풀이

(a) [그림 4-3]은 행렬 **A**에 대한 MATLAB 역행렬 연산 결과이다. 2장에서 학습했듯이 MATLAB의 행렬식 명령어는 **det**(**A**)이고, 역행렬 명령어는 **inv**(**A**)이다. 행렬 **A**에 대한 MATLAB 역행렬 연산은 행렬식이 0이 되어 역행렬을 결정할 수 없다. MATLAB 명령어 **inv**(**A**)를 실행하면 경고 메시지에 영문으로 'Matrix is singular', 즉 비정칙행렬임을 나타낸다.

```
Command Window
>> A = [6 -4;-3 2];
>> det(A)
ans =
      0
>> inv(A)
Warning: Matrix is singular to working precision.

ans =
   Inf    Inf
   Inf    Inf
```

[그림 4-3] 실행 결과 : 행렬 **A**의 역행렬(비정칙행렬)

(b) [그림 4-4]는 행렬 **B**에 대한 MATLAB 역행렬 연산 결과이다.

```
Command Window
>> B = [-1 3 4;-1 1 2;3 -1 1];
>> det(B)
ans =
    10
>> inv(B)
ans =
    0.3000   -0.7000    0.2000
    0.7000   -1.3000   -0.2000
   -0.2000    0.8000    0.2000
```

[그림 4-4] 실행 결과 : 행렬 **B**의 역행렬(정칙행렬)

그 외 크래머(Cramer) 법칙을 이용하여 선형시스템을 풀 수 있는 방법을 [예제 4-5]로 확인해보자.

예제 4-5 **크래머 법칙**

다음과 같은 선형방정식이 있다. 선형방정식의 해 세 개를 크래머 법칙을 이용하여 계산하라.

$$\begin{aligned} 6x_1 + 2x_2 - 7x_3 &= 55 \\ 9x_1 + 5x_2 + 4x_3 &= 43 \\ -5x_1 - 3x_2 + 6x_3 &= -49 \end{aligned}$$

풀이

선형방정식 세 개, 변수 세 개(x_1, x_2, x_3)인 선형시스템을 배열 형태로 일반화시키면 다음과 같다.

$$\mathbf{A} = \begin{bmatrix} 6 & 2 & -7 \\ 9 & 5 & 4 \\ -5 & -3 & 6 \end{bmatrix}, \quad \mathbf{c} = \begin{bmatrix} 55 \\ 43 \\ -49 \end{bmatrix}, \quad \mathbf{x} = \begin{bmatrix} x_1 \\ x_2 \\ x_3 \end{bmatrix}$$

행렬 $\mathbf{A}$의 행렬식을 구하면

$$|D| = \begin{vmatrix} 6 & 2 & -7 \\ 9 & 5 & 4 \\ -5 & -3 & 6 \end{vmatrix}$$

$$|D| = (6)(5)(6) + (2)(4)(-5) + (-7)(-3)(9) - (-7)(5)(-5) - (2)(9)(6) - (6)(4)(-3) = 118$$

이 되고, 상수 벡터 $\mathbf{c}$를 차례대로 행렬식의 각 열에 대입하면 다음과 같다.

$$|D_1| = \begin{vmatrix} 55 & 2 & -7 \\ 43 & 5 & 4 \\ -49 & -3 & 6 \end{vmatrix} = 590, \quad |D_2| = \begin{vmatrix} 6 & 55 & -7 \\ 9 & 43 & 4 \\ -5 & -49 & 6 \end{vmatrix} = 236, \quad |D_3| = \begin{vmatrix} 6 & 2 & 55 \\ 9 & 5 & 43 \\ -5 & -3 & -49 \end{vmatrix} = -354$$

크래머 법칙을 이용한 각각의 해는 다음과 같이 구할 수 있다.

$$x_1 = \frac{|D_1|}{|D|} = \frac{590}{118} = 5, \quad x_2 = \frac{|D_2|}{|D|} = \frac{236}{118} = 2, \quad x_3 = \frac{|D_3|}{|D|} = \frac{-354}{118} = -3$$

크래머 법칙을 이용하여 두 개의 선형방정식의 해를 구하는 MATLAB의 스크립트 파일은 [그림 4-5]와 같이 작성할 수 있다.

cramer.m

```
A = input('Enter a 2-by-2 matrix A: ');
c = input('Enter a 2-by-1 matrix c: ');
D = det(A);
A1 = [c(:,1),A(:,2)];
A2 = [A(:,1),c(:,1)];
x1 = det(A1)/D;
x2 = det(A2)/D;
disp('x1 = ');
disp(x1)
disp('x2 = ');
disp(x2)
```

[그림 4-5] 크래머 법칙을 이용하여 선형방정식의 해를 구하는 스크립트 파일

[그림 4-5]의 스크립트 파일을 이용하여 다음과 같은 선형방정식

$$5x_1 - 4x_2 = -3$$
$$3x_1 - 2x_2 = 3$$

을 실행한 결과를 [그림 4-6]에서 확인할 수 있다.

```
Command Window
>> cramer
Enter a 2-by-2 matrix A: [5 -4;3 -2];
Enter a 2-by-1 matrix c: [-3;3];
x1 =
    9.0000
x2 =
   12.0000
```

[그림 4-6] 실행 결과

4.2.4 기본행 연산

기본행(elementary row) 연산은 **기본 행렬**(elementary matrix)을 만드는 연산이다. 어떤 행렬에 기본 행렬을 여러 번 곱하여 $n \times n$ 크기의 단위행렬로 만들 수 있다면 역행렬을 구할 수 있다. 기본행 연산은 다음과 같은 과정으로 구한다.

❶ 0이 아닌 상숫값을 한 행에 곱한다.
❷ 한 행의 0이 아닌 배수를 다른 행에 더한다.
❸ 두 행을 서로 교환한다.
❹ $n \times n$ 크기의 단위행렬 형태가 생성될 때까지 필요한 과정을 반복한다.

예를 들어, 3×4 행렬 $\mathbf{E}$에 대해 기본행 연산을 실행해보자.

$$\mathbf{E} = \begin{bmatrix} -1 & 3 & 4 & 4 \\ -1 & 1 & 2 & 2 \\ 3 & -1 & 1 & 1 \end{bmatrix}$$

2행에 -2를 곱하여 1행에 더하고, 3행에 -2를 곱하여 2행에 더한다(이때 곱하는 상숫값, 더하는 행 등에 대한 뚜렷한 공식은 없다. 앞의 과정 ❶ ~ ❹를 이용하여 역행렬 모양을 적절하게 찾는 수밖에 없다. 뒤에 나오는 가우스 소거법에서는 더 규칙적인 방법을 제시한다).

$$\begin{bmatrix} 1 & 1 & 0 & 0 \\ -7 & 3 & 0 & 0 \\ 3 & -1 & 1 & 1 \end{bmatrix}$$

1행에 7을 곱하여 2행에 더하고, 1행에 -3을 곱하여 3행에 더한다.

$$\begin{bmatrix} 1 & 1 & 0 & 0 \\ 0 & 10 & 0 & 0 \\ 0 & -4 & 1 & 1 \end{bmatrix}$$

2행에 $\frac{1}{10}$을 곱한다.

$$\begin{bmatrix} 1 & 1 & 0 & 0 \\ 0 & 1 & 0 & 0 \\ 0 & -4 & 1 & 1 \end{bmatrix}$$

2행에 -1을 곱하여 1행에 더하고, 2행에 4를 곱하여 3행에 더한다.

$$\begin{bmatrix} 1 & 1 & 0 & 0 \\ 0 & 1 & 0 & 0 \\ 0 & 0 & 1 & 1 \end{bmatrix}$$

3×3 크기의 단위행렬이 형성되었으므로 기본행 연산이 완료되었다. 행렬 **E**는 식 (4.1)에서 주어진 3×3 행렬 **A**와 3×1 상수 벡터 **c**를 확장시켜 합친 3×4 형태의 행렬을 나타낸다. 3×3 단위행렬을 제외한 4열의 원소들은 계산된 $x_1=0$, $x_2=0$, $x_3=1$을 각각 표시하고 있다.

예제 4-6 기본행 연산

행렬 **E**에 기본행 연산을 실행해보자.

$$\mathbf{E} = \begin{bmatrix} 3 & 3 & 3 & 1 \\ 2 & 2 & 3 & 1 \\ 1 & 2 & 3 & 1 \end{bmatrix}$$

풀이

2행에 -1을 곱하여 1행에 더하고, 3행에 -1을 곱하여 2행에 더한다.

$$\begin{bmatrix} 1 & 1 & 0 & 0 \\ 1 & 0 & 0 & 0 \\ 1 & 2 & 3 & 1 \end{bmatrix}$$

2행에 -1을 곱하고 1행에 더하고 2행에 -1을 곱하고 3행에 더한다.

$$\begin{bmatrix} 0 & 1 & 0 & 0 \\ 1 & 0 & 0 & 0 \\ 0 & 2 & 3 & 1 \end{bmatrix}$$

1행에 -2를 곱하고 3행에 더한다.

$$\begin{bmatrix} 0 & 1 & 0 & 0 \\ 1 & 0 & 0 & 0 \\ 0 & 0 & 3 & 1 \end{bmatrix}$$

1행과 2행의 자리를 서로 교환한다.

$$\begin{bmatrix} 1 & 0 & 0 & 0 \\ 0 & 1 & 0 & 0 \\ 0 & 0 & 3 & 1 \end{bmatrix}$$

3행에 $\frac{1}{3}$을 곱한다.

$$\begin{bmatrix} 1 & 0 & 0 & 0 \\ 0 & 1 & 0 & 0 \\ 0 & 0 & 1 & \frac{1}{3} \end{bmatrix}$$

3×3 크기의 단위행렬이 형성되었으므로 기본행 연산이 완료되었다.

[예제 4-6]에서 주어진 행렬 $\mathbf{E}$를 선형연립방정식으로 나타내면 다음과 같다.

$$\begin{aligned} 3x_1 + 3x_2 + 3x_3 &= 1 \\ 2x_1 + 2x_2 + 3x_3 &= 1 \\ x_1 + 2x_2 + 3x_3 &= 1 \end{aligned}$$

이를 배열 형태로 변환시키면 다음과 같다.

$$\mathbf{A} = \begin{bmatrix} 3 & 3 & 3 \\ 2 & 2 & 3 \\ 1 & 2 & 3 \end{bmatrix}, \quad \mathbf{c} = \begin{bmatrix} 1 \\ 1 \\ 1 \end{bmatrix}, \quad \mathbf{x} = \begin{bmatrix} x_1 \\ x_2 \\ x_3 \end{bmatrix}$$

[예제 4-6]에서는 행렬 $\mathbf{A}$와 상수 벡터 $\mathbf{c}$를 확장시켜 만든 행렬에 기본행 연산을 실행하여 해를 나타내는 벡터 $\mathbf{x}$를 구했다. 기본행 연산으로 구한 해의 값은 각각 $x_1 = 0$, $x_2 = 0$, $x_3 = \frac{1}{3}$이다. 4.3절에서는 이 기본행 연산을 기초로 사용하는 가우스 소거법을 자세하게 학습할 것이다.

SECTION 4.3 가우스 소거법

수학에서 방정식 n개와 미지수 n개를 나타내는 식 (4.3)과 같은 선형시스템을 풀려면, n번째 방정식에 미지수가 한 개(x_n) 남을 때까지 계속 소거해야 한다. 이러한 방법을 **가우스 소거법**(Gauss elimination)이라고 한다.

4.3.1 순수 가우스 소거법

가우스 소거법은 행렬의 자리바꿈을 이용하는 피봇팅 방법과 피봇팅을 사용하지 않는 방법으로 나뉜다. 피봇팅을 사용하지 않는 가우스 소거법은 피봇팅을 사용하는 방법과 구별하여 **순수 가우스 소거법**이라고 한다.

우선 순수 가우스 소거법의 전체 과정을 살펴보자.

1. **피봇**(pivot) 방정식이라고 부르는 첫 번째 방정식에 적당한 인수를 곱하고 다른 방정식의 변수 하나를 소거하기 위해서 더하거나 빼준다. 같은 피봇 방정식을 이용하여 나머지 방정식에도 같은 과정을 실행한다. 이러한 과정을 거치면 첫 번째 방정식을 제외하고 나머지 방정식들은 변수 하나가 줄어든 새로운 방정식 세트를 형성한다.
2. 새롭게 형성된 방정식 세트의 첫 번째 방정식을 다시 새로운 피봇 방정식으로 놓고 앞의 과정을 계속 실행한다. 방정식 하나, 변수 하나가 남을 때까지 이 과정을 반복한다. 이 방법은 컴퓨터로 구현하기 적합하여 컴퓨터로 선형방정식을 풀기 위해 고안된 많은 방법의 기초 형태로 이용된다.
3. 변환된 상숫값 c_n을 변환된 x_n의 계수로 나누면 x_n의 해를 구할 수 있다. 이어서 n번째 방정식에서 계산된 x_n 값을 바로 앞 $n-1$번째 방정식에 대입하면 x_{n-1}의 해도 얻을 수 있다. 같은 방법으로 계속 **후진 대입법**(backward substitution)을 실행하면 첫 번째 방정식에서 x_1의 해까지 구할 수 있다.

선형시스템을 일반적인 배열로 변환시킨 식 (4.2)에 대한 가우스 소거법을 살펴보며 $\mathbf{x}$를 구하기 위한 과정을 다시 한 번 살펴보자.

식 (4.2)는 다음과 같다.

$$\mathbf{A}=\begin{bmatrix} a_{11} & a_{12} & \cdots & a_{1n} \\ a_{21} & a_{22} & \ddots & a_{2n} \\ \vdots & \ddots & \ddots & \vdots \\ a_{n1} & a_{n2} & \cdots & a_{nn} \end{bmatrix}, \quad \mathbf{c}=\begin{bmatrix} c_1 \\ c_2 \\ \vdots \\ c_n \end{bmatrix}, \quad \mathbf{x}=\begin{bmatrix} x_1 \\ x_2 \\ \vdots \\ x_n \end{bmatrix}$$

이를 다음과 같이 배열 A와 c를 함께 묶은 **확대행렬**(augmented matrix) 형태로 나타낼 수 있다.

$$\left[\mathbf{A}^{(1)} | \mathbf{c}^{(1)}\right]=\left[\begin{array}{cccc|c} \underline{a_{11}^{(1)}} & a_{12}^{(1)} & \cdots & a_{1n}^{(1)} & c_1^{(1)} \\ a_{21}^{(1)} & a_{22}^{(1)} & \ddots & a_{2n}^{(1)} & c_2^{(1)} \\ \vdots & \ddots & \ddots & \vdots & \vdots \\ a_{n1}^{(1)} & a_{n2}^{(1)} & \cdots & a_{nn}^{(1)} & c_n^{(1)} \end{array}\right] \tag{4.11}$$

식 (4.11)에서 위첨자 (1)은 확대행렬로 변환시킨 후의 초기 원소를 나타낸다. 단계적으로 가우스 소거법을 실행하여 변수를 하나씩 소거할 때마다 위첨자는 (2), (3), …으로 증가할 것이다.

피봇 원소 혹은 **선행계수**(leading coefficient)는 각 행에서 처음 나타나는 0이 아닌 원소를 말한다. 식 (4.11)에서 밑줄 친 1행의 원소 $a_{11}^{(1)}$은 2행부터 n번째 행까지 변수 x_1를 소거할 때 사용하는 피봇 원소이다. 1행의 피봇 원소와 나머지 각 행의 첫 번째 원소의 곱셈 비례는 다음과 같은 **승수**(multiplier)로 구한다.

$$m_{i1}=\frac{a_{i1}^{(1)}}{a_{11}^{(1)}} \quad (i=2, \cdots, n)$$

각 행의 변수 x_1을 차례로 소거시키고, 새로 지정되는 행렬 원소는 다음과 같은 방법으로 계산할 수 있다.

$$\begin{aligned} a_{ij}^{(2)} &= a_{ij}^{(1)} - m_{i1}a_{1j}^{(2)} \quad (j=2, \cdots, n) \\ c_i^{(2)} &= c_i^{(1)} - m_{i1}c_1^{(1)} \end{aligned}$$

여기서 열을 표시하는 지표 j는 1을 포함하지 않는다. 그 이유는

$$a_{i1}^{(2)} = a_{i1}^{(1)} - m_{i1}a_{11}^{(1)} = 0$$

이기 때문이다. 가우스 소거법을 한 번 실행한 뒤 새로운 확대행렬은 다음과 같다.

$$\left[\mathbf{A}^{(2)} | \mathbf{c}^{(2)}\right]=\left[\begin{array}{cccc|c} a_{11}^{(1)} & a_{12}^{(1)} & \cdots & a_{1n}^{(1)} & c_1^{(1)} \\ 0 & \underline{a_{22}^{(2)}} & \ddots & a_{2n}^{(2)} & c_2^{(2)} \\ \vdots & \ddots & \ddots & \vdots & \vdots \\ 0 & a_{n2}^{(2)} & \cdots & a_{nn}^{(2)} & c_n^{(2)} \end{array}\right] \tag{4.12}$$

식 (4.12)에서 밑줄 친 2행의 원소 $a_{22}^{(2)}$는 3행부터 n번째 행까지 변수 x_2를 소거할 때 사용하는 피봇 원소이다. 승수는 다음과 같다.

$$m_{i2} = \frac{a_{i2}^{(2)}}{a_{22}^{(2)}} \quad (i = 3, \cdots, n)$$

각 행의 변수 x_2를 차례로 소거시키고 새로 지정되는 행렬 원소는 다음과 같은 방법으로 계산할 수 있다.

$$\begin{aligned} a_{ij}^{(3)} &= a_{ij}^{(2)} - m_{i2} a_{2j}^{(2)} \quad (j = 3, \cdots, n) \\ c_i^{(3)} &= c_i^{(2)} - m_{i2} c_2^{(2)} \end{aligned}$$

이와 같은 과정을 n번째 행에 변수 x_n만 남을 때까지 계속하면 다음과 같은 확대행렬 형태가 나타날 것이다.

$$\left[\mathbf{A}^{(n)} | \mathbf{c}^{(n)}\right] = \left[\begin{array}{cccccc|c} a_{11}^{(1)} & a_{12}^{(1)} & a_{13}^{(1)} & \cdots & \cdots & a_{1n}^{(1)} & c_1^{(1)} \\ 0 & a_{22}^{(2)} & a_{23}^{(2)} & \cdots & \cdots & a_{2n}^{(2)} & c_2^{(2)} \\ 0 & 0 & a_{33}^{(3)} & \cdots & \cdots & a_{3n}^{(3)} & c_3^{(3)} \\ \vdots & \cdots & 0 & \ddots & \cdots & \vdots & \vdots \\ \vdots & \cdots & \cdots & 0 & \ddots & \vdots & \vdots \\ 0 & 0 & 0 & \cdots & 0 & a_{nn}^{(n)} & c_n^{(n)} \end{array}\right] \tag{4.13}$$

식 (4.13)에서 변수 x_n의 값은 n번째 행에서

$$x_n = \frac{c_n^{(n)}}{a_{nn}^{(n)}}$$

의 연산으로 풀고, $n-1$번째 행에서 x_{n-1}의 값을 얻는다. 계속해서 역순으로 대입하여 최종적으로 1행에서 x_1의 값을 얻는다. 이를 가우스 소거법의 **후진 대입법**이라고 한다.

실제 계산 예

이제 실제로 x의 해를 구해보자. 다음과 같이 선형방정식 세 개가 주어졌다.

$$\begin{aligned} -x_1 + x_2 + 2x_3 &= 2 \quad (E1) \\ 3x_1 - x_2 + x_3 &= 6 \quad (E2) \\ -x_1 + 3x_2 + 4x_3 &= 4 \quad (E3) \end{aligned}$$

■ 수학적 해법

수학에서는 배열 형태를 사용하지 않고 미지수 세 개를 다음과 같은 순수 가우스 소거법 과정으로 풀었다. 방정식 $(E1)$이 피봇 방정식이다. $(E1)$에 3을 곱하고 그 결과를 $(E2)$에 더하고, $(E1)$에 -1을 곱하고 그 결과를 $(E3)$에 더한다. x_1이 소거된 새로운 방정식은 다음과 같다.

$$\begin{aligned} -x_1 + x_2 + 2x_3 &= 2 \quad &(E1) \\ 2x_2 + 7x_3 &= 12 \quad &(E2) \\ 2x_2 + 2x_3 &= 2 \quad &(E3) \end{aligned}$$

이제 방정식$(E2)$가 새로운 피봇 방정식이다. $(E2)$에 -1을 곱하고 그 결과를 $(E3)$에 더한다. x_2가 소거된 새로운 방정식은 다음과 같다.

$$\begin{aligned} -x_1 + x_2 + 2x_3 &= 2 \quad &(E1) \\ 2x_2 + 7x_3 &= 12 \quad &(E2) \\ -5x_3 &= -10 \quad &(E3) \end{aligned}$$

$(E3)$에서 x_3을 풀면 2이다. 삼각 모양으로 변환된 방정식 세트에 후진 대입법을 이용하여 차례대로 변수들을 풀면 $x_2 = -1$, $x_1 = 1$이다.

■ 가우스 소거법

앞에서 사용했던 선형방정식을 배열 형태로 변환하면 다음과 같다.

$$\mathbf{A} = \begin{bmatrix} -1 & 1 & 2 \\ 3 & -1 & 1 \\ -1 & 3 & 4 \end{bmatrix}, \quad \mathbf{c} = \begin{bmatrix} 2 \\ 6 \\ 4 \end{bmatrix}$$

가우스 소거법을 이용하여 주어진 행렬을 풀어보자. 배열 $\mathbf{A}$와 $\mathbf{c}$를 함께 묶은 확대행렬은 다음과 같이 다시 쓸 수 있다.

$$[\mathbf{A}^{(1)} | \mathbf{c}^{(1)}] = \left[\begin{array}{ccc|c} -1 & 1 & 2 & 2 \\ 3 & -1 & 1 & 6 \\ -1 & 3 & 4 & 4 \end{array}\right] \begin{array}{c} (R1) \\ (R2) \\ (R3) \end{array}$$

1행 1열의 -1을 피봇 원소로 이용하여 2행과 3행의 승수를 구하면 다음과 같다.

$$m_{21} = \frac{a_{21}^{(1)}}{a_{11}^{(1)}} = \frac{3}{-1} = -3$$

$$m_{31} = \frac{a_{31}^{(1)}}{a_{11}^{(1)}} = \frac{-1}{-1} = 1$$

각 행의 변수 x_1을 차례로 소거시키고 새로 지정되는 행렬 원소는 다음과 같은 방법으로 계산할 수 있다.

$$a_{22}^{(2)} = a_{22}^{(1)} - m_{21}a_{12}^{(1)} = -1-(-3)(1) = 2$$
$$a_{23}^{(2)} = a_{23}^{(1)} - m_{21}a_{13}^{(1)} = -1-(-3)(2) = 7$$
$$a_{32}^{(2)} = a_{32}^{(1)} - m_{31}a_{12}^{(1)} = 3-(1)(1) = 2$$

$$a_{33}^{(2)} = a_{33}^{(1)} - m_{31}a_{13}^{(1)} = 4-(1)(2) = 2$$
$$c_2^{(2)} = c_2^{(1)} - m_{21}c_1^{(1)} = 6-(-3)(2) = 12$$
$$c_3^{(2)} = c_3^{(1)} - m_{31}c_1^{(1)} = 4-(1)(2) = 2$$

$$[\mathbf{A}^{(2)}|\mathbf{c}^{(2)}] = \left[\begin{array}{ccc|c} -1 & 1 & 2 & 2 \\ 0 & 2 & 7 & 12 \\ 0 & 2 & 2 & 2 \end{array}\right]$$

2행 2열의 2를 피봇 원소로 이용하여 3행의 승수를 구하면 다음과 같다.

$$m_{32} = \frac{a_{32}^{(2)}}{a_{22}^{(2)}} = \frac{2}{2} = 1$$

각 행의 변수 x_2를 차례로 소거시키고 새로 지정되는 행렬 원소는 다음과 같은 방법으로 계산할 수 있다.

$$a_{33}^{(3)} = a_{33}^{(2)} - m_{32}a_{23}^{(2)} = 2-(1)(7) = -5$$
$$c_3^{(3)} = c_3^{(2)} - m_{32}c_2^{(2)} = 2-(1)(12) = -10$$

$$[\mathbf{A}^{(3)}|\mathbf{c}^{(3)}] = \left[\begin{array}{ccc|c} -1 & 1 & 2 & 2 \\ 0 & 2 & 7 & 12 \\ 0 & 0 & -5 & -10 \end{array}\right]$$

3행에서 변수 x_3은

$$x_3 = \frac{c_3^{(3)}}{a_{33}^{(3)}} = \frac{-10}{-5} = 2$$

가 되고, 후진 대입법으로 $x_2 = -1$, $x_1 = 1$을 구한다.

예제 4-7 순수 가우스 소거법

선형시스템 $\mathbf{Ax}=\mathbf{c}$에 대한 행렬이 다음과 같다. 순수 가우스 소거법을 이용하여 변수 x_1, x_2, x_3을 찾아라.

$$\mathbf{A}=\begin{bmatrix}1 & -1 & 1\\ 0 & 1 & -1\\ 2 & 2 & -1\end{bmatrix}, \quad \mathbf{x}=\begin{bmatrix}x_1\\ x_2\\ x_3\end{bmatrix}, \quad \mathbf{c}=\begin{bmatrix}0\\ 1\\ 6\end{bmatrix}$$

풀이

확대행렬은 다음과 같다.

$$\left[\begin{array}{ccc|c}1 & -1 & 1 & 0\\ 0 & 1 & -1 & 1\\ 2 & 2 & -1 & 6\end{array}\right]$$

1행 1열의 1을 피봇 원소로 이용하여 2행과 3행의 승수를 구하면 다음과 같다.

$$m_{21}=\frac{a_{21}^{(1)}}{a_{11}^{(1)}}=\frac{0}{1}=0$$

$$m_{31}=\frac{a_{31}^{(1)}}{a_{11}^{(1)}}=\frac{2}{1}=2$$

1행에 2를 곱하고 그 결과를 3행에서 뺀 뒤에 3행 자리에 놓는다. 이제 x_1이 소거된 새로운 확대행렬은 다음과 같다.

$$\left[\begin{array}{ccc|c}1 & -1 & 1 & 0\\ 0 & 1 & -1 & 1\\ 0 & 4 & -3 & 6\end{array}\right] \leftarrow (R3)-(2)\times(R1)$$

2행 2열의 1을 피봇 원소로 이용하여 3행의 승수를 구하면 다음과 같다.

$$m_{32}=\frac{a_{32}^{(2)}}{a_{22}^{(2)}}=\frac{4}{1}=4$$

2행에 4를 곱하고 그 결과를 3행에서 뺀 뒤에 3행에 놓는다. 이제 x_2가 소거된 새로운 확대행렬은 다음과 같다.

$$\left[\begin{array}{ccc|c}1 & -1 & 1 & 0\\ 0 & 1 & -1 & 1\\ 0 & 0 & 1 & 2\end{array}\right] \leftarrow (R3)-(4)\times(R2)$$

후진 대입법을 이용하여 차례대로 변수들을 풀면 $x_3=2$, $x_2=3$, $x_1=1$이다.

MATLAB 4-4 [예제 4-7]의 검증

MATLAB을 이용하여 [예제 4-7]의 결과를 확인하라.

풀이

[그림 4-7]에서 **Gauss**는 피봇팅을 사용하지 않는 가우스 소거법을 실행할 수 있는 사용자정의함수로 현재 사용 중인 MATLAB의 bin 디렉터리에 저장되어 있지 않으면 오류 메시지를 표시한다. 그러나 MATLAB의 bin 디렉터리에 저장되어 있으면(MATLAB의 전체 화면에서 현재 폴더에서 확인할 수 있다) [예제 4-7]과 같은 결과를 나타낸다. **Gauss** 함수에 대한 스크립트 파일은 온라인 자료를 참고한다. MATLAB 명령창에 계수행렬과 상수 벡터를 먼저 지정한 뒤, 사용자정의함수 **Gauss**의 입력 변수로 이용한다.

```
Command Window
>> A = [1 -1 1;0 1 -1;2 2 -1];
>> c = [0;1;6];
>> Gauss(A,c)
Unrecognized function or variable 'Gauss'.
>> Gauss(A,c)
ans =
     1
     3
     2
```

[그림 4-7] 실행 결과

4.3.2 피봇팅을 사용한 가우스 소거법

피봇팅을 사용하는 가우스 소거법은 다시 피봇팅 방법과 부분 피봇팅 방법으로 나누어진다. 자리바꿈을 허용하는 점은 피봇팅 가우스 소거법과 부분 피봇팅 가우스 소거법이 같으나, 부분 피봇팅 가우스 소거법은 매번 열들 중 가장 큰 절댓값을 가진 행들의 자리바꿈을 허용한다.

앞에서도 설명했듯이 여러 방정식 및 변수들 중에서 문제를 푸는 데 중심이 되는 것을 피봇이라고 한다. **피봇팅**(pivoting)을 사용한 가우스 소거법은 주대각선에 0이 놓여 있는 경우 행과 열을 단순히 **자리바꿈**(interchanging)시켜 0을 주대각선 상에서 제거한 뒤, 순수 가우스 소거법을 실행하는 것을 말한다. 만일 주대각선 상의 원소 0을 제거하지 않은 상태로 피봇 원소를 계속 사용하면 승수를 실행할 때 0으로 나누는 오류가 발생한다.

피봇팅을 사용한 가우스 소거법과 **부분 피봇팅**(partial pivoting)을 사용한 가우스 소거법은 거의 비슷하다. 다만 부분 피봇팅을 사용하는 가우스 소거법은 수치적 안정도를 높이기 위해서, 행렬의 1열부터 차례대로 절댓값이 가장 큰 원소를 피봇 원소로 지정한 뒤 기본적인 피봇팅 과정을 진행한다.

매번 가장 큰 절댓값 원소를 포함하는 열을 상위 행으로 자리바꿈한다. 이렇게 해도 전체적인 행렬 변수의 차수에는 영향을 미치지 않는다.

다음과 같은 선형시스템의 변수 x_1, x_2, x_3을 부분 피봇팅을 사용한 가우스 소거법을 이용해서 구해보자.

$$\begin{bmatrix} -1 & 1 & 2 \\ 3 & -1 & 1 \\ -1 & 3 & 4 \end{bmatrix} \begin{bmatrix} x_1 \\ x_2 \\ x_n \end{bmatrix} = \begin{bmatrix} 2 \\ 6 \\ 4 \end{bmatrix}$$

먼저 확대행렬을 써보자.

$$\left[\begin{array}{ccc|c} -1 & 1 & 2 & 2 \\ 3 & -1 & 1 & 6 \\ -1 & 3 & 4 & 4 \end{array}\right]$$

가장 큰 절댓값을 피봇 원소로 사용하기 위해서 1행과 2행을 자리바꿈한다.

$$\left[\begin{array}{ccc|c} 3 & -1 & 1 & 6 \\ -1 & 1 & 2 & 2 \\ -1 & 3 & 4 & 4 \end{array}\right] \quad (R1) \leftrightarrow (R2)$$

1행 1열의 3을 피봇 원소로 이용하여 2행과 3행의 승수를 구하면 다음과 같다.

$$m_{21} = \frac{a_{21}^{(1)}}{a_{11}^{(1)}} = \frac{-1}{3} = -\frac{1}{3}$$

$$m_{31} = \frac{a_{31}^{(1)}}{a_{11}^{(1)}} = \frac{-1}{3} = -\frac{1}{3}$$

1행에 $-\frac{1}{3}$을 곱하고 그 결과를 2행에서 뺀 뒤에 2행에 놓는다. 그리고 1행에 $-\frac{1}{3}$을 곱하고 그 결과를 3행에서 뺀 뒤 3행에 놓는다. 이제 x_1이 소거된 새로운 확대행렬은 다음과 같다.

$$\left[\begin{array}{ccc|c} 3 & -1 & 1 & 6 \\ 0 & \frac{2}{3} & \frac{7}{3} & 4 \\ 0 & \frac{8}{3} & \frac{13}{3} & 6 \end{array}\right] \begin{array}{l} \\ \leftarrow (R2) - \left(-\frac{1}{3}\right) \times (R1) \\ \leftarrow (R3) - \left(-\frac{1}{3}\right) \times (R1) \end{array}$$

다시 큰 절댓값을 피봇 원소로 사용하기 위해서 2행과 3행을 자리바꿈한다.

$$\left[\begin{array}{ccc|c} 3 & -1 & 1 & 6 \\ 0 & \frac{8}{3} & \frac{13}{3} & 6 \\ 0 & \frac{2}{3} & \frac{7}{3} & 4 \end{array}\right] \qquad (R2) \leftrightarrow (R3)$$

2행 2열의 $\frac{8}{3}$ 을 피봇 원소로 이용하여 3행의 승수를 구하면 다음과 같다.

$$m_{32} = \frac{a_{32}^{(2)}}{a_{22}^{(2)}} = \frac{\frac{2}{3}}{\frac{8}{3}} = \frac{1}{4}$$

2행에 $\frac{1}{4}$ 을 곱하고 그 결과를 3행에서 뺀 뒤에 3행에 놓는다. x_2가 소거된 새로운 확대행렬은 다음과 같다.

$$\left[\begin{array}{ccc|c} 3 & -1 & 1 & 6 \\ 0 & \frac{8}{3} & \frac{13}{3} & 6 \\ 0 & 0 & \frac{5}{4} & \frac{5}{2} \end{array}\right] \quad \leftarrow \ (R3) - \left(\frac{1}{4}\right) \times (R2)$$

후진 대입법을 이용하여 차례대로 변수들을 풀면 $x_3 = 2$, $x_2 = -1$, $x_1 = 1$ 이다.

예제 4-8 부분 피봇팅 가우스 소거법

[예제 4-7]에서 제시된 다음 선형시스템의 변수 x_1, x_2, x_3을 부분 피봇팅을 사용한 가우스 소거법을 이용하여 구하라.

$$\begin{aligned} x_1 - x_2 + x_3 &= 0 \\ x_2 - x_3 &= 1 \\ 2x_1 + 2x_2 - x_3 &= 6 \end{aligned}$$

풀이

주어진 선형연립방정식을 확대형렬로 표시하면 다음과 같다.

$$\left[\begin{array}{ccc|c} 1 & -1 & 1 & 0 \\ 0 & 1 & -1 & 1 \\ 2 & 2 & -1 & 6 \end{array}\right]$$

큰 절댓값을 피봇 원소로 사용하기 위해서 1행과 3행을 자리바꿈한다.

$$\left[\begin{array}{ccc|c} 2 & 2 & -1 & 6 \\ 0 & 1 & -1 & 1 \\ 1 & -1 & 1 & 0 \end{array}\right] \qquad (R1) \leftrightarrow (R3)$$

1행 1열의 2를 피봇 원소로 이용하여 2행과 3행의 승수를 구하면 다음과 같다.

$$m_{21}=\frac{a_{21}^{(1)}}{a_{11}^{(1)}}=\frac{0}{2}=0$$

$$m_{31}=\frac{a_{31}^{(1)}}{a_{11}^{(1)}}=\frac{1}{2}$$

2행은 그대로 놓고 1행에 $\frac{1}{2}$을 곱하고 그 결과를 3행에서 빼준 뒤 3행에 놓는다. x_1이 소거된 새로운 확대행렬은 다음과 같다.

$$\left[\begin{array}{ccc|c} 2 & 2 & -1 & 6 \\ 0 & 1 & -1 & 1 \\ 0 & -2 & \frac{3}{2} & -3 \end{array}\right] \quad \leftarrow (R3)-\left(\frac{1}{2}\right)\times(R1)$$

다시 큰 절댓값을 피봇 원소로 사용하기 위해서 2행과 3행을 자리바꿈한다.

$$\left[\begin{array}{ccc|c} 2 & 2 & -1 & 6 \\ 0 & -2 & \frac{3}{2} & -3 \\ 0 & 1 & -1 & 1 \end{array}\right] \quad (R2)\leftrightarrow(R3)$$

2행 2열의 -2를 피봇 원소로 이용하여 3행의 승수를 구하면 다음과 같다.

$$m_{32}=\frac{a_{32}^{(2)}}{a_{22}^{(2)}}=-\frac{1}{2}$$

2행에 $-\frac{1}{2}$을 곱하고 그 결과를 3행에서 뺀 뒤에 3행에 놓는다. x_2가 소거된 새로운 확대행렬은 다음과 같다.

$$\left[\begin{array}{ccc|c} 2 & 2 & -1 & 6 \\ 0 & -2 & \frac{3}{2} & -3 \\ 0 & 0 & -\frac{1}{4} & -\frac{1}{2} \end{array}\right] \quad \leftarrow (R3)-\left(-\frac{1}{2}\right)\times(R2)$$

후진 대입법을 이용하여 차례대로 변수를 풀면 $x_3=2$, $x_2=3$, $x_1=1$이다.

SECTION 4.4 가우스 조르단 소거법

가우스 조르단 소거법(Gauss–Jordan elimination)은 가우스 소거법을 기초로 하며, 이 방법을 이용하여 역행렬을 구해볼 수 있다. 그러므로 후진 대입법 과정은 필요 없다. 기본행 연산을 이용하여 **축약된**(reduced) **행 사다리꼴**(row echelon form)을 얻는 알고리즘이다. 사다리꼴은 0이 아닌 원소가 적어도 하나 이상인 행들이 모인 형태로, 0이 많은 행보다 0이 적은 행들이 항상 위에 자리 잡는다. 그러므로 원소가 모두 0인 행은 행렬의 맨 마지막 행에 위치한다. 원소가 모두 0이 아닌 행에서 첫 번째 0이 아닌 원소를 선행계수(leading coefficient) 혹은 피봇이라고 부른다. 피봇 원소를 사용하여 소거법을 실행시킨 뒤에는 같은 열의 원소들이 모두 0이 된다. 다음 행렬이 행 사리꼴의 예이다.

$$\begin{bmatrix} a_{11} & a_{12} & a_{13} \\ 0 & a_{22} & a_{23} \\ 0 & 0 & a_{33} \end{bmatrix}$$

축약된 행 사다리꼴은 주대각선의 원소가 모두 1이 되는 대각행렬로 변형된다. 그러므로 같은 열에서 1을 포함한 행을 제외한 나머지 행의 원소들은 모두 0이다. 다음 행렬이 축약된 행 사다리꼴의 좋은 예이다.

$$\begin{bmatrix} 1 & 0 & 0 \\ 0 & 1 & 0 \\ 0 & 0 & 1 \end{bmatrix}$$

가우스 조르단 소거법에서 확대행렬을 지정하려면 왼쪽 부분에는 $n \times n$ 계수행렬 $\mathbf{A}$를 쓰고, 오른쪽 부분에는 $n \times n$ 단위행렬 $\mathbf{I}$를 지정한다. 이를 수식으로 나타내면 다음과 같다.

$$\left[\, \mathbf{A}_{m \times n} \mid \mathbf{I}_n \,\right] \tag{4.14}$$

왼쪽 부분이 단위행렬의 형태를 가질 때까지 가우스 조르단 소거법을 계속 실행하면 식 (4.14)는 다음과 같이 변형된다.

$$\left[\, \mathbf{I}_n^{-1} \mid \mathbf{A}_{n \times n}^{-1} \,\right] \tag{4.15}$$

식 (4.15)의 왼쪽에 있는 단위행렬의 역행렬은 단위행렬 자신이다. 식 (4.14)의 왼쪽에 있던 계수행렬 $\mathbf{A}$가 변형되어 식 (4.15)의 오른쪽에 놓이는데 이것이 구하려는 역행렬 $\mathbf{A}^{-1}$이다. 가우스 조르단 소거법도 가우스 소거법처럼 선택적으로 피봇팅을 사용할 수도 있고, 사용하지 않을 수도 있다.

3행 3열 계수행렬 $\mathbf{A}$와 3행 3열 단위행렬 $\mathbf{I}$를 묶은 확대행렬은 다음과 같다.

$$[\,\mathbf{A}\,|\,\mathbf{I}\,] = \left[\begin{array}{ccc|ccc} a_{11} & a_{12} & a_{13} & 1 & 0 & 0 \\ a_{21} & a_{22} & a_{23} & 0 & 1 & 0 \\ a_{31} & a_{32} & a_{33} & 0 & 0 & 1 \end{array}\right]$$

4.4.1 피봇팅을 사용하지 않는 가우스 조르단 소거법

다음과 같이 주어진 3×3 정방행렬 $\mathbf{A}$에 대한 역행렬을 피봇팅을 사용하지 않는 가우스 조르단 소거법으로 구해보자.

$$\mathbf{A} = \begin{bmatrix} 1 & 0 & 1 \\ 0 & 1 & -1 \\ 2 & 2 & 3 \end{bmatrix}$$

3×3 단위행렬과 계수행렬을 묶은 확대행렬은 다음과 같다.

$$[\,\mathbf{A}\,|\,\mathbf{I}\,] = \left[\begin{array}{ccc|ccc} 1 & 0 & 1 & 1 & 0 & 0 \\ 0 & 1 & -1 & 0 & 1 & 0 \\ 2 & 2 & 3 & 0 & 0 & 1 \end{array}\right]$$

1행 1열의 1을 피봇 원소로 이용하여 2행과 3행의 승수를 구하면 다음과 같다.

$$m_{21} = \frac{a_{21}^{(1)}}{a_{11}^{(1)}} = \frac{0}{1} = 0$$

$$m_{31} = \frac{a_{31}^{(1)}}{a_{11}^{(1)}} = \frac{2}{1} = 2$$

1행에 2를 곱하고 그 결과를 3행에서 뺀 뒤에 3행 자리에 놓는다.

$$\left[\begin{array}{ccc|ccc} 1 & 0 & 1 & 1 & 0 & 0 \\ 0 & 1 & -1 & 0 & 1 & 0 \\ 0 & 2 & 1 & -2 & 0 & 1 \end{array}\right] \quad \leftarrow \ (R3)-(2)\times(R1)$$

2행의 2열의 1을 피봇 원소로 이용하여 3행의 승수를 구하면 다음과 같다.

$$m_{32} = \frac{a_{32}^{(2)}}{a_{22}^{(2)}} = \frac{2}{1} = 2$$

2행에 2를 곱하고 그 결과를 3행에서 뺀 뒤에 3행에 놓는다.

$$\left[\begin{array}{ccc|ccc} 1 & 0 & 1 & 1 & 0 & 0 \\ 0 & 1 & -1 & 0 & 1 & 0 \\ 0 & 0 & 3 & -2 & -2 & 1 \end{array}\right] \leftarrow (R3)-(2)\times(R2)$$

3행 3열의 3을 피봇 원소로 이용하여 1의 승수를 구하면 다음과 같다.

$$m_{13} = \frac{a_{13}^{(3)}}{a_{33}^{(3)}} = \frac{1}{3}$$

3행에 $\frac{1}{3}$을 곱하고 그 결과를 1행에서 뺀 뒤에 1행에 놓고, 3행에 $-\frac{1}{3}$을 곱하고 그 결과를 2행에서 뺀 뒤에 2행에 놓는다.

$$\left[\begin{array}{ccc|ccc} 1 & 0 & 0 & \frac{5}{3} & \frac{2}{3} & -\frac{1}{3} \\ 0 & 1 & 0 & -\frac{2}{3} & \frac{1}{3} & \frac{1}{3} \\ 0 & 0 & 3 & -2 & -2 & 1 \end{array}\right] \begin{array}{l} \leftarrow (R1)-\left(\frac{1}{3}\right)\times(R3) \\ \leftarrow (R2)-\left(-\frac{1}{3}\right)\times(R3) \\ \end{array}$$

3행에 $\frac{1}{3}$을 곱하고 3행에 놓는다.

$$\left[\begin{array}{ccc|ccc} 1 & 0 & 0 & 5/3 & 2/3 & -1/3 \\ 0 & 1 & 0 & -2/3 & 1/3 & 1/3 \\ 0 & 0 & 1 & -2/3 & -2/3 & 1/3 \end{array}\right] \leftarrow (1/3)\times(R3)$$

왼쪽 부분이 단위행렬 형태로 전환되었으므로, 오른쪽 부분도 행렬 **A**의 역행렬로 전환되었다.

$$\mathbf{A}^{-1} = \begin{bmatrix} \frac{5}{3} & \frac{2}{3} & -\frac{1}{3} \\ -\frac{2}{3} & \frac{1}{3} & \frac{1}{3} \\ -\frac{2}{3} & -\frac{2}{3} & \frac{1}{3} \end{bmatrix}$$

4.4.2 부분 피봇팅을 사용한 가우스 조르단 소거법

가우스 조르단 소거법도 피봇팅을 사용하는 경우에는 부분 피봇팅을 사용하여 역행렬을 구한다. 피봇팅을 사용한 가우스 조르단 소거법은 끝수처리로 인한 오류가 잘 발생하지 않아 상당히 안정적이다. 4.4.1절의 계수행렬 **A**를 부분 피봇팅을 사용한 가우스 조르단 소거법의 연산으로 다시 살펴보자.

부분 피봇팅을 사용하여 가우스 조르단 소거법을 수행할 때도 확대행렬에서 출발한다.

$$[\,\mathbf{A}\,|\,\mathbf{I}\,]=\left[\begin{array}{ccc|ccc}1&0&1&1&0&0\\0&1&-1&0&1&0\\2&2&3&0&0&1\end{array}\right]$$

큰 절댓값을 피봇 원소로 사용하기 위해서 1행과 3행을 자리바꿈한다.

$$\left[\begin{array}{ccc|ccc}2&2&3&0&0&1\\0&1&-1&0&1&0\\1&0&1&1&0&0\end{array}\right]\quad\begin{array}{l}\leftarrow (R3)\\ \\ \leftarrow (R1)\end{array}$$

1행에 $\dfrac{1}{2}$을 곱하고 다시 1행에 놓는다.

$$\left[\begin{array}{ccc|ccc}1&1&\dfrac{3}{2}&0&0&\dfrac{1}{2}\\0&1&-1&0&1&0\\1&0&1&1&0&0\end{array}\right]\quad\begin{array}{l}\leftarrow \left(\dfrac{1}{2}\right)\times(R1)\\ \\ \\ \end{array}$$

1행에서 3행을 빼고 3행에 놓는다.

$$\left[\begin{array}{ccc|ccc}1&1&3/2&0&0&1/2\\0&1&-1&0&1&0\\0&1&1/2&-1&0&1/2\end{array}\right]\quad\begin{array}{l} \\ \\ \leftarrow (R1)-(R3)\end{array}$$

1행에서 3행을 빼고 1행에 놓는다. 2행에서 3행을 빼고 3행에 놓는다.

$$\left[\begin{array}{ccc|ccc}1&0&1&1&0&0\\0&1&-1&0&1&0\\0&0&-3/2&1&1&-1/2\end{array}\right]\quad\begin{array}{l}\leftarrow (R1)-(R3)\\ \\ \leftarrow (R2)-(R3)\end{array}$$

이제 마지막 주대각선 위치인 3행 3열을 원소 1인 값으로 변형하기 위해서 $-\dfrac{3}{2}$의 역수인 $-\dfrac{2}{3}$를 3행에 곱한 뒤에 다시 3행에 놓는다.

$$\left[\begin{array}{ccc|ccc}1&0&1&1&0&0\\0&1&-1&0&1&0\\1&0&1&-2/3&-2/3&1/3\end{array}\right]\quad\begin{array}{l} \\ \\ \leftarrow (-2/3)\times(R3)\end{array}$$

1행에서 3행을 빼고 1행에 놓는다. 2행을 3행에 더하고 2행에 놓는다.

$$\left[\begin{array}{ccc|ccc}1&0&0&5/3&2/3&-1/3\\0&1&0&-2/3&1/3&1/3\\0&0&1&-2/3&-2/3&1/3\end{array}\right]\quad\begin{array}{l}\leftarrow (R1)-(R3)\\ \leftarrow (R2)+(R3)\\ \end{array}$$

왼쪽 부분이 단위행렬의 형태로 전환되었으므로 이제 오른쪽 부분은 행렬 **A** 의 역행렬로 전환되었다.

$$\mathbf{A}^{-1} = \begin{bmatrix} \frac{5}{3} & \frac{2}{3} & -\frac{1}{3} \\ -\frac{2}{3} & \frac{1}{3} & \frac{1}{3} \\ -\frac{2}{3} & -\frac{2}{3} & \frac{1}{3} \end{bmatrix}$$

예제 4-9 피봇팅을 사용하지 않는 가우스 조르단 소거법

[예제 4-7]에서 주어진 행렬 **A**의 역행렬을 찾아라. 그리고 MATLAB을 이용하여 행렬 **A**와 역행렬 $\mathbf{A}^{-1}$를 곱한 결과가 단위행렬이 되는 것을 보여라.

$$\mathbf{A} = \begin{bmatrix} 1 & -1 & 1 \\ 0 & 1 & -1 \\ 2 & 2 & -1 \end{bmatrix}$$

풀이

3×3 단위행렬과 계수행렬을 묶은 확대행렬은 다음과 같다.

$$[\mathbf{A} | \mathbf{I}] = \left[\begin{array}{ccc|ccc} 1 & -1 & 1 & 1 & 0 & 0 \\ 0 & 1 & -1 & 0 & 1 & 0 \\ 2 & 2 & -1 & 0 & 0 & 1 \end{array}\right]$$

1행 1열의 1을 피봇 원소로 이용하여 2행과 3행의 승수를 구하면 다음과 같다.

$$m_{21} = \frac{a_{21}^{(1)}}{a_{11}^{(1)}} = \frac{0}{1} = 0$$

$$m_{31} = \frac{a_{31}^{(1)}}{a_{11}^{(1)}} = \frac{2}{1} = 2$$

1행에 2를 곱하고 그 결과를 3행에서 뺀 뒤에 3행 자리에 놓는다.

$$\left[\begin{array}{ccc|ccc} 1 & -1 & 1 & 1 & 0 & 0 \\ 0 & 1 & -1 & 0 & 1 & 0 \\ 0 & 4 & -3 & -2 & 0 & 1 \end{array}\right] \leftarrow (R3) - (2) \times (R1)$$

2행의 2열의 1을 피봇 원소로 이용하여 3행의 승수를 구하면 다음과 같다.

$$m_{32} = \frac{a_{32}^{(2)}}{a_{22}^{(2)}} = \frac{4}{1} = 4$$

2행에 4를 곱하고 그 결과를 3행에서 뺀 뒤에 3행에 놓는다.

$$\left[\begin{array}{ccc|ccc} 1 & -1 & 1 & 1 & 0 & 0 \\ 0 & 1 & -1 & 0 & 1 & 0 \\ 0 & 0 & 1 & -2 & -4 & 1 \end{array}\right] \leftarrow (R3) - (4) \times (R2)$$

3행 3열의 1을 피봇 원소로 이용하여 1행과 2행의 승수를 구하면 다음과 같다.

$$m_{13} = \frac{a_{13}^{(3)}}{a_{33}^{(3)}} = 1$$

$$m_{23} = \frac{a_{23}^{(3)}}{a_{33}^{(3)}} = -1$$

3행에 1을 곱하고 그 결과를 1행에서 뺀 뒤에 1행에 놓고, 3행에 -1을 곱하고 그 결과를 2행에서 뺀 뒤에 2행에 놓는다.

$$\left[\begin{array}{ccc|ccc} 1 & -1 & 0 & 3 & 4 & -1 \\ 0 & 1 & 0 & -2 & -3 & 1 \\ 0 & 0 & 1 & -2 & 4 & 1 \end{array}\right] \begin{array}{l} \leftarrow (R1)-(1)\times(R3) \\ \leftarrow (R2)-(-1)\times(R3) \\ \end{array}$$

1행과 2행을 더한 뒤에 1행에 놓는다.

$$\left[\begin{array}{ccc|ccc} 1 & 0 & 0 & 1 & 1 & 0 \\ 0 & 1 & 0 & -2 & -3 & 1 \\ 0 & 0 & 1 & -2 & -4 & 1 \end{array}\right] \begin{array}{l} \leftarrow (R2)+(R1) \\ \\ \end{array}$$

왼쪽 부분이 단위행렬 형태로 전환되었으므로, 오른쪽 부분도 행렬 **A**의 역행렬로 전환되었다.

$$\mathbf{A}^{-1} = \begin{bmatrix} 1 & 1 & 0 \\ -2 & 3 & 1 \\ -2 & -4 & 1 \end{bmatrix}$$

[그림 4-8]의 MATLAB의 실행 결과에서 보여주듯이 주어진 행렬 **A**와 **inv**(**A**) 명령어를 이용하여 구한 역행렬 $\mathbf{A}^{-1}$를 곱한 결과는 단위행렬이다.

```
Command Window
>> A = [1 -1 1;0 1 -1;2 2 -1];
>> A_inv = inv(A)
A_inv =
     1     1     0
    -2    -3     1
    -2    -4     1
>> A*A_inv
ans =
     1     0     0
     0     1     0
     0     0     1
```

[그림 4-8] 실행 결과

SECTION 4.5 상하행렬 분해

이 절에서는 다양한 상하행렬 분해와 부분 피봇팅을 이용한 상하행렬 분해를 배운다. **상하행렬 분해**(lower-upper, LU)도 가우스 소거법을 기초로 이용한다. 가우스 소거법으로는 선형시스템을 간편하고 안정적으로 풀 수 있다. 그러나 행렬의 차수가 커지면 연산 카운터가 매우 크게 증가하여 컴퓨터의 실행 속도가 감소한다. 이러한 가우스 소거법의 단점을 보완하기 위해서 실행 속도가 빠른 상하행렬 분해를 자주 사용한다.

4.5.1 다양한 상하행렬 분해

상하행렬 분해는 주어진 선형시스템의 정방행렬 A를 다음과 같은 형태로 다시 나타낼 수 있다.

$$\mathrm{A} = \mathrm{LU} \tag{4.16}$$

여기서 L은 **하삼각행렬**(lower triangular matrix)을 나타내고 U는 **상삼각행렬**(upper triangular matrix)을 나타낸다. 하삼각행렬은 주대각선을 기준으로 위쪽에 위치하는 모든 원소들이 0이고, 상삼각행렬은 주대각선을 기준으로 아래쪽에 위치하는 모든 원소들이 0인 행렬을 나타낸다.

예를 들면, $n \times n$ 정방행렬 A에 대한 상하행렬 분해는 다음과 같이 표현된다.

$$\begin{bmatrix} a_{11} & a_{12} & \cdots & \cdots & a_{1n} \\ a_{21} & a_{22} & \cdots & \cdots & a_{2n} \\ \vdots & \cdots & \ddots & \cdots & \vdots \\ \vdots & \cdots & \cdots & \ddots & \vdots \\ a_{n1} & a_{n2} & \cdots & \cdots & a_{nn} \end{bmatrix} = \begin{bmatrix} 1 & 0 & \cdots & 0 & 0 \\ l_{21} & 1 & 0 & \cdots & 0 \\ l_{31} & l_{32} & \ddots & 0 & \vdots \\ \vdots & \cdots & \cdots & \ddots & 0 \\ l_{n1} & l_{n2} & \cdots & l_{n,n-1} & 1 \end{bmatrix} \begin{bmatrix} u_{11} & u_{12} & \cdots & \cdots & u_{1n} \\ 0 & u_{22} & \cdots & \cdots & u_{2n} \\ 0 & 0 & \ddots & \cdots & \vdots \\ \vdots & \cdots & 0 & \ddots & \vdots \\ 0 & \cdots & 0 & 0 & u_{nn} \end{bmatrix} \tag{4.17}$$

여기서 하삼각행렬은 순수 가우스 소거법에서 사용한 승수들과 같고, 상삼각행렬은 순수 가우스 소거법에서 마지막 단계의 계수행렬을 나타낸다.

행렬 L의 주대각선 상 원소는 모두 1로 놓고, 주대각선 위쪽의 모든 원소는 0으로 놓는다. 행렬 A의 주대각선 아래쪽 원소들이 0이면 같은 자리의 행렬 L의 원소도 0으로 대치해서 사용한다. 행렬 U는 주대각선 상과 주대각선 위쪽의 모든 원소는 행렬 U의 원소로 놓고, 주대각선 아래쪽의 모든 원소는 0으로 놓는다. 행렬 A의 주대각선 위쪽의 원소가 0이면 같은 자리의 행렬 U의 원소도 0으로 대치해서 사용한다.

식 (4.16)을 이용하여 선형시스템 $\mathbf{Ax}=\mathbf{c}$를 비교적 간단한 방법으로 풀 수 있다. 선형시스템은 다음과 같이 다시 쓸 수 있는데

$$\mathbf{LUx} = \mathbf{c} \tag{4.18}$$

식 (4.18)은 다음과 같이 두 단계로 나누어서 쓸 수 있다.

$$\begin{aligned} \mathbf{Ly} &= \mathbf{c} \\ \mathbf{Ux} &= \mathbf{y} \end{aligned} \tag{4.19}$$

여기서 시스템 $\mathbf{Ly}=\mathbf{c}$는 하삼각행렬 $\mathbf{L}$을 포함하는 선형시스템 형태가 된다.

$$\begin{aligned} y_1 \qquad\qquad\qquad\qquad &= c_1 \quad \cdots\cdots ❶ \\ l_{21}y_1 + y_2 \qquad\qquad\quad &= c_2 \quad \cdots\cdots ❷ \\ l_{31}y_1 + l_{32}y_2 + y_3 \qquad &= c_3 \quad \cdots\cdots ❸ \\ \vdots \qquad\qquad\qquad\qquad & \;\;\vdots \;\; \vdots \\ l_{n1}y_1 + \cdots + l_{n,n-1}y_{n-1} + y_n &= c_n \quad \cdots\cdots ⓝ \end{aligned} \tag{4.20}$$

식 (4.20)을 **전진 대입법**(forward substitution)으로 풀어서 변수 벡터 $\mathbf{y}$를 먼저 구한다. 전진 대입법은 ❶을 이용하여 미지수 y_1을 구하고, y_1을 ❷의 조건에 대입하여 y_2를 구하는 형식으로, 차례대로 마지막 ⓝ의 조건에 있는 미지수 y_n의 값을 구하는 방법이다. 그리고 시스템 $\mathbf{Ux}=\mathbf{y}$에 후진 대입법을 이용하여 최종적으로 변수 벡터 $\mathbf{x}$를 구한다.

상하행렬 분해를 이용하여 다음에 주어지는 선형시스템의 미지의 변수 벡터를 구해보자.

$$\mathbf{A} = \begin{bmatrix} 1 & -1 & 1 \\ 0 & 1 & -1 \\ 2 & 2 & -1 \end{bmatrix}, \quad \mathbf{x} = \begin{bmatrix} x_1 \\ x_2 \\ x_3 \end{bmatrix}, \quad \mathbf{c} = \begin{bmatrix} 0 \\ 1 \\ 6 \end{bmatrix}$$

이 문제를 풀기 위한 두 가지 방법을 차례대로 소개하겠다.

■ 방법 1

가우스 소거법과 거의 같은 과정으로 푼다. 1행 1열의 1을 피봇 원소로 이용하여 2행과 3행의 승수를 구한다.

$$m_{21} = \frac{a_{21}^{(1)}}{a_{11}^{(1)}} = \frac{0}{1} = 0$$

$$m_{31} = \frac{a_{31}^{(1)}}{a_{11}^{(1)}} = \frac{2}{1} = 2$$

1행에 2를 곱하고 그 결과를 3행에서 뺀 뒤에 3행에 놓는다.

$$\begin{bmatrix} 1 & -1 & 1 \\ 0 & 1 & -1 \\ 0 & 4 & -3 \end{bmatrix} \quad \leftarrow \ (R3)-(2)\times(R1)$$

2행의 1을 피봇 원소로 이용하여 3행의 승수를 구한다.

$$m_{32} = \frac{a_{32}^{(2)}}{a_{22}^{(2)}} = \frac{4}{1} = 4$$

2행에 4를 곱하고 그 결과를 3행에서 뺀 뒤에 3행에 놓는다.

$$\begin{bmatrix} 1 & -1 & 1 \\ 0 & 1 & -1 \\ 0 & 0 & 1 \end{bmatrix} \quad \leftarrow \ (R3)-(4)\times(R2)$$

3×3 행렬에 대한 하삼각행렬 $\mathbf{L}$과 상삼각행렬 $\mathbf{U}$는 다음과 같다.

$$\mathbf{L} = \begin{bmatrix} 1 & 0 & 0 \\ m_{21} & 1 & 0 \\ m_{31} & m_{32} & 1 \end{bmatrix}, \quad \mathbf{U} = \begin{bmatrix} u_{11} & u_{12} & u_{13} \\ 0 & u_{22} & u_{23} \\ 0 & 0 & u_{33} \end{bmatrix} \tag{4.21}$$

이제 다음과 같은 행렬을 얻는다.

$$\mathbf{L} = \begin{bmatrix} 1 & 0 & 0 \\ 0 & 1 & 0 \\ 2 & 4 & 1 \end{bmatrix}, \quad \mathbf{U} = \begin{bmatrix} 1 & -1 & 1 \\ 0 & 1 & -1 \\ 0 & 0 & 1 \end{bmatrix}$$

식 (4.19)의 $\mathbf{Ly} = \mathbf{c}$의 변수 벡터 $\mathbf{y}$를 전진 대입법을 이용하여 구한다.

$$\begin{bmatrix} 1 & 0 & 0 \\ 0 & 1 & 0 \\ 2 & 4 & 1 \end{bmatrix} \begin{bmatrix} y_1 \\ y_2 \\ y_3 \end{bmatrix} = \begin{bmatrix} 0 \\ 1 \\ 6 \end{bmatrix}$$

변수 벡터 $\mathbf{y}$의 값은 다음과 같다.

$$\begin{bmatrix} y_1 \\ y_2 \\ y_3 \end{bmatrix} = \begin{bmatrix} 0 \\ 1 \\ 2 \end{bmatrix}$$

식 (4.19)의 $\mathbf{Ux} = \mathbf{y}$의 변수 벡터 $\mathbf{x}$를 후진 대입법을 이용하여 구한다.

$$\begin{bmatrix} 1 & -1 & 1 \\ 0 & 1 & -1 \\ 0 & 0 & 1 \end{bmatrix} \begin{bmatrix} x_1 \\ x_2 \\ x_3 \end{bmatrix} = \begin{bmatrix} 0 \\ 1 \\ 2 \end{bmatrix}$$

상하행렬 분해를 이용하여 구한 변수 벡터 $\mathbf{x}$의 최종 결과는 다음과 같다.

$$\begin{bmatrix} x_1 \\ x_2 \\ x_3 \end{bmatrix} = \begin{bmatrix} 1 \\ 3 \\ 2 \end{bmatrix}$$

■ **방법 2**

식 (4.17)의 행렬 $\mathbf{L}$과 행렬 $\mathbf{U}$에 대한 행렬 곱셈 연산을 실행한 뒤에 행렬 $\mathbf{A}$의 원소와 비례 관계를 이용하는 방법이다. 식 (4.17)의 3×3 행렬의 곱셈 연산은 다음과 같이 나타낼 수 있다.

$$\begin{bmatrix} a_{11} & a_{12} & a_{13} \\ a_{21} & a_{22} & a_{23} \\ a_{31} & a_{32} & a_{33} \end{bmatrix} = \begin{bmatrix} u_{11} & u_{12} & u_{13} \\ l_{21}u_{11} & l_{21}u_{12} + u_{22} & l_{21}u_{13} + u_{23} \\ l_{31}u_{11} & l_{31}u_{12} + l_{32}u_{22} & l_{31}u_{13} + l_{32}u_{23} + u_{33} \end{bmatrix} \tag{4.22}$$

식 (4.22)의 왼쪽 행렬과 오른쪽 행렬의 원소를 각각 비교하여 하삼각행렬 $\mathbf{L}$과 상삼각행렬 $\mathbf{U}$에서 사용할 원소를 구할 수 있다. 필요한 과정을 하나씩 소개하겠다.

방법 2에서는 상하행렬 분해를 이용하여 주어진 문제를 푸는 과정을 알고리즘(algorithm)으로 구현하는 방법도 함께 살펴볼 것이다. 알고리즘은 문제 풀이를 위한 절차나 방법을 쉽게 단계적인 순서로 기술하는 것을 말한다. 컴퓨터 프로그램에 쓰이는 알고리즘은 컴퓨터가 수행할 동작의 순서로 이용한다.

행렬 $\mathbf{A}$의 1행의 원소는 행렬 $\mathbf{U}$의 1행의 원소와 같으므로 다음과 같은 알고리즘을 이용한다.

$$u_{1i} = a_{1i} \tag{4.23}$$

여기서 첨자 i는 1, 2, 3을 순차적으로 이용한다. 그러므로 행렬 $\mathbf{U}$의 1행은 다음과 같다.

$$u_{11} = a_{11} = 1$$
$$u_{12} = a_{12} = -1$$
$$u_{13} = a_{13} = 1$$

행렬 $\mathbf{L}$과 행렬 $\mathbf{U}$의 나머지 원소를 구하기 위해서 다음과 같은 알고리즘을 이용한다.

$$l_{i,i-1} = \frac{a_{i,i-1}}{u_{i-1,i-1}} \tag{4.24}$$

$$u_{ii} = a_{ii} - l_{i,i-1}u_{i-1,i} \tag{4.25}$$

여기서 첨자 i는 2와 3을 순차적으로 이용한다. 식 (4.22), 식 (4.24), 식 (4.25)를 이용하여 나머지 원소를 구하는 과정은 다음과 같다.

$$l_{21} = \frac{a_{21}}{u_{11}} = 0$$

$$u_{22} = a_{22} - l_{21}u_{12} = 1 - (0)(-1) = 1$$

$$u_{23} = a_{23} - l_{21}u_{13} = -1 - (0)(1) = -1$$

$$l_{31} = \frac{a_{31}}{u_{11}} = 2$$

$$l_{32} = \frac{a_{32} - l_{31}u_{12}}{u_{22}} = \frac{2 - (2)(-1)}{1} = 4$$

$$u_{33} = a_{33} - l_{31}u_{13} - l_{32}u_{23} = -1 - (2)(1) - (4)(-1) = 1$$

앞에서 계산된 각각의 원소를 이용하여 행렬 **L**과 **U**를 다시 구성해보자.

$$\mathbf{L} = \begin{bmatrix} 1 & 0 & 0 \\ 0 & 1 & 0 \\ 2 & 4 & 1 \end{bmatrix}, \quad \mathbf{U} = \begin{bmatrix} 1 & -1 & 1 \\ 0 & 1 & -1 \\ 0 & 0 & 1 \end{bmatrix}$$

다음과 같이 $\mathbf{Ly} = \mathbf{c}$의 형태로 나타낼 수 있다.

$$\begin{bmatrix} 1 & 0 & 0 \\ 0 & 1 & 0 \\ 2 & 4 & 1 \end{bmatrix} \begin{bmatrix} y_1 \\ y_2 \\ y_3 \end{bmatrix} = \begin{bmatrix} 0 \\ 1 \\ 6 \end{bmatrix}$$

전진 대입법을 이용하면 첫 번째 변수 벡터 **y**는 다음과 같다.

$$y_1 = c_1 = 0$$

나머지 변수들은 다음 알고리즘을 이용하면 구할 수 있다. 여기서 첨자 i는 2와 3을 순차적으로 이용한다.

$$y_i = c_i - l_{i,i-1}y_{i-1} \tag{4.26}$$

식 (4.26)을 이용하여 변수를 구하는 과정은 다음과 같다.

$$y_2 = c_2 - l_{21}y_1 = 1 - (0)(0) = 1$$

$$y_3 = c_3 - l_{32}y_2 = 6 - (4)(1) = 2$$

변수 벡터 **y**의 값은 다음과 같다.

$$\begin{bmatrix} y_1 \\ y_2 \\ y_3 \end{bmatrix} = \begin{bmatrix} 0 \\ 1 \\ 2 \end{bmatrix}$$

$\mathbf{y}$ 값을 적용하면, 다음과 같이 $\mathbf{Ux} = \mathbf{y}$의 형태로 나타낼 수 있다.

$$\begin{bmatrix} 1 & -1 & 1 \\ 0 & 1 & -1 \\ 0 & 0 & 1 \end{bmatrix} \begin{bmatrix} x_1 \\ x_2 \\ x_3 \end{bmatrix} = \begin{bmatrix} 0 \\ 1 \\ 2 \end{bmatrix}$$

첫 번째 변수 $\mathbf{x}$는 다음 알고리즘을 이용한다.

$$x_n = \frac{y_n}{u_{nn}} \tag{4.27}$$

여기서 n은 행렬의 가장 큰 차수를 나타낸다. 식 (4.27)을 이용하면 다음과 같다.

$$x_3 = \frac{y_3}{u_{33}} = 2$$

후진 대입법을 이용하여 나머지 변수들을 구하는 알고리즘은 다음과 같다.

$$x_i = \frac{y_i - \sum_{j=i+1}^{j=n} u_{i,j} x_j}{u_{ii}} \tag{4.28}$$

여기서 첨자 i는 2와 1을 순차적으로 이용한다. 식 (4.28)을 이용하여 나머지 변수들을 구하는 과정은 다음과 같다.

$$x_2 = \frac{y_2 - u_{23}x_3}{u_{22}} = \frac{1-(-1)(2)}{1} = 3$$

$$x_1 = \frac{y_1 - u_{12}x_2 - u_{13}x_3}{u_{11}} = \frac{0-(-1)(3)-(1)(2)}{1} = 1$$

상하행렬 분해를 이용하여 구한 변수 벡터 $\mathbf{x}$의 최종 결과는 다음과 같다.

$$\begin{bmatrix} x_1 \\ x_2 \\ x_3 \end{bmatrix} = \begin{bmatrix} 1 \\ 3 \\ 2 \end{bmatrix}$$

참고로 앞에서 제시한 알고리즘들은 주어진 선형시스템에 알맞게 적용시킨 것이고 일반화시킨 형태는 아니다. 상하행렬 분해를 이용하는 과정의 알고리즘은 소개한 방법을 기초로 주어진 문제의 성질에 맞추어서 조금씩 수정이 필요하다. 또한 모든 문제에 사용할 수도 없다. 앞에서 설명했듯이 알고리즘이 주목적이 아니라 수치해석적으로 분석한 부분에 어떻게 알고리즘을 이용하는가에 대해 소개하는 정도로만 설명하기로 한다.

예제 4-10 상하행렬 분해

상하행렬 분해 중 순수 가우스 소거법과 같은 방법으로 푸는 첫 번째 방법을 이용하여 다음에 주어지는 선형시스템의 변수 벡터 $\mathbf{x}$를 구하라.

$$\mathbf{A}=\begin{bmatrix}-1 & 1 & 2\\ 1 & 2 & -1\\ -2 & -2 & 2\end{bmatrix},\quad \mathbf{x}=\begin{bmatrix}x_1\\ x_2\\ x_3\end{bmatrix},\quad \mathbf{c}=\begin{bmatrix}7\\ 2\\ 0\end{bmatrix}$$

풀이

1행의 -1을 피봇 원소로 이용하여 2행과 3행의 승수를 구한다.

$$m_{21}=\frac{a_{21}^{(1)}}{a_{11}^{(1)}}=\frac{1}{-1}=-1$$

$$m_{31}=\frac{a_{31}^{(1)}}{a_{11}^{(1)}}=\frac{-2}{-1}=2$$

1행에 -1을 곱하고 그 결과를 2행에서 뺀 뒤에 2행에 놓는다. 1행에 2를 곱하고 그 결과를 3행에서 뺀 뒤에 3행에 놓는다.

$$\begin{bmatrix}-1 & 1 & 2\\ 0 & 3 & 1\\ 0 & -4 & -2\end{bmatrix}\quad \begin{matrix}\\ \leftarrow\ (R2)-(-1)\times(R1)\\ \leftarrow\ (R3)-(2)\times(R1)\end{matrix}$$

2행 2열의 3을 피봇 원소로 이용하여 3행의 승수를 구한다.

$$m_{32}=\frac{a_{32}^{(2)}}{a_{22}^{(2)}}=-\frac{4}{3}$$

2행에 $-\frac{4}{3}$를 곱하고 그 결과를 3행에서 뺀 뒤에 3행에 놓는다.

$$\begin{bmatrix}-1 & 1 & 2\\ 0 & 3 & 1\\ 0 & 0 & -\frac{2}{3}\end{bmatrix}\quad \leftarrow\ (R3)-\left(-\frac{4}{3}\right)\times(R2)$$

식 (4.21)을 이용하여 행렬 $\mathbf{L}$과 행렬 $\mathbf{U}$를 구하면 다음과 같다.

$$\mathbf{L}=\begin{bmatrix}1 & 0 & 0\\ -1 & 1 & 0\\ 2 & -\frac{4}{3} & 1\end{bmatrix},\quad \mathbf{U}=\begin{bmatrix}-1 & 1 & 2\\ 0 & 3 & 1\\ 0 & 0 & -\frac{2}{3}\end{bmatrix}$$

$\mathbf{Ly}=\mathbf{c}$의 변수 벡터 $\mathbf{y}$를 전진 대입법을 이용하여 먼저 구한다.

$$\begin{bmatrix}1 & 0 & 0\\ -1 & 1 & 0\\ 2 & -\frac{4}{3} & 1\end{bmatrix}\begin{bmatrix}y_1\\ y_2\\ y_3\end{bmatrix}=\begin{bmatrix}7\\ 2\\ 0\end{bmatrix}$$

변수 벡터 $\mathbf{y}$의 값은 다음과 같다.

$$\begin{bmatrix} y_1 \\ y_2 \\ y_3 \end{bmatrix} = \begin{bmatrix} 7 \\ 9 \\ -2 \end{bmatrix}$$

$\mathbf{Ux} = \mathbf{y}$의 변수 벡터 $\mathbf{x}$를 전진 대입법을 이용하여 구한다.

$$\begin{bmatrix} -1 & 1 & 2 \\ 0 & 3 & 1 \\ 0 & 0 & -\dfrac{2}{3} \end{bmatrix} \begin{bmatrix} x_1 \\ x_2 \\ x_3 \end{bmatrix} = \begin{bmatrix} 7 \\ 9 \\ -2 \end{bmatrix}$$

상하행렬 분해를 이용하여 구한 변수 벡터 $\mathbf{x}$의 최종 결과는 다음과 같다.

$$\begin{bmatrix} x_1 \\ x_2 \\ x_3 \end{bmatrix} = \begin{bmatrix} 1 \\ 2 \\ 3 \end{bmatrix}$$

4.5.2 부분 피봇팅을 이용한 상하행렬 분해

부분 피봇팅을 사용하여 상하행렬 분해를 실행하는 경우에는 식 (4.16)을 다음과 같이 수정할 수 있다.

$$\mathbf{LU} = \mathbf{PA} \tag{4.29}$$

여기서 $\mathbf{P}$는 **치환행렬**(permutation matrix)을 나타낸다. 치환행렬은 다음 3×3 행렬과 같이 어느 행 어느 열이나 단 한 개의 원소가 1이고, 다른 모든 원소가 0인 정방행렬을 말한다.

$$\mathbf{P} = \begin{bmatrix} 0 & 0 & 1 \\ 1 & 0 & 0 \\ 0 & 1 & 0 \end{bmatrix}$$

식 (4.29)의 우항 $\mathbf{PA}$를 계산하면

$$\begin{bmatrix} 0 & 0 & 1 \\ 1 & 0 & 0 \\ 0 & 1 & 0 \end{bmatrix} \begin{bmatrix} a_{11} & a_{12} & a_{13} \\ a_{21} & a_{22} & a_{23} \\ a_{31} & a_{32} & a_{33} \end{bmatrix} = \begin{bmatrix} \mathbf{A}_3 \\ \mathbf{A}_2 \\ \mathbf{A}_1 \end{bmatrix}$$

이 된다($\mathbf{A}_3$은 행렬 $\mathbf{A}$의 3행의 원소들을 의미). 행렬 $\mathbf{PA}$는 행렬 $\mathbf{A}$에서 행끼리 자리바꿈하여 구할 수 있다.

부분 피봇팅을 이용하여 행렬 $\mathbf{L}$과 $\mathbf{U}$를 구하는 과정에서 절댓값이 가장 큰 피봇 원소를 선택하기 위해서 행들의 자리바꿈이 필요하다. 그러므로 상수 벡터 $\mathbf{c}$도 반드시 자리바꿈을 실행한 이후에 변수 벡터 $\mathbf{x}$를 구해야만 한다.

치환행렬 $\mathbf{P}$를 선형시스템 $\mathbf{Ax} = \mathbf{c}$에 적용하면 다음과 같이 쓰여진다.

$$\mathbf{PAx} = \mathbf{Pc} \equiv \mathbf{d} \tag{4.30}$$

치환행렬 $\mathbf{P}$의 가장 기본적인 형태는 다음과 같이 단위행렬과 동일하다.

$$\mathbf{P}_0 = \begin{bmatrix} 1 & 0 & 0 \\ 0 & 1 & 0 \\ 0 & 0 & 1 \end{bmatrix} = \mathbf{I}$$

만일 행렬 $\mathbf{L}$과 $\mathbf{U}$를 구하는 과정에서 자리바꿈을 두 번 했다고 가정해보자. 첫 번째 자리바꿈에서 1행과 3행을 바꿨다면 치환행렬은 다음과 같이 다시 정렬된다.

$$\mathbf{P}_1 = \begin{bmatrix} 0 & 0 & 1 \\ 0 & 1 & 0 \\ 1 & 0 & 0 \end{bmatrix}$$

두 번째 자리바꿈에서 2행과 3행을 다시 바꿨다면 다음 치환행렬을 사용한다.

$$\mathbf{P}_2 = \begin{bmatrix} 1 & 0 & 0 \\ 0 & 0 & 1 \\ 0 & 1 & 0 \end{bmatrix}$$

최종 치환행렬은 자리바꿈을 두 번 하기 전, 각각의 치환행렬을 곱해서 사용한다.

$$\mathbf{P} = \mathbf{P}_2\mathbf{P}_1 = \begin{bmatrix} 1 & 0 & 0 \\ 0 & 0 & 1 \\ 0 & 1 & 0 \end{bmatrix}\begin{bmatrix} 0 & 0 & 1 \\ 0 & 1 & 0 \\ 1 & 0 & 0 \end{bmatrix} = \begin{bmatrix} 0 & 0 & 1 \\ 1 & 0 & 0 \\ 0 & 1 & 0 \end{bmatrix}$$

자리바꿈을 적용시킨 새로운 상수 벡터 $\mathbf{d}$를 식 (4.18)과 식 (4.19)에 이용한다.

$$\begin{aligned} \mathbf{LUx} &= \mathbf{d} \\ \mathbf{Ly} &= \mathbf{d} \\ \mathbf{Ux} &= \mathbf{y} \end{aligned} \tag{4.31}$$

실제 계산 예

부분 피봇팅을 사용하는 상하행렬 분해로 다음에 주어진 선형시스템의 변수 벡터 $\mathbf{d}$를 구해보자.

$$\mathbf{A} = \begin{bmatrix} 1 & -1 & 1 \\ 0 & 1 & -1 \\ 2 & 2 & -1 \end{bmatrix}, \quad \mathbf{x} = \begin{bmatrix} x_1 \\ x_2 \\ x_3 \end{bmatrix}, \quad \mathbf{c} = \begin{bmatrix} 0 \\ 1 \\ 6 \end{bmatrix}$$

1열에서 가장 큰 절댓값 원소는 2이므로 부분 피봇팅을 이용하여 3행과 1행을 서로 자리바꿈한다.

$$\begin{bmatrix} 2 & 2 & -1 \\ 0 & 1 & -1 \\ 1 & -1 & 1 \end{bmatrix} \quad (R1) \leftrightarrow (R3)$$

1행 1열의 2를 피봇 원소로 이용하여 2행과 3행의 승수를 구한다.

$$m_{21} = \frac{a_{21}^{(1)}}{a_{11}^{(1)}} = \frac{0}{2} = 0$$

$$m_{31} = \frac{a_{31}^{(1)}}{a_{11}^{(1)}} = \frac{1}{2}$$

1행에 $\frac{1}{2}$을 곱하고 그 결과를 3행에서 뺀 뒤에 3행에 놓는다.

$$\begin{bmatrix} 2 & 2 & -1 \\ 0 & 1 & -1 \\ 0 & -2 & \frac{3}{2} \end{bmatrix} \quad \leftarrow (R3) - \left(\frac{1}{2}\right) \times (R1)$$

2열에서 가장 큰 절댓값 원소는 -2이므로 다시 부분 피봇팅을 이용하여 2행과 3행을 서로 자리바꿈한다.

$$\begin{bmatrix} 2 & 2 & -1 \\ 0 & -2 & \frac{3}{2} \\ 0 & 1 & -1 \end{bmatrix} \quad (R2) \leftrightarrow (R3)$$

2행 2열의 -2를 피봇 원소로 이용하여 3행의 승수를 구한다.

$$m_{32} = \frac{a_{32}^{(2)}}{a_{22}^{(2)}} = -\frac{1}{2}$$

2행에 $-\frac{1}{2}$을 곱하고 그 결과를 3행에서 뺀 뒤에 3행에 놓는다.

$$\begin{bmatrix} 2 & 2 & -1 \\ 0 & -2 & 3/2 \\ 0 & 0 & -\frac{1}{4} \end{bmatrix} \quad \leftarrow (R3) - \left(-\frac{1}{2}\right) \times (R2)$$

하삼각행렬, 상삼각행렬(식 (4.21))을 이용하여 행렬 $\mathbf{L}$과 행렬 $\mathbf{U}$를 구하면 다음과 같다.

$$\mathbf{L} = \begin{bmatrix} 1 & 0 & 0 \\ 0 & 1 & 0 \\ \frac{1}{2} & -\frac{1}{2} & 1 \end{bmatrix}, \quad \mathbf{U} = \begin{bmatrix} 2 & 2 & -1 \\ 0 & -2 & 3/2 \\ 0 & 0 & -\frac{1}{4} \end{bmatrix}$$

행렬 $\mathbf{U}$는 바로 위에 구한 행렬과 동일하다. 그러나 행렬 $\mathbf{L}$은 자리바꿈을 고려하여 다시 정렬시킨다. 첫 번째 자리바꿈에서 1행과 3행을 바꿨지만 하삼각행렬의 기본 형식에 의해서 1행 1열의 원소는 항상 1이므로 1행 3열의 원소 $\frac{1}{2}$과 자리바꿈은 불가능하다. 반면에 2행과 3행을 자리바꿈했던 두 번째 자리바꿈의 경우는 승수 m_{21}과 m_{31}을 바꾸면 다음과 같다.

$$\mathbf{L} = \begin{bmatrix} 1 & 0 & 0 \\ 1/2 & 1 & 0 \\ 0 & -1/2 & 1 \end{bmatrix}$$

첫 번째 자리바꿈에서 1행과 3행을 바꾸고, 두 번째 자리바꿈에서 2행과 3행을 바꾸었으므로 최종적으로 사용할 치환행렬은 다음 연산으로 구할 수 있다.

$$\mathbf{P} = \begin{bmatrix} 1 & 0 & 0 \\ 0 & 0 & 1 \\ 0 & 1 & 0 \end{bmatrix} \begin{bmatrix} 0 & 0 & 1 \\ 0 & 1 & 0 \\ 1 & 0 & 0 \end{bmatrix} = \begin{bmatrix} 0 & 0 & 1 \\ 1 & 0 & 0 \\ 0 & 1 & 0 \end{bmatrix}$$

자리바꿈을 적용시킨 새로운 상수 벡터 $\mathbf{d}$는 다음과 같다.

$$\mathbf{d} = \mathbf{Pc} = \begin{bmatrix} 0 & 0 & 1 \\ 1 & 0 & 0 \\ 0 & 1 & 0 \end{bmatrix} \begin{bmatrix} 0 \\ 1 \\ 6 \end{bmatrix} = \begin{bmatrix} 6 \\ 0 \\ 1 \end{bmatrix}$$

$\mathbf{Ly} = \mathbf{d}$의 변수 벡터 $\mathbf{y}$를 전진 대입법을 이용하여 먼저 구한다.

$$\begin{bmatrix} 1 & 0 & 0 \\ 1/2 & 1 & 0 \\ 0 & -1/2 & 1 \end{bmatrix} \begin{bmatrix} y_1 \\ y_2 \\ y_3 \end{bmatrix} = \begin{bmatrix} 6 \\ 0 \\ 1 \end{bmatrix}$$

변수 벡터 $\mathbf{y}$의 값은 다음과 같다.

$$\begin{bmatrix} y_1 \\ y_2 \\ y_3 \end{bmatrix} = \begin{bmatrix} 6 \\ -3 \\ -1/2 \end{bmatrix}$$

$\mathbf{Ux} = \mathbf{y}$의 변수 벡터 $\mathbf{x}$를 후진 대입법을 이용하여 구한다.

$$\begin{bmatrix} 2 & 2 & -1 \\ 0 & -2 & 3/2 \\ 0 & 0 & -1/4 \end{bmatrix} \begin{bmatrix} x_1 \\ x_2 \\ x_3 \end{bmatrix} = \begin{bmatrix} 6 \\ -3 \\ -1/2 \end{bmatrix}$$

상하행렬 분해를 이용하여 구한 변수 벡터 $\mathbf{x}$의 최종 결과는 다음과 같다.

$$\begin{bmatrix} x_1 \\ x_2 \\ x_3 \end{bmatrix} = \begin{bmatrix} 1 \\ 3 \\ 2 \end{bmatrix}$$

MATLAB 4-5 MATLAB을 이용한 상하행렬 분해

MATLAB을 이용하여 부분 피봇팅을 사용하는 상하행렬 분해로 다음에 주어진 선형시스템의 하삼각행렬 $\mathbf{L}$과 상삼각행렬 $\mathbf{U}$, 치환행렬 $\mathbf{P}$를 실행하라.

$$\mathbf{A} = \begin{bmatrix} 1 & -1 & 1 \\ 0 & 1 & -1 \\ 2 & 2 & -1 \end{bmatrix}, \quad \mathbf{x} = \begin{bmatrix} x_1 \\ x_2 \\ x_3 \end{bmatrix}, \quad \mathbf{c} = \begin{bmatrix} 0 \\ 1 \\ 6 \end{bmatrix}$$

풀이

부분 피봇팅을 사용하여 상하행렬 분해를 할 수 있는 MATLAB 함수 이름은 **lu**이다. [그림 4-9]처럼 입력을 실행하면 하삼각행렬 $\mathbf{L}$, 상삼각행렬 $\mathbf{U}$와 부분 피봇팅에서 실행된 자리바꿈을 보여주는 치환행렬 $\mathbf{P}$를 동시에 구할 수 있다. 모든 행렬의 결과는 앞의 본문에서 구한 최종 결과와 같다.

Command Window

```
>> A = [1 -1 1;0 1 -1;2 2 -1];
>> [L,U,P] = lu(A)
L =
    1.0000         0         0
    0.5000    1.0000         0
         0   -0.5000    1.0000
U =
    2.0000    2.0000   -1.0000
         0   -2.0000    1.5000
         0         0   -0.2500
P =
     0     0     1
     1     0     0
     0     1     0
```

[그림 4-9] 실행 결과 : 하삼각행렬 $\mathbf{L}$, 상삼각행렬 $\mathbf{U}$, 치환행렬 $\mathbf{P}$

MATLAB 4-6 MATLAB을 이용한 상하행렬 분해로 얻은 변수 벡터

[MATLAB 4-5]를 이용해서 얻은 하삼각행렬 **L**과 상삼각행렬 **U**, 치환행렬 **P**로 변수 벡터 **x**를 실행하라.

풀이

[그림 4-10]은 식 (4.30)과 식 (4.31)을 MATLAB 명령어로 입력한 결과이다. 1장에서 학습했듯이, **Ly**=**d**와 **Ux**=**y**의 연산에서 변수 벡터 **y**와 변수 벡터 **x**의 계산에는 왼쪽 나눗셈 연산자(컴퓨터 키보드에서 [₩])를 사용한다. 변수 벡터 **x**의 결과는 앞의 본문에서 구한 결과와 같다.

```
Command Window
>> A = [1 -1 1;0 1 -1;2 2 -1];
>> c = [0;1;6];
>> [L,U,P] = lu(A);
>> d = P*c
d =
     6
     0
     1
>> y = L₩d
y =
    6.0000
   -3.0000
   -0.5000
>> x = U₩y
x =
     1
     3
     2
```

[그림 4-10] 실행 결과 : 부분 피봇팅을 이용한 상하행렬로 얻은 변수 벡터 **x**

CHAPTER

04 핵심요약

01 선형시스템의 일반형

행렬–벡터 곱셈 형태로 표시한다.

$$\mathrm{Ax} = \mathrm{c}$$

02 전치행렬

주어진 행렬 A의 행과 열을 서로 바꾼 행렬로 수학적으로는 A^T로 표시하고 MATLAB에서는 아포스트로피를 사용하여 A′로 입력한다.

03 영행렬, 정방행렬, 단위행렬

행렬의 원소가 모두 0이면 영행렬, 행과 열의 수가 같으면 정방행렬, 행렬의 주대각선의 값이 모두 1이고 나머지 원소들이 0이면 단위행렬이다.

04 행렬의 곱셈

두 행렬 A와 B의 곱셈은 앞 행렬 A의 열과 뒤 행렬 B의 행의 수가 일치하는 경우에만 가능하다.

05 역행렬

역행렬 A^{-1}를 이용하면 선형시스템의 해 **x**를 구할 수 있다. 역행렬 A^{-1}를 구하려면 행렬 A는 반드시 정방행렬이고, 행렬식 $|\mathrm{A}|$가 정칙행렬 $|\mathrm{A}| \neq 0$의 조건을 만족해야 한다.

$$\mathrm{x} = \mathrm{A}^{-1}\mathrm{c}$$

MATLAB의 행렬식 명령어와 역행렬 명령어는 각각 **det**(A)와 **inv**(A)이다.

06 가우스 소거법

기본 행렬을 만드는 기본행 연산을 기초로 여러 미지수가 한 개 남을 때까지 연속적으로 소거하는 방법이다. 가우스 소거법은 피봇 원소, 후진 대입법, 전진 대입법을 순차적으로 이용하여 선형시스템의 해를 구할 수 있다.

07 순수 가우스 소거법

피봇팅을 이용하지 않는 것이다. 피봇팅을 사용한 가우스 소거법과 부분 피봇팅을 사용한 가우스 소거법의 연산은 과정이 거의 같다.

08 가우스 조르단 소거법

기본적인 가우스 소거법을 이용하여 역행렬을 구하는 다른 방법이다. 가우스 조르단 소거법은 후진 대입법 과정은 필요 없이 기본행 연산을 이용하여 축약된 행 사다리꼴을 얻는 알고리즘이다.

09 상하행렬 분해

가우스 소거법을 기초로 사용하지만 가우스 소거법의 단점을 보완할 수 있어서 컴퓨터로 선형시스템의 해를 가장 빠르게 찾을 수 있다. 상하행렬 분해는 부분 피봇팅을 이용하거나 하지 않을 수 있다.

CHAPTER

04 기본문제

4.1 다음 중 행렬에 대한 설명으로 옳지 않은 것을 찾아라.

① 행렬의 행과 열이 서로 바뀐 행렬은 전치행렬이다.

② 모든 원소가 0인 행렬은 영행렬이다.

③ 모든 원소가 1인 행렬은 단위행렬이다.

④ 행렬 **A**와 행렬 **B**가 주어질 때 두 행렬의 곱셈이 항상 가능한 것은 아니다.

4.2 다음 중 전치행렬에 대한 설명으로 옳지 않은 것을 찾아라.

① MATLAB에서 전치연산자는 아포스트로피이다.

② 행렬 **A**의 전치행렬을 실행한 뒤 다시 전치행렬을 실행하면 행렬 자신이다.

③ 행렬 **A**와 전치행렬 $\mathbf{A}^T$의 곱셈은 항상 연산이 가능하다.

④ 정방행렬 **A**와 전치행렬 $\mathbf{A}^T$의 곱셈은 $|\mathbf{A}|^2$이다.

4.3 다음 설명 중 틀린 것을 찾아라.

① 행렬식 $|\mathbf{A}|$는 정방행렬 **A**에만 사용할 수 있다.

② 모든 크기의 행렬 **A**에 대한 역행렬을 계산할 수 있다.

③ 역행렬은 행렬식의 값이 0이 아닌 정칙행렬 $|\mathbf{A}| \neq 0$에서 계산할 수 있다.

④ MATLAB에서 직접 행렬식을 구할 수 있는 함수는 **det**이다.

4.4 순수 가우스 소거법과 비교했을 때 부분 피봇팅을 사용한 가우스 소거법의 차이점은 무엇인가?

① 선형시스템 $\mathbf{Ax} = \mathbf{c}$에서 배열 **A**와 **c**를 함께 묶은 확대행렬 형태를 사용한다.

② 피봇 원소와 나머지 각 행의 첫 번째 원소의 곱셈 비례인 승수를 구한다.

③ 행렬의 1열부터 차례대로 절댓값이 가장 큰 원소를 피봇 원소로 지정한다.

④ 차례대로 변수들을 풀기 위해서 전진 대입법을 사용한다.

4.5 다음 중 가우스 조르단 소거법에 대한 설명으로 옳지 않은 것을 찾아라.

① 가우스 소거법을 응용하여 선형시스템 $\mathbf{Ax} = \mathbf{c}$의 변수 $\mathbf{x}$를 풀 수 있다.

② 가우스 소거법과 다르게 후진 대입법 과정은 필요 없다.

③ 기본행 연산을 이용한다.

④ 축약된 행 사다리꼴을 얻는 알고리즘이다.

4.6 다음 중 상하행렬 분해에 대한 설명으로 옳은 것을 모두 찾아라.

① 행렬의 차수가 커지면 연산카운터가 매우 크게 증가하여 실행 속도가 감소한다.

② 가우스 소거법을 기초로 사용하여 단점을 보완한다.

③ 하삼각행렬은 주대각선을 기준으로 아래쪽에 위치하는 모든 원소들이 0이다.

④ 상삼각행렬은 주대각선을 기준으로 위쪽에 위치하는 모든 원소들이 0이다.

⑤ 전진 대입법과 후진 대입법을 모두 사용한다.

CHAPTER

04 연습문제

4.1 다음 선형시스템은 $\mathbf{Ax}=\mathbf{c}$로 표현할 수 있다. 계수행렬 $\mathbf{A}$, 상수 벡터 $\mathbf{c}$를 찾고 MATLAB의 왼쪽 나눗셈을 이용하여 변수 벡터 $\mathbf{x}$를 찾아라.

$$\begin{aligned} 2x_1+4x_2-2x_3-2x_4 &= -4 \\ x_1+2x_2+4x_3-3x_4 &= 5 \\ -3x_1-3x_2+8x_3-2x_4 &= 7 \\ -x_1+x_2+6x_3-3x_4 &= 7 \end{aligned}$$

4.2 행렬 $\mathbf{A}$와 $\mathbf{B}$가 다음과 같이 주어져 있다. 행렬 $\mathbf{A}$에서 행렬 $\mathbf{B}$와 단위행렬 $\mathbf{I}$를 뺀 행렬 $\mathbf{C}$의 전치행렬 $\mathbf{C}^T$를 구하라. 또한 MATLAB을 이용하여 결과를 확인하라.

$$\mathbf{A}=\begin{bmatrix} 2 & 4 & -3 \\ 1 & 6 & 1 \\ -1 & -2 & -3 \end{bmatrix}, \quad \mathbf{B}=\begin{bmatrix} 1 & 0 & 1 \\ 0 & 1 & -1 \\ 2 & 3 & 3 \end{bmatrix}$$

4.3 [연습문제 4.2]에서 $(\mathbf{A}+\mathbf{B})+\mathbf{C}^T=\mathbf{A}+(\mathbf{B}+\mathbf{C}^T)$의 결합법칙이 성립하는 것을 MATLAB을 이용하여 보여라.

4.4 행렬 $\mathbf{A}$와 $\mathbf{B}$가 다음과 같이 주어져 있다. 곱셈 연산 $\mathbf{AB}$와 $\mathbf{BA}$를 실행하고 MATLAB을 이용하여 결과를 확인하라. 그리고 곱셈에 대한 교환 법칙의 성립 여부를 확인하라.

$$\mathbf{A}=\begin{bmatrix} 2 & 4 & -3 \\ 1 & 6 & 1 \\ -1 & -2 & -3 \end{bmatrix}, \quad \mathbf{B}=\begin{bmatrix} 1 & 0 & 1 \\ 0 & 1 & -1 \\ 2 & 3 & 3 \end{bmatrix}$$

4.5 행렬 $\mathbf{A}$, $\mathbf{B}$, $\mathbf{C}$가 다음과 같이 주어져 있다. $\mathbf{A}(\mathbf{B}+\mathbf{C})=\mathbf{AB}+\mathbf{AC}$의 분배법칙이 성립하는 것을 MATLAB을 이용해 보여라.

$$\mathbf{A}=\begin{bmatrix} -7 & -5 & 2 \\ 10 & 6 & 1 \\ 3 & -9 & 8 \end{bmatrix}, \quad \mathbf{B}=\begin{bmatrix} 3 & -2 & 1 \\ 6 & 8 & -5 \\ 7 & 9 & 10 \end{bmatrix}, \quad \mathbf{C}=\begin{bmatrix} 6 & 9 & -4 \\ 7 & 5 & 3 \\ -8 & 2 & 1 \end{bmatrix}$$

4.6 행렬 $\mathbf{A}$의 역행렬을 손으로 계산하고, MATLAB을 이용하여 각각의 결과들을 확인하라.

$$\mathbf{A} = \begin{bmatrix} 3 & 1 & 2 \\ -1 & -2 & 1 \\ 2 & 3 & -2 \end{bmatrix}$$

4.7 다음 선형방정식의 해를 역행렬을 이용하여 계산하라.

$$\begin{aligned} 3x_1 + x_2 + 2x_3 &= 6 \\ -x_1 - 2x_2 + x_3 &= 3 \\ 2x_1 + 3x_2 - 2x_3 &= -5 \end{aligned}$$

4.8 크래머 법칙을 이용하여 세 개의 선형방정식의 해를 구하는 MATLAB의 스크립트 파일을 작성하라. 본문의 [그림 4-5]를 기초로 수정하라.

4.9 [연습문제 4.8]에서 작성한 스크립트 파일을 사용하여 다음 선형방정식의 해를 찾아라.

$$\begin{aligned} 3x_1 + x_2 + 2x_3 &= 6 \\ -x_1 - 2x_2 + x_3 &= 3 \\ 2x_1 + 3x_2 - 2x_3 &= -5 \end{aligned}$$

4.10 선형시스템 $\mathbf{Ax} = \mathbf{c}$에 대한 행렬이 다음과 같다. 순수 가우스 소거법을 이용하여 변수 x_1, x_2, x_3을 찾아라.

$$\mathbf{A} = \begin{bmatrix} 3 & 1 & 2 \\ -1 & -2 & 1 \\ 2 & 3 & -2 \end{bmatrix}, \quad \mathbf{x} = \begin{bmatrix} x_1 \\ x_2 \\ x_3 \end{bmatrix}, \quad \mathbf{c} = \begin{bmatrix} 6 \\ 3 \\ -5 \end{bmatrix}$$

4.11 MATLAB을 실행하여 다음 선형시스템에 대해 순수 가우스 소거법을 이용하여 변수 x_1, x_2, x_3, x_4를 찾아라.

$$\begin{bmatrix} 1 & 5 & -1 & 6 \\ 2 & -1 & 1 & -2 \\ -1 & 4 & -1 & 3 \\ 3 & -7 & -2 & 1 \end{bmatrix} \begin{bmatrix} x_1 \\ x_2 \\ x_3 \\ x_4 \end{bmatrix} = \begin{bmatrix} 19 \\ 7 \\ 20 \\ -75 \end{bmatrix}$$

4.12 다음과 같은 선형시스템의 변수 x_1, x_2, x_3, x_4를 부분 피봇팅을 사용한 가우스 소거법을 이용하여 구하라.

$$\begin{bmatrix} 2 & 4 & -2 & -2 \\ 1 & 2 & 4 & -3 \\ -3 & -3 & 8 & -2 \\ -1 & 1 & 6 & -3 \end{bmatrix} \begin{bmatrix} x_1 \\ x_2 \\ x_3 \\ x_4 \end{bmatrix} = \begin{bmatrix} -4 \\ 5 \\ 7 \\ 7 \end{bmatrix}$$

4.13 피봇팅을 사용하지 않는 가우스 조르단 소거법으로 주어진 행렬 $\mathbf{A}$의 역행렬을 찾아라.

$$\mathbf{A} = \begin{bmatrix} -1 & 1 & 2 \\ 3 & -1 & 1 \\ -1 & 3 & 4 \end{bmatrix}$$

4.14 피봇팅을 사용한 가우스 조르단 소거법을 이용하여 [연습문제 4.13]의 행렬 $\mathbf{A}$의 역행렬을 찾아라.

4.15 상하행렬 분해(LU 분해)를 이용하여 다음에 주어지는 선형시스템의 변수 벡터 $\mathbf{x}$를 찾아라. 가우스 소거법을 이용하여 승수들을 구하고, 상삼각행렬 $\mathbf{U}$와 하삼각행렬 $\mathbf{L}$을 이용하라.

$$\mathbf{A} = \begin{bmatrix} 2 & 4 & -2 & -2 \\ -3 & -3 & 8 & -2 \\ 1 & 2 & 4 & -3 \\ -1 & 1 & 6 & -3 \end{bmatrix}, \quad \mathbf{x} = \begin{bmatrix} x_1 \\ x_2 \\ x_3 \\ x_4 \end{bmatrix}, \quad \mathbf{c} = \begin{bmatrix} -4 \\ 7 \\ 5 \\ 7 \end{bmatrix}$$

4.16 상하행렬 분해 방법 2의 식 (4.22)를 이용하여 [연습문제 4.10]에서 주어진 선형시스템에 대한 변수 벡터 $\mathbf{x}$를 찾아라.

$$\mathbf{A} = \begin{bmatrix} 3 & 1 & 2 \\ -1 & -2 & 1 \\ 2 & 3 & -2 \end{bmatrix}, \quad \mathbf{x} = \begin{bmatrix} x_1 \\ x_2 \\ x_3 \end{bmatrix}, \quad \mathbf{c} = \begin{bmatrix} 6 \\ 3 \\ -5 \end{bmatrix}$$

4.17 [연습문제 4.11]에서 주어진 선형시스템의 변수 벡터 **x**를 부분 피봇팅을 사용하는 상하행렬 분해로 구하라.

$$\mathbf{A} = \begin{bmatrix} 1 & 5 & -1 & 6 \\ 2 & -1 & 1 & -2 \\ -1 & 4 & -1 & 3 \\ 3 & -7 & -2 & 1 \end{bmatrix}, \quad \mathbf{x} = \begin{bmatrix} x_1 \\ x_2 \\ x_3 \\ x_4 \end{bmatrix}, \quad \mathbf{c} = \begin{bmatrix} 19 \\ 7 \\ 20 \\ -75 \end{bmatrix}$$

4.18 [연습문제 4.17]을 하삼각행렬 **L**과 상삼각행렬 **U**, 치환행렬 **P**를 이용하여 MATLAB으로 실행하라.

4.19 [연습문제 4.18]에서 얻은 하삼각행렬 **L**과 상삼각행렬 **U**, 치환행렬 **P**로 변수 벡터 **x**를 실행하라.

4.20 주어진 선형시스템 **Ax** = **c**에서 변수 **x**를 풀기 위해서 역행렬과 상하행렬 분해 중 어느 방법을 이용하는 것이 더 빠른 연산 처리의 결과를 얻을 수 있는지 설명하라.

CHAPTER

05

테일러 다항식

Taylor polynomial

수학에서 $2x^2$, $3xy$와 같이 문자(혹은 변수)와 숫자가(혹은 계수) 곱으로 연결된 식을 단항식(monomial)이라고 한다. 그리고 x^3-2x^2+x+1, $2x^2+3xy$와 같이 두 개 이상의 단항식이 덧셈과 뺄셈으로 연결된 식을 다항식(polynomial)이라고 한다. 테일러 다항식은 간단하고 쉽게 구성할 수 있고, 근삿값과 복잡한 실제 함수의 오차를 줄이는 데 효과적이기 때문에 다항식을 간단하게 연산할 수 있다.

5.1절에서는 테일러 다항식의 기본이 되는 테일러 급수를 배운다. 5.2절에서는 복잡한 함수를 쉽게 풀 수 있도록 테일러 다항식의 근삿값을 구하는 방법을 학습한다. 5.3절에서는 5.2절에서 설명한 테일러 다항식의 근삿값에 대한 경계 오차와 절대 오차를 배운다. 5.4절에서는 중첩된 곱셈을 이용해서 다항식의 값을 찾아볼 것이다.

CONTENTS

SECTION

5.1 테일러 급수

테일러(Taylor) **다항식**을 자세히 학습하기 전에 먼저 테일러 정리를 살펴보자. 테일러 급수는 어떤 함수를 미분 가능한 한 점의 값으로 계산되는 각 항들의 무한한 합으로 나타내는 방법이다. 즉 미분 가능한 함수를 다항식의 형태로 근사시키는 것이다. 이때 특정 조건을 만족하는 임의의 함수가 테일러 급수로 표현되면, 이를 **테일러 정리**라고 한다. 테일러 정리는 평균값 정리를 임의의 n차수(order) 도함수에 일반화시킨 형태로 전개된다.

실제 주어지는 함수 $f(x)$를 전개하여 $x=a$ 근처에서 다음과 같이 표시할 수 있다면, 이를 테일러 정리라고 한다.

$$\begin{aligned} f(x) = f(a) + \left(\frac{df}{dx}\right)\bigg|_{x=a}(x-a) + \frac{1}{2!}\left(\frac{d^2f}{dx^2}\right)\bigg|_{x=a}(x-a)^2 \\ + \cdots + \frac{1}{k!}\left(\frac{d^kf}{dx^k}\right)\bigg|_{x=a}(x-a)^k + \cdots + R_n \end{aligned} \tag{5.1}$$

식 (5.1)을 좀 더 일반화시키면 다음과 같다. 이를 **테일러 다항식의 근삿값**(approximation)이라고 한다(이에 대해서는 5.2절에서 더 자세히 설명한다).

$$f(x) = f(a) + f'(a)(x-a) + \frac{1}{2!}f''(a)(x-a)^2 + \cdots + \frac{1}{k!}f^k(a)(x-a)^k + \cdots + R_n \tag{5.2}$$

식 (5.2)에서 마지막 항 R_n은 함수 $f(x)$의 나머지항의 미분이라고 하고, 다음과 같이 표현한다. 여기서 b는 a와 x 사이의 값이다.

$$R_n = \frac{1}{n!}\left(\frac{d^nf}{dx^n}\right)\bigg|_{x=b}(x-a)^n \tag{5.3}$$

식 (5.2)의 결과에서 만일 함수 $f(x)$가 n차 항까지 연속적인 도함수 값을 가지면 모든 항을 유효하게 이용할 수 있다. 이때 만일 n이 매우 큰 값을 가져서 R_n이 0에 근접하면, 이 전개를 $x=a$에서 $f(x)$에 대한 **테일러 급수**(series)라고 한다. 만약 $a=0$이면, 이를 **맥클로린**(Maclaurin) **급수**라고 하고 다음과 같이 나타낸다. 맥클로린 급수는 모든 항의 변수가 음수가 아닌 정수의 거듭제곱(power)을 갖는 급수 확장의 유형이다.

$$f(x) = f(0) + f'(0)x + \frac{1}{2!}f''(0)x^2 + \frac{1}{3!}f^{(3)}(0)x^3 + \cdots$$

삼각함수 $f(x)=\sin(x)$에 대한 테일러 급수를 전개해보자. 먼저 사인(sine) 함수에 대한 1차, 2차, 3차, ⋯, n차 미분을 계산하자. 결과는 다음과 같다.

$$\begin{array}{lll} f'(x)=\cos x & f''(x)=-\sin x & f^3(x)=-\cos x \\ f^4(x)=\sin(x) & f^5(x)=\cos x & f^6(x)=-\sin x \\ f^7(x)=-\cos x & \cdots & \cdots \end{array}$$

위의 결과를 식 (5.2)에 대입하면 다음과 같다.

$$f(x)=\sin(a)+\cos(a)(x-a)-\frac{1}{2!}\sin(a)(x-a)^2-\frac{1}{3!}\cos(a)(x-a)^3+\frac{1}{4!}\sin(a)(x-a)^4$$
$$+\frac{1}{5!}\cos(a)(x-a)^5-\frac{1}{6!}\sin(a)(x-a)^6-\frac{1}{7!}\cos(a)(x-a)^7+\cdots$$

만일 $a=0$이라고 가정하면 다음과 같다. 여기서 $\sin(0)=0$이고, $\cos(0)=1$로 계산했다.

$$f(x)=x-\frac{x^3}{3!}+\frac{x^5}{5!}-\frac{x^7}{7!}+\cdots \qquad (-\infty<x<\infty)$$

예제 5-1 테일러 급수 전개하기

식 (5.2)를 이용하여 $f(x)=\cos(x)$의 테일러 급수를 3차 미분항까지 전개하라. 또한 맥클로린 급수를 처음 항 네 개까지만 나타내라.

풀이

문제를 푸는 데 필요한 $f(x)=\cos(x)$의 3차 미분항까지는 다음과 같이 전개된다.

$$f'(x)=-\sin x \qquad f''(x)=-\cos x \qquad f^3(x)=\sin x$$

이 결과를 식 (5.2)에 대입하면 다음과 같다.

$$f(x)=\cos(a)-\sin(a)(x-a)-\frac{1}{2!}\cos(a)(x-a)^2+\frac{1}{3!}\sin(a)(x-a)^3+\frac{1}{4!}\cos(a)(x-a)^4$$
$$-\frac{1}{5!}\sin(a)(x-a)^5-\frac{1}{6!}\cos(a)(x-a)^6+\frac{1}{7!}\sin(a)(x-a)^7+\cdots \qquad (1)$$

식 (1)에서 3차 미분항까지만 나타내면 다음과 같다.

$$f(x)=\cos(a)-\sin(a)(x-a)-\frac{1}{2!}\cos(a)(x-a)^2+\frac{1}{3!}\sin(a)(x-a)^3$$

식 (1)에서 $a=0$이라고 가정하고 맥클로린 급수를 처음 네 개까지 나타내면 다음과 같다.

$$\cos x=1-\frac{x^2}{2!}+\frac{x^4}{4!}-\frac{x^6}{6!} \qquad (-\infty<x<\infty)$$

MATLAB 5-1 [예제 5-1]의 검증

MATLAB의 심벌릭 툴박스를 이용하여 [예제 5-1]의 결과를 실행하라.

풀이

MATLAB의 심벌릭 툴박스에서 사용하는 테일러 급수의 기본 형식은 다음과 같다.

taylor(f, 'ExpansionPoint', a, 'Order', n)

여기서 f는 테일러 급수를 적용할 함수를 나타내고, n은 함수 f에 의해서 정의되는 테일러 급수의 처음 $n-1$항까지를 표시한다. a는 $x=a$에서 평가되는 값이다. [그림 5-1]에서 알 수 있듯이 만일 매개변수 a가 생략되어 있다면 $a=0$을 의미한다. 이 경우 'ExpansionPoint' 부분도 삭제한다. 그러나 $a \neq 0$일 때 'ExpansionPoint'를 생략하면 오류가 발생한다.

심벌릭 툴박스를 이용할 때는 반드시 **syms** 명령어와 이후에 사용하는 변수를 지정하고 시작한다. 삼각함수 cosine은 미분함수를 구하는 과정에서 $\sin(0)=0$이 되는 부분이 네 개 빠지므로 $n=8$로 지정했다(❶). 만일 $n=4$만을 지정했다면, 1-x^2/2까지만 표시된다. 계승은 계산된 값 $6!=6\times5\times4\times3\times2\times1=720$으로 변환된다.

```
Command Window
>> syms a x;
>> f = cos(x);
>> taylor(f,'ExpansionPoint',a,'Order',4)
ans =
cos(a) - (cos(a)*(a - x)^2)/2 - (sin(a)*(a - x)^3)/6 + sin(a)*(a - x)
>> taylor(f,'ExpansionPoint',0,'Order',4)
ans =
1 - x^2/2
>> taylor(f,'ExpansionPoint',0,'Order',8)
ans =
- x^6/720 + x^4/24 - x^2/2 + 1
>> taylor(f,'Order',8) …… ❶
ans =
- x^6/720 + x^4/24 - x^2/2 + 1
```

[그림 5-1] 실행 결과

예제 5-2 맥클로린 급수 전개하기

식 (5.2)를 이용하여 $f(x)=xe^{-x}$의 맥클로린 급수를 처음 항 세 개까지만 나타내라.

풀이

문제를 푸는 데 필요한 $f(x)=xe^{-x}$의 3차 미분항까지는 다음과 같이 전개된다.

$$f'(x)=e^{-x}-xe^{-x} \qquad f''(x)=-2e^{-x}+xe^{-x} \qquad f^3(x)=3e^{-x}-xe^{-x}$$

이 결과를 식 (5.2)에 대입하여 3차 미분항까지 나타내면 다음과 같다.

$$f(x)=ae^{-a}+(e^{-a}-ae^{-a})(x-a)+\frac{1}{2!}(-2e^{-a}+ae^{-a})(x-a)^2+\frac{1}{3!}(3e^{-a}-ae^{-a})(x-a)^3 \qquad (1)$$

식 (1)에서 $a=0$이라고 가정하고 맥클로린 급수를 나타내면 다음과 같다.

$$xe^{-x}=x+(-2)\frac{x^2}{2!}+(3)\frac{x^3}{3!}=x-x^2+\frac{x^3}{2} \qquad (-\infty<x<\infty)$$

MATLAB 5-2 맥클로린 급수 구하기

MATLAB의 심벌릭 툴박스를 이용하여 평가값이 각각 $a=0$과 $a=1$을 가지는 지수함수 e^x에 대한 맥클로린 급수의 처음 항 네 개까지만 나타내라.

풀이

지수함수 e^x은 연속해서 미분을 해도 값이 변하지 않으므로 테일러 급수의 전개는 다음과 같이 쓸 수 있다.

$$f(x)=\exp(a)+\exp(a)x+\frac{1}{2!}\exp(a)x^2+\frac{1}{3!}\exp(a)x^3+\frac{1}{4!}\exp(a)x^4+\cdots$$

평가값이 $a=0$을 의미하는 맥클로린 급수의 처음 항 네 개까지만 나타내면 다음과 같다.

$$e^x=1+x+\frac{x^2}{2!}+\frac{x^3}{3!} \qquad (-\infty<x<\infty)$$

평가값이 $a=0$인 경우에는 'ExpansionPoint'와 $a=0$의 부분을 삭제해도 실행되지만 $a=1$인 경우에는 'ExpansionPoint'와 $a=1$의 부분을 생략하면 오류가 발생한다.

```
>> syms x;
>> f = exp(x);
>> taylor(f,'Order',4)
ans =
x^3/6 + x^2/2 + x + 1
>> taylor(f,1,'Order',4)
Error using sym/taylor (line 99)
The value of 'x' is invalid. It must satisfy the function:
@(x)isvector(x)&&isAllVars(x).
>> taylor(f,'ExpansionPoint',1,'Order',4)
ans =
exp(1) + exp(1)*(x - 1) + (exp(1)*(x - 1)^2)/2 + (exp(1)*(x - 1)^3)/6
```

[그림 5-2] 실행 결과

SECTION

5.2 테일러 다항식의 근삿값

식 (5.2)를 **테일러 다항식의 근삿값**이라고 한다. 이를 이용하면 복잡한 함수를 쉽게 풀 수 있다.

$$f(x) = f(a) + f'(a)(x-a) + \frac{1}{2!}f''(a)(x-a)^2 + \cdots + \frac{1}{k!}f^k(a)(x-a)^k + \cdots + R_n$$

다음은 테일러 다항식으로 함수의 근삿값을 찾는 과정이다. 함께 살펴보자.

변수 x에 대한 다항식이 1차 이하의 항들로 이루어지는 경우를 선형 다항식(일반적으로 일차방정식이라 부름)이라고 한다. 선형 다항식은 다음과 같이 표현된다. 여기서 0차항 a_0는 상수항이고, a_1은 1차항의 계수이다.

$$p_1(x) = a_0 + a_1 x \tag{5.4}$$

만일 선형 다항식 $p_1(x)$와 주어진 함수 $f(x)$가 $x = a$인 점에서 다음의 상태를 만족하면

$$\begin{aligned} p_1(a) &= f(a) \\ p'_1(a) &= f'(a) \end{aligned} \tag{5.5}$$

다음과 같은 고유의 선형 다항식 근삿값을 얻는다.

$$p_1(x) = f(a) + (x-a)f'(a) \tag{5.6}$$

그러므로 $y = p_1(x)$의 그래프는 $x = a$인 점에서 그래프 $y = f(x)$의 그래프와 접선을 가진다. 같은 논리로 2차 다항식 $p_2(x) = a_0 + a_1 x + a_2 x^2$이 함수 $f(x)$를 $x = a$인 점에서 다음 상태를 만족하면

$$\begin{aligned} p_2(a) &= f(a) \\ p'_2(a) &= f'(a) \\ p''_2(a) &= f''(a) \end{aligned} \tag{5.7}$$

다음과 같은 고유의 2차 다항식 근삿값을 얻는다.

$$p_2(x) = f(a) + (x-a)f'(a) + \frac{1}{2}(x-a)^2 f''(a) \tag{5.8}$$

이제 n차 다항식으로 확장시켜 보자. 같은 논리로 $x=a$인 점에서 다음 상태를 만족하면

$$p_n^{(j)}(a)=f^{(j)}(a) \quad (j=0,\ 1,\cdots,\ n) \tag{5.9}$$

이다. 일반적인 테일러 다항식 근삿값은 다음과 같다.

$$p_n(x)=f(a)+(x-a)f'(a)+\frac{1}{2!}(x-a)^2f''(a)+\cdots+\frac{1}{n!}(x-a)^nf^{(n)}(a) \tag{5.10}$$

혹은 다음과 같이 쓸 수 있다.

$$p_n(x)=\sum_{j=0}^{n}\frac{(x-a)^j}{j!}f^{(j)}(a) \tag{5.11}$$

x가 a에 근접하는 경우, 식 (5.2)와 식 (5.10)을 비교하면 $f(x)\approx p_n(x)$이다.

예를 들어, 함수 $f(x)$의 변수 x가 상수 4에 근접하는 $x=4$인 점에서 함수 $f(x)=\sqrt{x}$에 대한 2차 테일러 다항식 근삿값을 구하고, 이를 이용하여 $\sqrt{5}$의 값을 구해보자. 식 (5.2)를 이용하면 2차 테일러 다항식은 다음과 같이 쓰여진다.

$$p_2(x)=f(a)+(x-a)f'(a)+\frac{(x-a)^2}{2!}f''(a)$$

위 식의 1차 미분은 $f'(a)=\dfrac{1}{2\sqrt{a}}$, 2차 미분은 $f''(a)=-\dfrac{1}{4a\sqrt{a}}$이다. 상수 $a=4$를 대입하여 2차 테일러 다항식을 다시 써보면 다음과 같다.

$$p_2(x)=2+\frac{1}{4}(x-4)-\frac{1}{64}(x-4)^2$$

근삿값을 이용하여 최종적으로 구하려는 x의 값이 5이므로, 이 값을 다시 위 식에 대입하고 부동 소수점 여섯 자리까지 나타내면

$$\sqrt{5}\approx p_2(5)=2+\frac{1}{4}(5-4)-\frac{1}{64}(5-4)^2=2+\frac{15}{64}=2.234375$$

이다. 지금까지 단순하게 곱셈과 덧셈의 연산만을 이용하는 테일러 다항식으로 복잡한 함수의 근삿값을 충분히 찾을 수 있다는 것을 설명했다.

예제 5-3 테일러 다항식의 근삿값 구하기

x가 상수 2에 근접하는 $x=2$인 점에서 함수 $f(x)=\sqrt{x}$에 대한 선형(혹은 1차) 및 2차 테일러 다항식의 근삿값을 각각 구하라.

풀이

선형 테일러 다항식의 근삿값은 다음과 같다.

$$p_1(x)=f(a)+(x-a)f'(a)$$

1차 미분식의 항은 $f'(a)=\dfrac{1}{2\sqrt{a}}$이고, 상수 $a=2$를 위 식에 대입하면

$$p_1(x)=f(2)+(x-2)f'(2)$$

로, 구하는 1차 테일러 다항식의 근삿값은 다음과 같다.

$$p_1(x)=\sqrt{2}+(x-2)\frac{\sqrt{2}}{4}$$

2차 테일러 다항식의 근삿값은 다음과 같다.

$$p_2(x)=f(a)+(x-a)f'(a)+\frac{1}{2}(x-a)^2f''(a)$$

혹은 다음과 같다.

$$p_2(x)=p_1(x)+\frac{1}{2}(x-a)^2f''(a)$$

이미 구한 1차 미분식의 항에 덧붙여서 2차 미분식의 항은 $f''(a)=-\dfrac{1}{4a\sqrt{a}}$이고, 상수 $a=2$를 위 식에 대입하면

$$p_2(x)=f(2)+(x-2)f'(2)+\frac{1}{2}(x-2)^2f''(2)$$

로, 구하는 2차 테일러 다항식의 근삿값은 다음과 같다.

$$p_2(x)=\sqrt{2}+\frac{\sqrt{2}}{4}(x-2)-\frac{\sqrt{2}}{32}(x-2)^2$$

MATLAB 5-3 테일러 다항식의 근삿값 구하기

[예제 5-3]에서 구한 선형 및 2차 테일러 다항식의 근삿값을 MATLAB을 이용하여 그려라. 이때 $1.0 \le x \le 3.0$이고 x 값은 0.1씩 증가한다.

풀이

[그림 5-3]에서 fx는 근사시키는 함수 $\sqrt{x}$를 나타내고, p1은 선형 테일러 다항식의 근삿값, p2는 2차 테일러 다항식의 근삿값을 나타낸다.

```
Command Window
>> x = 1.0:0.1:3.0;
>> fx = sqrt(x);
>> p1 = sqrt(2)+(sqrt(2)/4).*(x-2);
>> p2 = p1-(sqrt(2)/32)*(x-2).^2;
>> plot(x,fx,'-r',x,p1,'--g',x,p2,'-.b');
>> legend('fx','p1','p2','Location','NW');
>> xlabel('Range of x');
>> ylabel('Approximation values');
>> grid on;
```

[그림 5-3] 실행 결과 : 테일러 다항식의 근삿값

그래프를 통해 2차 테일러 다항식의 근삿값 곡선이 선형 테일러 다항식의 근삿값 직선보다 구하려는 함숫값에 더욱 가까운 것을 알 수 있다. 이러한 오차 관련 문제는 5.3절에서 더 자세하게 학습할 것이다.

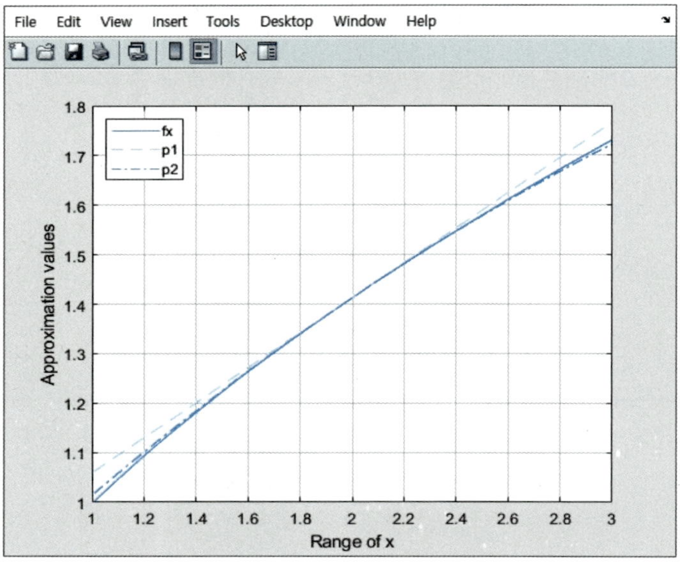

[그림 5-4] 실행 결과 : $f(x)$와 비교하여 그려진 선형 및 2차 테일러 다항식

SECTION 5.3 테일러 다항식 오차 공식

[그림 5-4]에서는 $x = 2$인 점에서 한 번 미분한 선형 테일러 다항식, 두 번 미분한 2차 테일러 다항식, 주어진 함수 $f(x)$의 곡선을 비교했다. 결과는 2차 테일러 다항식의 곡선이 1차 테일러 다항식의 직선보다 주어진 함수에 더욱 가깝다. 그러나 가깝다 해도 주어진 함수 $f(x)$와 완전히 중첩되지 않고 일정한 틈새가 보인다. 이 틈새가 바로 테일러 다항식과 평가하려는 함수 $f(x)$ 사이에서 생기는 오차이다. 만일 여러 번 미분한 고차 테일러 다항식의 곡선과 평가하려는 함수가 완전히 중첩되면 오차가 전혀 발생하지 않았음을 의미한다.

다음은 실제 함수 $f(x)$와 테일러 다항식 $p_n(x)$ 사이에서 발생하는 오차를 구하는 공식이다. 여기서 테일러 다항식은 $x = a$에서 근사시켜서 구했다.

$$R_n(x) = f(x) - p_n(x) = \frac{(x-a)^{n+1}}{(n+1)!} f^{(n+1)}(c_x) \tag{5.12}$$

식 (5.12)는 식 (5.3)의 나머지 항과 같다. 여기서 점 c_x는 x와 a 사이에 있을 때만 제한적으로 그 값을 알 수 있고, x와 a 사이에 있지 않으면 알 수 없다. 참고로 알지 못하는 점 c_x를 고려할 필요가 없고, 식 (5.12)를 더욱 정확하게 표현한다면 다음과 같은 수식으로 변형할 수 있다.

$$R_n(x) = \frac{1}{n!} \int_a^x (x-\alpha)^n f^{(n+1)}(\alpha) d\alpha \tag{5.13}$$

식 (5.13)이 식 (5.12)보다 오차 계산을 정확히 할 수 있지만 대개 점 c_x는 변수 x와 근접하는 상수 a의 범위 내에서만 알 수 있기 때문에 테일러 다항식에 대한 오차 계산은 주로 식 (5.12)를 사용한다.

식 (5.10)에서 x에 대한 미분항을 포함하지 않은 테일러 다항식의 첫 번째 항 혹은 상수함수는 다음과 같이 표현한다.

$$p_0(x) = f(a) \tag{5.14}$$

식 (5.15)는 식 (5.14)에 대한 테일러 오차 공식이다.

$$f(x) - p_0(x) = f(x) - f(a) \tag{5.15}$$

x가 a보다 큰 폐구간 $[a, x]$에서 $f(x)$가 연속 함수이고 점 c_x가 개구간 (a, b)에 있을 때, 이 구간에서 미분이 가능하면 이를 **중간값**(mean-valule) 정리라고 하고, 다음과 같이 쓸 수 있다.

$$f'(c_x) = \frac{f(x) - f(a)}{x - a} \tag{5.16}$$

중간값 정리를 식 (5.15)에 적용하면 다음과 같이 다시 쓸 수 있다. 따라서 테일러 오차 공식 혹은 테일러 나머지 정리는 중간값 정리를 일반화시킨 형태라고 생각하면 된다.

$$f(x) - p_0(x) = f(x) - f(a) = (x - a)f'(c_x) \tag{5.17}$$

[MATLAB 5-2]에서 지수함수 e^x에 대한 n차 테일러 다항식의 근삿값을 다음과 같이 계산했다.

$$p_n(x) = 1 + x + \frac{x^2}{2!} + \frac{x^3}{3!} + \cdots + \frac{x^n}{n!} \tag{5.18}$$

이에 대한 오차는

$$e^x - p_n(x) = \frac{1}{(n+1)!} x^{n+1} e^{c_x}$$

이다. 여기서 점 c_x는 0과 x 사이에 있다. 만일 x가 0에 근접하면($x \approx 0$), 점 c_x도 0에 근접하여 ($c_x \approx 0$) 다음과 같이 쓸 수 있다.

$$e^x - p_n(x) \approx \frac{1}{(n+1)!} x^{n+1}$$

이는 $p_{n+1}(x)$의 마지막 항과 같으므로 다음과 같이 다시 쓸 수 있다.

$$e^x - p_n(x) \approx p_{n+1}(x) - p_n(x)$$

자연상수 e는 탄젠트(tangent) 곡선의 기울기에서 유도되는 특정한 실수로 무리수이면서 초월수이다. 즉 자연상수는 무리수이기 때문에 근삿값만을 추정할 수 있다. 자연상수를 부동 소수점 다섯 자리까지 표시하면 2.71828이 된다.

만일 테일러 다항식을 이용하여 자연 상수 e의 근삿값을 구하려면, 다음과 같이 식 (5.18)의 x 값에 1을 대입하면 된다.

$$p_n(1) = 1 + 1 + \frac{1}{2!} + \frac{1}{3!} + \cdots + \frac{1}{n!}$$

이에 대한 오차는 다음과 같다.

$$e - p_n(1) = \frac{1}{(n+1)!} e^{c_x}$$

여기서 c_x는 0과 1 사이 경계에 있으므로 경계에 대한 오차는

$$e^0 \le e^{c_x} \le e^1$$

으로, 자연상수 e에 대한 오차는 다음 범위 내에 존재한다.

$$\frac{1}{(n+1)!} \le e - p_n(1) \le \frac{e}{(n+1)!} \tag{5.19}$$

만일 n의 차수가 3인 경우 오차는

$$0.04167 \le e - p_3(1) \le 0.11326$$

의 경계 내에서 존재하며 실제 계산에서

$$p_3(1) = 1 + 1 + \frac{1}{2} + \frac{1}{6} \approx 2.66667$$

이다. 자연상숫값 2.71828에서 위의 값을 빼면 0.05161이 되어 오차 범위 내에 존재하는 것을 확인할 수 있다.

식 (5.12)를 테일러 다항식의 경계 오차 공식으로 변환하면 다음과 같다.

$$|f(x) - p_n(x)| \le \frac{(x-a)^{n+1}}{(n+1)!} \max_{\alpha \in [a,x]} |f^{(n+1)}(\alpha)| \tag{5.20}$$

식 (5.20)을 이용하여 $x = 0$에서 지수함수에 대한 3차 테일러 다항식의 경계 오차는 다음과 같이 쓸 수 있다.

$$|e - p_3(1)| \le \frac{(1-0)^4}{4!} \max_{\alpha \in [0,1]} |f^{(4)}(\alpha)|$$

지수함수를 네 번 미분한 결과는 여전히 지수함수 자신이고, $0 \sim 1$ 사이의 경계에서 네 번 미분한 지수함수의 최댓값은 $\alpha = 1$에서 구할 수 있다. 그러므로 최종적으로 계산된 절대 오차는 다음과 같다.

$$|e - p_3(1)| \le \frac{e}{24} = 0.11326$$

이 결과는 당연히 앞에서 보여준 $n = 3$에 대한 오차 결과의 오른쪽 경곗값과 같다. 만일 $\alpha = 0$의 작은 값을 적용하면 이 값은 왼쪽 경곗값과 동일하다.

계속해서 n을 더 큰 값으로 확장하면 오차의 범위는 점점 줄어들 것이다. 예를 들어, $n = 8$인 경우 오차 범위는 다음과 같이 급격하게 감소한다.

$$2.75573 \times 10^{-6} \le e - p_8(1) \le 7.49086 \times 10^{-6}$$

예제 5-4 **테일러 다항식의 근삿값의 경계 오차 구하기**

5.2절에서 $x=4$인 점에서 함수 $f(x)=\sqrt{x}$에 대해 2차 테일러 다항식을 이용하여 $\sqrt{5}$의 근삿값 2.234375를 구했다. 테일러 다항식에 대한 경계 오차와 절대 오차를 구하고 각각의 결과를 비교하라.

풀이

식 (5.20)을 이용하여 계산하면 다음과 같은 결과를 얻는다.

$$|\sqrt{5}-p_2(5)| \le \frac{(5-4)^3}{3!}\max_{\alpha\in[4,5]}|f^{(3)}(\alpha)|$$

$$|\sqrt{5}-p_2(5)| \le \frac{1}{6}\max_{\alpha\in[4,5]}\left|\frac{3}{8\alpha^{5/2}}\right|$$

경계 4와 5 사이에서 최댓값은 $\alpha=4$에서 얻으며 경계 오차는 다음과 같다.

$$|\sqrt{5}-p_2(5)| \le \frac{1}{6}\times\frac{3}{(8)(16)(2)}=0.001953$$

일반적인 절대 오차를 계산하면 $|\sqrt{5}-p_2(5)|=2.236068-2.234375=0.001693$이다.

절대 오차는 테일러 다항식의 경계 오차 공식을 이용하여 구한 오차보다 정확하다. 그러나 오차의 계산 과정이 복잡하다. 테일러 다항식의 경계 오차 공식으로 구한 오차는 절대 오차보다 크거나 같은 값인 조건을 만족하므로 테일러 다항식의 경계 오차 공식에서 구한 오차는 오차 계산을 사용하지 않아도 유효하게 사용할 수 있다.

MATLAB 5-4 테일러 다항식의 절대 오차의 최댓값 구하기

[그림 5-3]의 실행 결과를 이용하여 선형 테일러 다항식과 2차 테일러 다항식의 절대 오차와 최댓값을 MATLAB을 이용하여 계산하라.

풀이

주어진 함수 $\sqrt{x}$ 와 선형 테일러 다항식과 2차 테일러 다항식의 원소 21개를(1.0 ~ 3.0까지 0.1씩 증가하는) 빼준 뒤에 각각의 절댓값에 대한 최댓값을 구하면 식 (5.20)과 같이 실행한다. **max**와 **abs**는 각각 최댓값과 절댓값을 실행하는 명령어다.

선형 테일러 다항식보다 차수가 증가한 2차 테일러 다항식에서 절대 오차의 최댓값이 줄어드는 것을 [그림 5-5]를 통해 알 수 있다.

```
Command Window
>> format long;
>> x = 1.0:0.1:3.0;
>> fx = sqrt(x);
>> p1 = sqrt(2)+(sqrt(2)/4).*(x-2);
>> p2 = p1-(sqrt(2)/32)*(x-2).^2;
>> Max1 = max(abs(p1-sqrt(x)))
Max1 =
   0.060660171779821
>> Max2 = max(abs(p2-sqrt(x)))
Max2 =
   0.016465997955662
```

[그림 5-5] 실행 결과 : 테일러 다항식의 절대 오차의 최댓값 계산

SECTION
5.4 다항식의 계산

앞에서는 직접적인 방법을 이용하여 다항식의 값을 구했다. 식 (5.21)과 같은 n차 다항식을 풀려면 어떻게 해야 할까?

$$p(x) = a_0 + a_1 x + a_2 x^2 + \cdots + a_n x^n \tag{5.21}$$

가장 간단한 방법은 남아 있는 항들의 각 항을 서로 독립적으로 계산하는 것이다. 그러므로 다항식의 계수들을 구하기 위해서는 여러 가지 x 값을 이용해야 한다.

다항식은 덧셈과 곱셈이 반복되고 있다. 그러므로 식 (5.21)과 같은 n차 다항식에서는 n번의 덧셈 **연산 횟수**(operation count)가 필요하다. 반면에 n차 다항식에서 곱셈 연산 횟수는

$$\underbrace{a_1 \times x}_{1} \quad \underbrace{a_2 \times x \times x}_{2} \quad \underbrace{a_3 \times x \times x \times x}_{3} \quad \cdots \quad \underbrace{a_n \times x \times x \times \cdots \times x}_{n}$$

로 $1 + 2 + 3 + \cdots + n = \dfrac{n(n+1)}{2}$ 번이 필요하다. 연산 횟수가 중요한 이유는 수치해석을 배우고 이해하는 목적이 덧셈 혹은 곱셈에 대한 연산 횟수를 줄임으로써 컴퓨터의 실행 속도를 향상시키는 것이기 때문이다.

식 (5.21)의 연산 횟수를 줄이기 위해서 사용하는 **중첩된**(nested) 곱셈의 형태를 고려해보자. 차수가 증가할수록 다음과 같은 중첩된 곱셈의 형태가 나타난다.

$$\begin{aligned} n &= 2, \quad p(x) = a_0 + x(a_1 + a_2 x) \\ n &= 3, \quad p(x) = a_0 + x(a_1 + x(a_2 + a_3 x)) \\ n &= 4, \quad p(x) = a_0 + x(a_1 + x(a_2 + x(a_3 + a_4 x))) \\ &\vdots \qquad\quad \vdots \end{aligned}$$

차수 n에 따라 중첩된 곱셈의 일반식은 다음과 같이 쓸 수 있다.

$$p(x) = a_0 + x(a_1 + x(a_2 + \cdots + x(a_{n-1} + a_n x)\cdots)) \tag{5.22}$$

식 (5.22)에 대한 덧셈 연산 횟수는 식 (5.21)과 같은 n번이다. 그러나 곱셈 연산 횟수는 $\frac{n(n+1)}{2}$에서 급격하게 감소한 n번이 된다. 예를 들어, $n=20$인 경우 첫 번째 방법을 이용한 곱셈 연산 횟수는 210번이지만 중첩된 곱셈을 이용하면 20번이다. 다항식의 차수 n이 증가할수록 다항식 평가를 위해 중첩된 곱셈은 더욱 유용하게 적용될 것이다.

다음과 같은 5차 다항식이 주어져 있다.

$$f(x)=x^5+2x^4+3x^3+3x^2+2x+1$$

이때 $a=1$에서 선형 테일러 다항식 $p_1(x)$를 구하면 다음과 같다.

$$\begin{aligned} p_1(x) &= f(1)+(x-1)f'(1) \\ &= 12+30(x-1)=30x-18 \end{aligned}$$

위에서 구한 선형 테일러 다항식이 $0 \le x \le 2$의 경계에 놓여 있을 때 오차는 다음과 같이 계산된다.

$$|\text{Error}| \le \max_{x\in[0,2]}\frac{(x-1)^2}{2!}|f^{(2)}(x)|=\frac{1}{2}f^{(2)}(2)$$

여기서 $f^{(2)}(x)=20x^3+24x^2+18x+6$이다.

만일 $a=1$에서 주어진 다항식 $f(x)$에 대한 100차 테일러 다항식 $p_{100}(x)$를 구하려면 어떤 방법을 사용하겠는가? 100차 테일러 다항식을 전개하기 위해서는 주어진 함수 $f(x)$를 100번 미분하고 각 항들에 대한 계수를 계산해야 한다. 그러나 함수 $f(x)$는 5차 다항식이기 때문에 여섯 번째 미분항부터 나머지 미분항까지는 0이다. 결국 100차 테일러 다항식도 5차 테일러 다항식과 같은 방식이다. 즉 $p_{100}(x)=p_5(x)$이다.

이번에는 **호너의 방법**(Horner's method)을 이용해서 $p_5(x)$를 구해보자. 호너의 방법은 다항식을 계산하는 알고리즘에 유리한 형태인 단항식으로 변형시킨다. 이 방법은 고차 방정식에서 제곱근을 뽑아내는 방법을 일반화시켜서 대수방정식의 수치해석을 이끌어낸다.

호너의 방법은 수학에서 다루고 있는 **조립제법**(synthetic division)과 매우 밀접하게 연관되어 있다. 조립제법은 임의의 다항식을 1차 다항식으로 나누었을 때의 몫인 다항식의 계수 및 나머지를 구하는 간단한 방법을 말한다. 식 (5.23)은 호너의 방법을 이용하여 5차 다항식 $f(x)=x^5+2x^4+3x^3+3x^2+2x+1$의 각 항에 대한 계수들을 구하는 방법이다.

$$
\begin{array}{lllllll}
\underline{1|} & 1 & 2 & 3 & 3 & 2 & 1 \\
 & & 1 & 3 & 6 & 9 & 11 \\
\underline{1|} & 1 & 3 & 6 & 9 & 11 & \lfloor \underline{12} = f(1) \\
 & & 1 & 4 & 10 & 19 & \\
\underline{1|} & 1 & 4 & 10 & 19 & \lfloor \underline{30} = f^{(1)}(1) & \\
 & & 1 & 5 & 15 & & \\
\underline{1|} & 1 & 5 & 15 & \lfloor \underline{34} = f^{(2)}(1) & & \\
 & & 1 & 6 & & & \\
\underline{1|} & 1 & 6 & \lfloor \underline{21} = f^{(3)}(1) & & & \\
 & & 1 & & & & \\
\underline{1|} & 1 & \lfloor \underline{7} = f^{(4)}(1) & & & & \\
 & \lfloor \underline{1} = f^{(5)}(1) & & & & &
\end{array}
$$

[그림 5-6] 호너의 방법으로 구한 테일러 다항식의 계수들

[그림 5-6]의 처음 세 개를 다시 써보면 다음과 같다.

$$
\begin{array}{lllllll}
\underline{1|} & 1 & 2 & 3 & 3 & 2 & 1 \\
 & & 1 & 3 & 6 & 9 & 11 \\
\underline{1|} & 1 & 3 & 6 & 9 & 11 & \lfloor \underline{12} = f(1)
\end{array}
$$

각 행과 열의 실행 과정을 자세하게 설명하면 다음과 같이 요약할 수 있다.

❶ 1, 3행의 1열의 1은 평가하려는 점 $a=1$을 표시한다.
❷ 1행의 2열부터 마지막 7열까지 주어진 다항식의 계수를 높은 차수에서 낮은 차수로 정렬시킨다.
❸ 2행의 5차 계수 1과 평가하려는 점 1을 곱한 값 1을 3행의 2열에 그대로 내려 쓴다.
❹ 과정 ❸에서 구한 값 1을 2행의 3열에 올려 쓴다.
❺ 1행의 4차 계수 2와 과정 ❹에서 구한 1을 더한 값 3을 3행 3열에 내려 쓴다.
❻ 과정 ❹와 과정 ❺를 반복 실행한다.
❼ 다항식의 상수항의 계수 1과 직전에 구한 11을 더한 값 12는 구하려는 테일러 다항식의 상수항 $f(1)$의 값이다.

위 실행을 마친 뒤에도 식 (5.23)에서 보여주는 3행~5행에 대해 과정 ❶부터 과정 ❼까지를 반복 실행함으로써 $f^{(1)}(1)=30$을 얻을 수 있다. 같은 방법으로 남아 있는 차수의 계수를 연속으로 구할 수 있다. 호너의 방법을 이용한 최종 결과는 다음과 같다.

$$
p_5(x) = p_{100}(x) = 12 + 30(x-1) + 34(x-1)^2 + 21(x-1)^3 + 7(x-1)^4 + (x-1)^5 \qquad (5.23)
$$

호너의 방법에 중첩된 곱셈을 이용하여 다시 한 번 구해보자. $x=z$인 점에서 중첩된 곱셈을 이용하여 다항식을 쓰면 다음과 같다.

$$p(z)=a_0+z(a_1+z(a_2+\cdots+z(a_{n-1}+a_n z)\cdots)) \tag{5.24}$$

그러므로 식 (5.24)를 이용하여 5차 다항식 $p(x)=x^5+2x^4+3x^3+3x^2+2x+1$은 다음과 같이 다시 표현할 수 있다.

$$p(x)=(1+x(2+x(3+x(3+x(2+x)))))$$

MATLAB 5-5 테일러 다항식의 절대 오차의 최댓값 구하기

앞서 호너의 방법을 이용한 최종 결과는 다음과 같다(식 (5.23) 참조).

$$p_5(x)=12+30(x-1)+34(x-1)^2+21(x-1)^3+7(x-1)^4+(x-1)^5$$

MATLAB의 심벌릭 툴박스의 **expand** 함수를 이용하여 전개시킨 결과가 5차 다항식 $f(x)=x^5+2x^4+3x^3+3x^2+2x+1$과 같음을 보여라.

풀이

먼저 **syms** 명령어로 $p_5(x)$에서 사용할 변수 x를 지정한 뒤에 **expand** 함수를 실행하면 수식을 멱승 형태로 전개하고 내림차순으로 나타내는 결과는 5차 다항식 $f(x)$와 동일하다.

```
Command Window
>> syms x;
>> A = x-1;
>> p5 = 12+30*A+34*A^2+21*A^3+7*A^4+A^5;
>> fx = expand(p5)
fx =
x^5 + 2*x^4 + 3*x^3 + 3*x^2 + 2*x + 1
```

[그림 5-7] 실행 결과

CHAPTER

05 핵심요약

01 테일러 다항식

복잡한 일반 함수를 더 효과적이고 간단한 함수로 근사시킨다.

- **MATLAB의 테일러 급수 명령어**

  심벌릭 툴박스에서 사용할 수 있다.

  taylor(f, 'ExpansionPoint', a, 'Order', n)

02 일반적인 테일러 다항식의 근삿값

$$p_n(x) = f(a) + (x-a)f'(a) + \frac{1}{2!}(x-a)^2 f''(a) + \cdots + \frac{1}{n!}(x-a)^n f^{(n)}(a)$$

03 테일러 다항식의 오차

구하려는 함수 $f(x)$의 실제값과 근사시켜서 찾아낸 테일러 다항식 사이에서 발생하는 차이를 측정한다.

- **테일러 다항식의 오차 공식**

$$R_n(x) = f(x) - p_n(x) = \frac{(x-a)^{n+1}}{(n+1)!} f^{(n+1)}(c_x)$$

04 호너의 방법

테일러 다항식을 풀기 위한 계산 방법으로 고차 방정식에서 제곱근을 뽑아내는 방법이다.

05 $x=z$에서 중첩된 곱셈을 이용한 다항식

$$p(z) = a_0 + z(a_1 + z(a_2 + \cdots + z(a_{n-1} + a_n z)\cdots))$$

CHAPTER

05 기본문제

5.1 다음 중 테일러 급수에 대한 설명으로 옳지 않은 것은 무엇인가?

① 미분 가능한 한 점의 값으로 계산되는 함수를 각 항들의 유한한 합으로 나타낸다.

② 미분 가능한 함수를 다항식의 형태로 근사시킨다.

③ 테일러 정리는 특정 조건을 만족하는 임의의 함수가 테일러 급수로 표시된다.

④ 테일러 정리는 평균값 정리를 임의의 n차수 도함수에 일반화시킨 형태로 전개한다.

5.2 다음 중 맥클로린 급수에 대한 설명으로 옳은 것은 무엇인가?

① 테일러 급수의 단점을 보완한다.

② 모든 항의 변수가 실수의 거듭제곱을 갖는 급수 확장 유형이다.

③ 테일러 급수의 전개에서 $x=a$의 평가값이 $a=0$인 경우를 의미한다.

④ 맥클로린 급수로 전개한 함수 $f(x)$의 초항은 $f(0)\neq 0$이다.

5.3 MATLAB의 심벌릭 툴박스에서 사용하는 테일러 급수의 기본 형식은 다음과 같다. 각 매개변수에 대한 설명이 틀린 것을 골라라.

```
taylor(f, 'ExpansionPoint' ,a, 'Order', n)
```

① f는 테일러 급수를 적용할 함수이다.

② 맥클로린 급수에 사용하는 경우 $a=0$으로 지정한다.

③ $a=0$인 경우 'ExpansionPoint'를 삭제하면 오류가 발생한다.

④ n은 함수 f에 의해서 정의되는 테일러 급수의 처음 $n-1$항까지를 표시한다.

5.4 e^{x^2}의 4차 테일러 다항식이 $p_4(x)=1+x^2+\dfrac{x^4}{2}$일 때, 다음 중 3차 테일러 다항식을 찾아라.

① $p_3(x)=1+x+\dfrac{x^3}{2}$　　② $p_3(x)=1+x^2+\dfrac{x^3}{2}$

③ $p_3(x)=x+x^3$　　④ $p_3(x)=1+x^2$

5.5 다음 중 호너의 방법에 대한 설명으로 옳지 않은 것은 무엇인가?

① 다항식을 단항식으로 변형시킨다.

② 고차 방정식에서 절댓값을 뽑아내는 방법을 일반화시킨다.

③ 조립제법과 매우 밀접하게 연관되어 있다.

④ 다항식을 1차 다항식으로 나누었을 때의 몫인 다항식의 계수 및 나머지를 구한다.

CHAPTER

05 연습문제

5.1 $x=1$인 점에서 함수 $f(x)=(x-1)e^x$에 대한 테일러 급수의 처음 항 네 개까지 나타내라.

5.2 MATLAB의 심벌릭 툴박스를 이용하여 [연습문제 5.1]의 결과를 확인하라.

5.3 $f(x)=\sin^2 x$에 대한 맥클로린 급수의 처음 항 세 개까지 나타내라.

5.4 MATLAB의 심벌릭 툴박스를 이용하여 [연습문제 5.3]의 결과를 확인하라.

5.5 우선 MATLAB을 이용하여 $x=0$인 점에서 함수 $f(x)=e^x\sin(x)$에 대한 2차 테일러 다항식 근삿값을 구하라. 테일러 다항식의 오차 공식을 이용하여 이 근삿값 결과에 대한 절대 오차를 구하라. 이때 경계 조건은 $-\frac{\pi}{4} \le x \le \frac{\pi}{4}$이다.

5.6 $x=0$인 점에서 함수 $f(x)=e^{-x}$에 대한 2차 및 3차 테일러 다항식 근삿값 $p_2(x)$와 $p_3(x)$를 구하고, MATLAB을 이용하여 함수 $f(x)$, $p_2(x)$, $p_3(x)$를 그려라. 이때 $-1.0 \le x \le 1.0$이고 x 값은 0.05씩 증가한다. 명령어 **abs**와 **max**를 이용하여 절대 오차의 최댓값을 구하라.

5.7 $x=8$인 점에서 함수 $f(x)=\sqrt[3]{x}$에 대한 3차 테일러 다항식을 이용하여 $\sqrt[3]{9}$의 근삿값을 구하라.

5.8 테일러 다항식의 오차 공식을 이용하여 [연습문제 5.7]에서 계산된 근삿값에 대한 경계 오차를 결정하고 실제 오차를 계산하라.

5.9 $a = -1$인 점에서 함수 $f(x) = -2x^5 + 3x^4 - 2x^3 + 3x^2 - 2x + 3$에 대한 3차 테일러 다항식을 구하라. 그리고 $-2 \leq x \leq 2$ 경계 조건에서 $p_3(x)$에 대한 경계 오차를 계산하라.

5.10 $a = 1$인 점에서 주어진 다항식 $f(x)$에 대한 25차 테일러 다항식 $p_{25}(x)$를 계산하라.

$$f(x) = 2x^7 + 3x^6 + 2x^5 + 3x^4 + 2x^3 + 3x^2 + 2x + 3$$

CHAPTER

06

보간법

Interpolation

이 장에서는 다항식 보간법, 라그랑주(Lagrange) 보간법, 뉴턴(Newton) 분할차 보간법, 구간적 보간법 등을 이용하여 발생하는 오차를 최소화시킬 수 있으며 실제값에 더 수렴시킬 수 있다. 결과적으로 좀 더 안정적으로 문제를 해석할 수 있다.

6.1절의 다항식 보간법은 주어진 자료점을 단순하게 대입하여 다항식의 계수를 찾는 방법이고, 6.2절의 분할차 보간법은 단순한 대입이 아닌 미분과 반복 실행으로 계수를 구하는 방법이다. 6.3절에서는 다양한 보간법들 사이에서 생성되는 오차를 측정하고 분석할 것이다. 6.4절의 3차 스플라인 보간법을 이용하면 다른 보간법보다 오차가 작아 구간 사이의 곡선이 훨씬 부드럽게 그려진다. 6.5절의 최소 제곱 근삿값은 관찰 또는 측정의 오차를 고려하여 일부 자료의 실제값을 근사시킨다.

CONTENTS

SECTION 6.1 다항식 보간법

보간법의 목적은 함수 $f(x)$를 더 간단한 형태인 다항식 $p(x)$로 근사시키는 것이다. 이를 이용하면 함수 $f(x)$에 적분이나 미분을 이용하여 근사시키는 것보다 쉽게 문제를 해석할 수 있다. 보간법은 제공되는 자료점들을 이용하여 주어진 복잡한 함수를 쉽게 해석할 수 있는 다항식 함수로 대체시킨다.

n차 다항식이 다음과 같이 주어져 있다. 같은 간격으로 형성된 원본 자료를 근거로 식 (6.1)의 계수를 찾으면 다항식 그래프를 그릴 수 있다. 이렇게 생성된 그래프는 함수 $f(x)$에 근사적으로 일치한 형태를 보여준다.

$$p(x) = a_0 + a_1 x + a_2 x^2 + \cdots + a_n x^n \tag{6.1}$$

예를 들어, 같은 간격으로 형성된 입력값 네 개와 이에 상응하는 함수가 주어져 있다고 가정하자.

$$x_0 = 0, \quad x_1 = \frac{\pi}{6}, \quad x_2 = \frac{\pi}{3}, \quad x_3 = \frac{\pi}{2}$$

$$y_i = \sin x_i \qquad (i = 0,\ 1,\ 2,\ 3)$$

주어진 입력값을 함수에 각각 대입하면 다음 자료점을 얻을 수 있다.

$$(0,\ 0), \qquad \left(\frac{\pi}{6},\ \frac{1}{2}\right), \qquad \left(\frac{\pi}{3},\ \frac{\sqrt{3}}{2}\right), \qquad \left(\frac{\pi}{2},\ 1\right)$$

자료점 네 개를 이용하여 계산할 수 있는 계수는 네 개까지 가능하므로 식 (6.1)의 다항식은 3차 다항식으로 대치된다.

$$p_3(x) = a_0 + a_1 x + a_2 x^2 + a_3 x^3$$

5장에서 학습했듯이 여기서 다음 관계가 형성된다.

$$p_3(x_i) = y_i \qquad (i = 0,\ 1,\ 2,\ 3)$$

원본 자료점을 3차 다항식에 대입하면 변수 네 개는 각각 다음과 같이 계산된다.

$$p_3(x_0) = a_0 + a_1(0) + a_2(0)^2 + a_3(0)^3 = 0$$

$$p_3(x_1) = a_0 + a_1\left(\frac{\pi}{6}\right) + a_2\left(\frac{\pi}{6}\right)^2 + a_3\left(\frac{\pi}{6}\right)^3 = \frac{1}{2}$$

$$p_3(x_2) = a_0 + a_1\left(\frac{\pi}{3}\right) + a_2\left(\frac{\pi}{3}\right)^2 + a_3\left(\frac{\pi}{3}\right)^3 = \frac{\sqrt{3}}{2}$$

$$p_3(x_3) = a_0 + a_1\left(\frac{\pi}{2}\right) + a_2\left(\frac{\pi}{2}\right)^2 + a_3\left(\frac{\pi}{2}\right)^3 = 1$$

$a_0 = 0$이므로 나머지 변수 세 개는 [그림 6-1]에서 보여주듯이, MATLAB의 왼쪽 나눗셈을 3행 3열 계수행렬에 이용하면 부동 소수점 네 자리까지 계산된 계숫값은 다음과 같다.

$$a_0 = 0, \quad a_1 = 1.0204, \quad a_2 = -0.0655, \quad a_3 = -0.1139$$

```
Command Window
>> p3 = [pi/6 (pi/6)^2 (pi/6)^3;pi/3 (pi/3)^2 (pi/3)^3;pi/2 (pi/2)^2 (pi/2)^3];
>> c = [1/2;sqrt(3)/2;1];
>> A = p3₩c
A =
    1.0204
   -0.0655
   -0.1139
```

[그림 6-1] 왼쪽 나눗셈을 이용하여 구한 계숫값

3차 다항식을 다시 정리해서 써보면 다음과 같다.

$$p_3(x) = 1.0204x - 0.0655x^2 - 0.1139x^3$$

[그림 6-2]는 보간법을 사용하여 근사시킨 사인 함수의 그래프를 실행하기 위해서 x축의 간격을 $\frac{\pi}{180}$로 설정했다. [그림 6-3]은 보간법으로 함수 $\sin(x)$의 3차 다항식 $p_3(x)$를 구하여 그린 그래프로, 두 함수의 형태는 거의 일치한다. 그림 속 작은 동그라미로 표현된 자료점 네 개는 함수 $\sin(x)$와 다항식 $p_3(x)$의 곡선을 통과한다.

자료점 수를 n개로 확장시키면 다항식은 $p_{n-1}(x)$가 되어 계수를 $n-1$개까지 구할 수 있다. 이렇게 자료점이 증가하면 더 매끄럽고, 주어진 함수에 근사되는 곡선을 얻을 수 있다. 만일 [그림 6-2]에서 x축 간격이 커진다면 곡선은 똑같이 동그라미 자료점 네 개를 통과하겠지만 상대적으로 덜 매끈하게 나타날 것이다.

```
Command Window
>> x = 0:pi/180:pi/2;
>> y = sin(x);
>> p3 = 1.0204*x-0.0655*x.^2-0.1139*x.^3;
>> plot(x,y,x,p3,':');
hold on;
>> plot(0,0,'o');
>> plot(pi/6,1/2,'o');
>> plot(pi/3,sqrt(3)/2,'o');
>> plot(pi/2,1,'o');
>> axis([0 pi/2 0 1]);
>> xlabel('Radian value of x');
>> ylabel('sin(x)');
>> legend('y=sin(x)','y=p3(x)','Location','nw');
```

[그림 6-2] 입력 화면

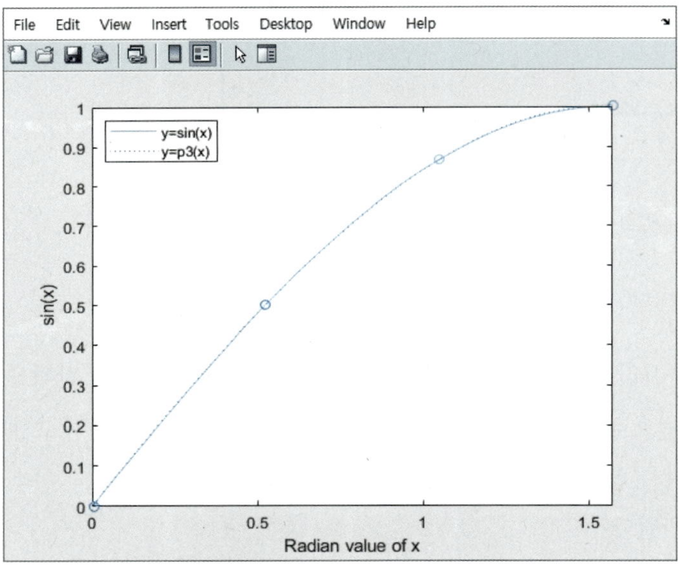

[그림 6-3] 실행 결과 : 보간법을 사용하여 근사시킨 사인 함수

지금까지 보간법을 이용하여 실제 함수에 근사시키는 방법을 살펴보았다. 이후 세부 절에서는 기본적인 보간법의 개념을 토대로 다양한 보간법에 대해서 설명할 것이다.

6.1.1 선형 보간법

가장 단순한 보간법의 형태는 자료점 두 개를 서로 연결하는 직선이다. 만일 각각 다른 자료점 (x_0, y_0)과 (x_1, y_1)이 주어졌다고 하자. 이때 주어진 자료점 두 개를 통과하는 직선은 딱 하나이다. 그 직선을 나타내는 식은 다음과 같다.

$$P_1(x) = a_0 + a_1 x \tag{6.2}$$

식 (6.2)와 같은 형식이 선형 다항식이다. 여기서 a_0과 a_1은 각각 직선의 절편과 기울기를 나타낸다.

두 자료점 (x_0, y_0)과 (x_1, y_1)을 지나는 직선의 방정식을 더 편리한 형태로 써보면 다음과 같이 여러 형태로 나타낼 수 있다.

$$P_1(x) = \frac{x - x_1}{x_0 - x_1} y_0 + \frac{x - x_0}{x_1 - x_0} y_1 \tag{6.3a}$$

$$= \frac{(x_1 - x) y_0 + (x - x_0) y_1}{x_1 - x_0} \tag{6.3b}$$

$$= y_0 + \frac{x - x_0}{x_1 - x_0} [y_1 - y_0] \tag{6.3c}$$

$$= y_0 + \left(\frac{y_1 - y_0}{x_1 - x_0} \right) (x - x_0) \tag{6.3d}$$

예제 6-1 선형 보간법

다음 표에 함수 $f(x) = \tan x$의 x 값 다섯 개가 주어져 있다. 이때 선형 보간법을 이용하여 $\tan(0.5)$의 값을 추정하고, 절대 오차를 구하라.

x	0	0.2	0.4	0.6	0.8
$\tan x$	0	0.2027	0.4228	0.6841	1.0296

풀이

선형 보간법을 이용하려면 자료점 두 개가 필요하다. 추정하려는 x 값 0.5는 주어진 자료점 중에 0.4와 0.6 사이에 있다. 그러므로 식 (6.3d)에 의해 자료점과 이에 상응하는 y 값을 다음과 같이 각각 나타낼 수 있다.

$$(x_0 = 0.4,\ y_0 = 0.4228), \quad (x_1 = 0.6,\ y_1 = 0.6841)$$

주어진 자료점을 이용하여 구한 직선의 방정식은 다음과 같다.

$$P_1(x) = 0.4228 + \left(\frac{0.6841 - 0.4228}{0.6 - 0.4}\right)(x - 4) = -0.0998 + 1.3065x$$

이와 같이 계산기의 탄젠트 연산 기능 없이도 위 식을 직접 사용하여 $\tan(0.5)$ 의 값을 간단하게 계산하면 다음과 같다.

$$\tan(0.5) \approx -0.0998 + (1.3065)(0.5) = 0.5534$$

계산기를 사용하여 계산된 실제값은 $\tan(0.5) = 0.5463$ 이다. 따라서 선형 보간법을 사용했을 때 절대오차는 다음과 같다.

$$|\tan(0.5) - P_1(0.5)| = |0.5463 - 0.5534| = 0.0071$$

MATLAB 6-1 선형 보간법의 검증

MATLAB을 이용하여 [예제 6-1]에서 선형 보간법으로 구한 직선을 그려라.

풀이

[그림 6-4]는 실제 탄젠트 곡선과 [예제 6-1]에서 선형 보간법으로 구한 직선을 그릴 수 있는 MATLAB의 입력 화면이다.

```
Command Window
>> x = 0:0.01:0.8;
>> y = tan(x);
>> P1 = -0.0998+1.3065*x;
>> plot(x,y,x,P1,'-.');
>> hold on;
>> plot(0.4, 0.4228,'o');
>> plot(0.5,0.5534,'*');
>> plot(0.6,0.6841,'o');
>> axis([0.25 0.75 0.2 1.0]);
>> xlabel('Range of x');
>> ylabel('tan(x)');
>> legend('y=tan(x)','y=P1(x)','Location','SouthEast');
```

[그림 6-4] 입력 화면

[그림 6-5]는 [그림 6-4]의 입력 화면을 실행시켜 생성된 그래프 두 개다. 작은 동그라미 두 개는 주어진 (x_0, y_0)과 (x_1, y_1)의 위치이고, 별표는 추정하려는 $\tan(0.5)$의 위치이다. 보간법을 이용하는 구간 사이에서는 주어진 함수에 근사되는 곡선을 얻지만, 보간법을 이용하지 않는 구간에 위치하는 자료점 사이에서는 오차가 많이 발생하는 것을 보여준다.

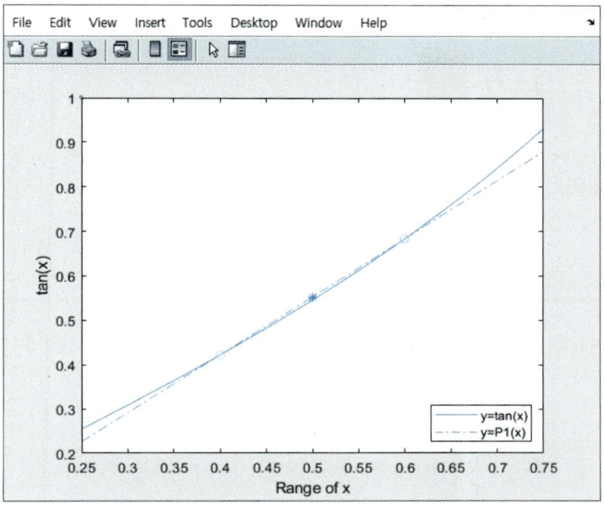

[그림 6-5] 실행 결과

6.1.2 2차 보간법

주어진 자료점 세 개, 즉 (x_0, y_0), (x_1, y_1), (x_2, y_2)에 대해 식 (6.4)의 관계

$$\begin{aligned} &\deg(P_2) \le 2 \\ &P_2(x_i) = y_i \qquad (i = 0,\ 1,\ 2) \end{aligned} \tag{6.4}$$

를 만족하는 식 (6.5)와 같은 다항식을 찾으려고 한다.

$$P_2(x) = a_0 + a_1 x + a_2 x^2 \tag{6.5}$$

자료점 세 개를 이용하면 식 (6.5)에 표시된 계숫값 세 개를 풀 수 있다. 이때 자료점 세 개를 통과하는 다항식의 공식은 다음과 같다. 식 (6.6)을 다항식 보간법의 **라그랑주**(Lagrange)**형**이라고 한다.

$$P_2(x) = y_0 L_0(x) + y_1 L_1(x) + y_2 L_2(x) \tag{6.6}$$

식 (6.6)의 각 함수들은 다음과 같이 표시하는데, 이를 2차 보간법에 대한 **라그랑주 기저**(basis)**함수**라고 한다.

$$L_0(x) = \frac{(x - x_1)(x - x_2)}{(x_0 - x_1)(x_0 - x_2)} \tag{6.7a}$$

$$L_1(x) = \frac{(x - x_0)(x - x_2)}{(x_1 - x_0)(x_1 - x_2)} \tag{6.7b}$$

$$L_2(x) = \frac{(x - x_0)(x - x_1)}{(x_2 - x_0)(x_2 - x_1)} \tag{6.7c}$$

라그랑주 기저함수의 특징은 다음과 같다.

$$L_i(x_i) = \begin{cases} 1 & (i = j) \\ 0 & (i \neq j) \end{cases} \tag{6.8}$$

식 (6.8)에서 각각의 i와 j의 값은 0, 1, 2의 조합으로 구성된다.

예제 6-2 라그랑주 보간법

라그랑주 보간법을 이용하여 $\tan(0.5)$의 값을 추정하고 절대 오차를 구하라. 자료점은 [예제 6-1]에서 주어졌던 다음 표를 사용하라.

x	0	0.2	0.4	0.6	0.8
$\tan x$	0	0.2027	0.4228	0.6841	1.0296

풀이

도표에서 다음 자료점 세 개를 이용한다.

$$(x_0 = 0.2,\ y_0 = 0.2027),\quad (x_1 = 0.4,\ y_1 = 0.4228),\quad (x_2 = 0.6,\ y_2 = 0.6841)$$

식 (6.7)에 위에서 주어진 자료점과 $x = 0.5$를 대입하면

$$L_0(0.5) = \frac{(0.5-0.4)(0.5-0.6)}{(0.2-0.4)(0.2-0.6)} = -0.125$$
$$L_1(0.5) = \frac{(0.5-0.2)(0.5-0.6)}{(0.4-0.2)(0.4-0.6)} = 0.75$$
$$L_2(0.5) = \frac{(0.5-0.2)(0.5-0.4)}{(0.6-0.2)(0.6-0.4)} = 0.375$$

이다. 식 (6.6)에 대입하면 다음과 같은 결과를 나타낸다.

$$\begin{aligned} P_2(0.5) &= 0.2027 \times L_0(0.5) + 0.4228 \times L_1(0.5) + 0.6841 \times L_2(0.5) \\ &= 0.2027 \times (-0.125) + 0.4228 \times 0.75 + 0.6841 \times 0.375 = 0.5483 \end{aligned}$$

계산기를 사용하여 계산된 실제값은 $\tan(0.5) = 0.5463$이다. 따라서 2차 보간법을 사용했을 때 절대 오차는 다음과 같다.

$$|\tan(0.5) - P_2(0.5)| = |0.5463 - 0.5483| = 0.0020$$

6.1.3 n차 보간법

이 절에서는 n차 다항식에 의한 보간법을 살펴보자. 다항식 $P_n(x)$를 구하려면 식 (6.4)의 차수를 n까지 확장시켜 다음 조건을 만족해야 한다.

$$\begin{aligned} &\deg(P_n) \le n \\ &P_n(x_i) = y_i \qquad (i = 0, 1, \cdots, n) \end{aligned} \tag{6.9}$$

식 (6.9)에 표시된 $n+1$개의 계숫값들을 풀기 위해서는 $n+1$개의 자료점 (x_0, y_0), (x_1, y_1), $\cdots$, (x_n, y_n)이 필요하다. 2차 보간법 이상의 고차 보간법은 라그랑주형을 이용하는 것이 간편하다. 라그랑주 공식에 의해서 차수 n에 대한 다항식의 풀이가 다음과 같이 주어진다.

$$P_n(x) = y_0 L_0(x) + y_1 L_1(x) + \cdots + y_n L_n(x) \tag{6.10}$$

$i = 0, 1, 2, \cdots, n$에 대한 라그랑주 기저함수는 다음과 같이 쓸 수 있다.

$$L_i(x) = \frac{(x-x_0)\cdots(x-x_{i-1})(x-x_{i+1})\cdots(x-x_n)}{(x_i-x_o)\cdots(x_i-x_{i-1})(x_i-x_{i+1})\cdots(x_i-x_n)} \tag{6.11}$$

식 (6.11)은 다음과 같이 표시하기도 한다.

$$L_i(x) = \prod_{i=0,\, j\neq i}^{n} \frac{(x-x_j)}{(x_i-x_j)} \qquad (i = 0, 1, 2, \cdots, n) \tag{6.12}$$

n차 라그랑주 기저함수의 특징은 다음과 같다.

$$L_k(x_i) = \begin{cases} 1 & (k = i) \\ 0 & (k \neq i) \end{cases} \tag{6.13}$$

예제 6-3 **3차 보간법**

3차 보간법을 이용하여 $\tan(0.5)$의 값을 추정하고 절대 오차를 구하라. 자료점은 [예제 6-1]에서 주어졌던 다음 표를 사용하라.

x	0	0.2	0.4	0.6	0.8
$\tan x$	0	0.2027	0.4228	0.6841	1.0296

풀이

위에서 주어진 자료점 $x=0.8$(혹은 $x=0$)을 제외하고 나머지 네 개의 자료점을 이용하여 계수 네 개를 계산한다.

$$(x_0=0,\ y_0=0),\quad (x_1=0.2,\ y_1=0.2027)$$
$$(x_2=0.4,\ y_2=0.4228),\quad (x_3=0.6,\ y_3=0.6841)$$

$n=3$일 때 라그랑주 기저함수는 다음과 같다.

$$L_0(x)=\frac{(x-x_1)(x-x_2)(x-x_3)}{(x_0-x_1)(x_0-x_2)(x_0-x_3)} \tag{1}$$

$$L_1(x)=\frac{(x-x_0)(x-x_2)(x-x_3)}{(x_1-x_0)(x_1-x_2)(x_1-x_3)} \tag{2}$$

$$L_2(x)=\frac{(x-x_0)(x-x_1)(x-x_3)}{(x_2-x_0)(x_2-x_1)(x_2-x_3)} \tag{3}$$

$$L_3(x)=\frac{(x-x_0)(x-x_1)(x-x_2)}{(x_3-x_0)(x_3-x_1)(x_3-x_2)} \tag{4}$$

식 (1) ~ (4)에 주어진 자료점 네 개와 $x=0.5$를 대입하면

$$L_0(0.5)=\frac{(0.5-0.2)(0.5-0.4)(0.5-0.6)}{(0-0.2)(0-0.4)(0-0.6)}=0.0625$$

$$L_1(0.5)=\frac{(0.5-0)(0.5-0.4)(0.5-0.6)}{(0.2-0)(0.2-0.4)(0.2-0.6)}=-0.3125$$

$$L_2(0.5)=\frac{(0.5-0)(0.5-0.2)(0.5-0.6)}{(0.4-0)(0.4-0.2)(0.4-0.6)}=0.9375$$

$$L_3(0.5)=\frac{(0.5-0)(0.5-0.2)(0.5-0.4)}{(0.6-0)(0.6-0.2)(0.6-0.4)}=0.3125$$

이다. 식 (6.10)과 같은 3차 다항식을 구해보면 다음과 같다.

$$P_3(x)=y_0L_0(x)+y_1L_1(x)+y_2L_2(x)+y_3L_3(x) \tag{5}$$

미리 계산된 라그랑주 기저함수의 값과 y에 대한 자료점을 식 (5)에 대입한 결과는 다음과 같다.

$$\begin{aligned}P_3(0.5)&=0\times L_0(0.5)+0.2027\times L_1(0.5)+0.4228\times L_1(0.5)+0.6841\times L_2(0.5)\\&=0+0.2027\times(-0.3125)+0.4228\times 0.9375+0.6841\times 0.3125\\&=0.5468\end{aligned}$$

계산기를 사용하여 계산된 실제값은 $\tan(0.5)=0.5463$이다. 따라서 3차 보간법을 사용했을 때 절대 오차는 다음과 같다.

$$|\tan(0.5)-P_3(0.5)|=|0.5463-0.5468|=0.0005$$

[예제 6-1]부터 [예제 6-3]까지 차수가 증가하면서 절대 오차가 매우 향상되고 있다. 그러나 주어지는 함수의 자료점에 따라 차수가 증가하면 절대 오차는 조금씩 감소하지만 큰 차이가 나지 않을 수 있다. 만일 입력 자료점(노드, node)의 집합 $\{x_i\}$가 균일한 간격으로 놓여 있다면, 차수가 $n \geq 10$인 조건에서는 보간법을 이용하더라도 절대 오차는 향상되지 않을 수 있다.

예제 6-4 3차 보간법

다음과 같은 자료가 주어졌을 때 라그랑주 공식을 이용하여 $f(3)$을 근사시켜라.

$$f(0)=2, \quad f(1)=1, \quad f(2)=0, \quad f(4)=1$$

풀이

주어진 자료를 사용하여 자료점 네 개는 다음과 같이 다시 표기할 수 있다.

$$x_0=0, \quad x_1=1, \quad x_2=2, \quad x_3=4$$

자료점 네 개를 포함하는 라그랑주 공식은 다음과 같다.

$$P_3(x)=f(0)L_0(x)+f(1)L_1(x)+f(2)L_2(x)+f(4)L_3(x)$$

식 (6.12)를 이용하여 3차에 대한 각각의 라그랑주 기저함수 $L_0(x)$, $L_1(x)$, $L_2(x)$, $L_3(x)$를 구하고 주어진 자료점을 대입하면

$$\begin{aligned}P_3(x)=2\cdot\frac{(x-1)(x-2)(x-4)}{(0-1)(0-2)(0-4)}+1\cdot\frac{(x-0)(x-2)(x-4)}{(1-0)(1-2)(1-4)}\\+0\cdot L_2(x)+1\cdot\frac{(x-0)(x-1)(x-2)}{(4-0)(4-1)(4-2)}\end{aligned}$$

로 최종적으로 구한 3차 보간 다항식은 다음과 같다.

$$P_3(x)=2-x+\frac{1}{8}x(x-1)(x-2)$$

위의 3차 보간 다항식에 $x=3$을 대입하면 다음과 같은 $f(3)$의 근삿값을 얻는다.

$$f(3)\approx P_3(3)=2-3+\frac{1}{8}(3)(3-1)(3-2)=-\frac{1}{4}$$

SECTION 6.2 분할차 보간법

수학에서 다루는 **분할차**(divided differences) **보간법**은 **재귀 분할**(recursive division) 과정을 말한다. 재귀란 수학 혹은 컴퓨터에서 직접 또는 간접적으로 '자신을 호출하는 과정을 반복한다'는 의미로, 분할차 보간법은 미분과 반복 실행으로 다항식 보간법 내에 있는 계수를 계산한다.

6.2.1 1차 분할차

함수 $f(x)$와 두 자료점 x_0과 x_1이 주어졌을 때, 다음과 같이 정의되는 수식을 함수 $f(x)$의 **1차 분할차**라고 한다. 여기서 두 자료점 x_0과 x_1의 순서는 상관없다.

$$f[x_0, x_1] = \frac{f(x_1) - f(x_0)}{x_1 - x_0} = \frac{f(x_0) - f(x_1)}{x_0 - x_1} = f[x_1, x_0] \tag{6.14}$$

임의의 상수 c가 두 자료점 x_0과 x_1 사이에 놓여 있을 때, 중간값 정리는 다음과 같이 쓸 수 있다.

$$f(x_1) - f(x_0) = f'(c)(x_1 - x_0) \tag{6.15}$$

그러므로 식 (6.14)와 식 (6.15)를 비교하면 식 (6.14)는 다음과 같은 관계가 성립한다.

$$f[x_0, x_1] = f'(c) \tag{6.16}$$

만일 주어진 두 자료점 x_0과 x_1의 간격이 매우 가깝다면 1차 분할차는 미분과 비슷해진다. 실제로 식 (6.17)은 미분의 근삿값이다.

$$f'\left(\frac{x_1 + x_0}{2}\right) \approx f[x_0, x_1] \tag{6.17}$$

예제 6-5 식 (6.17)의 유도

식 (6.17)을 유도하는 과정을 계산하라.

풀이

$(x_0, f(x_0))$과 $(x_1, f(x_1))$에 대한 직선의 방정식 $f(x) = ax + b$를 구하면 다음과 같다.

$$a=\frac{f(x_0)-f(x_1)}{x_0-x_1},\qquad b=\frac{f(x_1)x_0-f(x_0)x_1}{x_0-x_1}$$

이를 직선의 방정식에 다시 대입하면

$$f(x)=\frac{f(x_0)-f(x_1)}{x_0-x_1}x+\frac{f(x_1)x_0-f(x_0)x_1}{x_0-x_1}$$

이다. 이에 대한 1차 미분식을 구하면 $f'(x)=\frac{f(x_0)-f(x_1)}{x_0-x_1}$ 이고, 여기에 $x=\frac{x_1+x_0}{2}$ 을 대입하면 다음과 같다.

$$f'\left(\frac{x_1+x_0}{2}\right)=\frac{f(x_0)-f(x_1)}{x_0-x_1}\approx f[x_0, x_1]$$

6.2.2 2차 분할차

함수 $f(x)$와 세 자료점 x_0, x_1, x_2에 대해서 다음과 같이 정의되는 수식

$$f[x_0, x_1, x_2]=\frac{f[x_1, x_2]-f[x_0, x_1]}{x_2-x_0} \tag{6.18}$$

을 함수 $f(x)$의 **2차 분할차**라고 한다. 식 (6.18)을 확장시키면 다음 결과를 얻는다.

$$f[x_0, x_1, x_2]=\frac{f(x_0)}{(x_0-x_1)(x_0-x_2)}+\frac{f(x_1)}{(x_1-x_0)(x_1-x_2)}+\frac{f(x_2)}{(x_2-x_0)(x_2-x_1)} \tag{6.19}$$

1차 분할차와 같이 2차 분할차도 자료점의 순서는 최종값을 얻는 데 아무 상관없다. 식 (6.18)은 다소 복잡한 인자들이 조합되어 있지만 다음과 같이 간략한 2차 미분 형태로 정의할 수 있다.

$$f[x_0, x_1, x_2]=\frac{1}{2}f''(c) \tag{6.20}$$

여기서 상수 c는 세 자료점 x_0, x_1, x_2 사이의 중간 위치에 있다. 만일 세 자료점이 다음과 같은 조건

$$x_1-x_0=x_2-x_1$$

으로 균일한 간격을 유지하면 식 (6.20)은 다음과 같이 쓸 수 있다.

$$f''(x_1)\approx 2f[x_0, x_1, x_2] \tag{6.21}$$

예제 6-6 **분할차 보간법**

다음과 같은 도표가 주어져 있다. 2차 분할차 보간법을 이용하여 $f[x_0, x_1, x_2]$를 구하라.

x	1.0	1.1	1.2	1.3	1.4
$\cos x$	0.54030	0.45360	0.36236	0.26750	0.16997

풀이

2차 분할차 보간법을 적용하려면 다음과 같이 자료점 세 개를 지정해야 한다.

$$x_0 = 1.0, \quad x_1 = 1.1, \quad x_2 = 1.2$$

자료점에 상응하는 함수는 다음과 같다.

$$f(x_0) = 0.54030, \quad f(x_1) = 0.45360, \quad f(x_2) = 0.36236$$

분할차 보간법의 식 (6.18)을 이용하기 위해서는 다음과 같이 1차 분할차 보간법의 식을 이용하여 $f[x_0, x_1]$와 $f[x_1, x_2]$의 계산을 먼저 해야 한다.

$$f[x_0, x_1] = \frac{f(x_1) - f(x_0)}{x_1 - x_0} = \frac{0.45360 - 0.54030}{1.1 - 1.0} = -0.86700$$

$$f[x_1, x_2] = \frac{f(x_2) - f(x_1)}{x_2 - x_1} = \frac{0.36236 - 0.45360}{1.2 - 1.1} = -0.91240$$

위에 계산 결과를 식 (6.18)에 대입하면 다음과 같은 결과를 얻는다.

$$f[x_0, x_1, x_2] = \frac{f[x_1, x_2] - f[x_0, x_1]}{x_2 - x_0} = \frac{-0.91240 - (-0.86700)}{1.2 - 1.0} = -0.22700$$

다음 결과를 살펴보면 식 (6.17)의 미분 관계를 직접 이용하여 구한 $f[x_0, x_1]$과 $f[x_1, x_2]$의 값이 앞에서 1차 분할차 보간법을 이용해서 계산된 값과 비슷함을 알 수 있다.

$$f(x) = \cos(x) \rightarrow f'(x) = -\sin(x) \rightarrow f''(x) = -\cos(x)$$

$$f'\left(\frac{x_1 + x_0}{2}\right) = f'(1.05) = -\sin(1.05) = -0.86742 \approx f[x_1, x_2]$$

$$f'\left(\frac{x_2 + x_1}{2}\right) = f'(1.15) = -\sin(1.15) = -0.91276 \approx f[x_2, x_1]$$

마찬가지로 식 (6.21)을 이용하여 계산한 결과도 앞에서 2차 분할차 보간법을 이용해서 계산한 최종 결과와 비슷하다.

$$\frac{1}{2}f''(x_1) \rightarrow -\frac{1}{2}\cos(x_1) = -\frac{1}{2}\cos(1.1) = -0.22680 \approx f[x_0, x_1, x_2]$$

6.2.3 일반적인 분할차

뚜렷한 자료점을 가진 일반형

앞에서 설명한 1차, 2차 분할차와 같은 개념으로, 주어진 $n+1$개의 뚜렷한 자료점 $x_0, \cdots, x_n$에 대해서 다음과 같이 정의되는 수식을 함수 $f(x)$의 **일반적인 분할차**라고 한다. 여기서 $n \geq 2$의 조건을 만족한다.

$$f[x_0, \cdots, x_n] = \frac{f[x_1, \cdots, x_n] - f[x_0, \cdots, x_{n-1}]}{x_n - x_0} \tag{6.22}$$

식 (6.22)는 함수 $f(x)$의 n번째 분할차의 재귀적 정의를 나타낸다. 식 (6.22)와 미분의 관계는 다음과 같다. 여기서 상수 c는 주어진 자료점들의 집합 $\{x_0, \cdots, x_n\}$의 사이에 있다.

$$f[x_0, \cdots, x_n] = \frac{1}{n!} f^{(n)}(c) \tag{6.23}$$

식 (6.23)은 다음과 같이 k차수 미분 형태로 사용할 수 있다(n보다 작은 범위에 있는 3차 혹은 좀 더 고차일 때, k로 생각하면 미분 형태로 이용할 수 있다.).

$$D^k f(x_i) = f[x_i, \cdots, x_{i+k}] \tag{6.24}$$

[예제 6-6]의 자료를 식 (6.24)를 이용하여 확장하면 다음과 같은 새로운 도표를 얻을 수 있다.

[표 6-1] 미분 형태를 이용한 4차 분할차 보간법

i	x_i	$f(x_i)$	$Df(x_i)$	$D^2f(x_i)$	$D^3f(x_i)$	$D^4f(x_i)$
0	1.0	0.54030	−0.8670	−0.2270	0.1553	0.0125
1	1.1	0.45360	−0.9124	−0.1810	0.1583	
2	1.2	0.36236	−0.9486	−0.1335		
3	1.3	0.26750	−0.9753			
4	1.4	0.16997				

[표 6-1]에서 $i=0$인 경우가 [예제 6-6]의 결과와 일치한다. 그러므로 $Df(x_0)$과 $D^2f(x_0)$은 1차 분할차와 2차 분할차의 결과와 같다.

$i=1$인 경우 $Df(x_1)$, $D^2f(x_1)$, $D^3f(x_1)$의 계산은 다음과 같은 과정으로 실행된다. 먼저 주어진 자료점 다섯 개

$$x_0 = 1.0,\quad x_1 = 1.1,\quad x_2 = 1.2,\quad x_3 = 1.3,\quad x_4 = 1.4$$

를 다음 함수에 대입한다.

$$f(x_i) = \cos x_i$$

이때 1차 분할차와 2차 분할차 계산에 필요한 자료점은 x_1, x_2, x_3이므로 다음 함숫값 세 개만 필요하다.

$$\begin{aligned}\cos(x_1) &= \cos(1.1) = 0.45360\\ \cos(x_2) &= \cos(1.2) = 0.36236\\ \cos(x_3) &= \cos(1.3) = 0.26750\end{aligned}$$

식 (6.22)를 이용하여 1차 분할차를 계산하면

$$Df(x_1) = f[x_1,\, x_2] = \frac{f[x_2]-f[x_1]}{x_2-x_1} = \frac{\cos(1.2)-\cos(1.1)}{1.2-1.1} = -0.9124$$

이고, 2차 분할차를 계산하면 다음과 같다.

$$\begin{aligned}D^2f(x_1) = f[x_1,\, x_2,\, x_3] &= \frac{f[x_2,\, x_3]-f[x_1,\, x_2]}{x_3-x_1}\\ &= \frac{\left(\dfrac{f[x_3]-f[x_2]}{x_3-x_2}\right)}{x_3-x_1} - \frac{Df(x_1)}{x_3-x_1}\\ &= \frac{\cos(1.3)-\cos(1.2)}{(1.3-1.2)(1.3-1.1)} - \frac{-0.9124}{1.3-1.1} = -0.1810\end{aligned}$$

마지막으로 3차 분할차를 계산하면 다음 값을 얻는다.

$$\begin{aligned}D^3f(x_1) = f[x_1,\, x_2,\, x_3,\, x_4] &= \frac{f[x_2,\, x_3,\, x_4]-f[x_1,\, x_2,\, x_3]}{x_4-x_1}\\ &= \frac{\left(\dfrac{f[x_3,\, x_4]-f[x_2,\, x_3]}{x_4-x_2}\right)}{x_4-x_1} - \frac{D^2f(x_1)}{x_4-x_1}\\ &= \frac{-0.1335}{0.3} - \frac{-0.1810}{0.3} = 0.1583\end{aligned}$$

중복되는 자료점을 가진 일반형

지금까지 주어진 모든 자료점은 서로 분명하게 구별되었다. 그런데 만일 자료점들이 서로 구별되지 않고 한 개의 자료점 x_0을 나타낸다면 분할차의 수식은 어떻게 될까?

두 자료점 x_0과 x_1을 이용하는 1차 분할차에서 x_1은 x_0과 같은 값으로 지정되므로 다음과 같은 식이 성립한다.

$$\lim_{x_1 \to x_0} f[x_0, x_1] = \lim_{x_1 \to x_0} \frac{f(x_1) - f(x_0)}{x_1 - x_0} = f'(x_0) \tag{6.25}$$

그러므로 서로 일치하는 두 자료점에 대한 $f[x_0, x_1]$는 다음과 같이 정의된다.

$$f[x_0, x_0] = f'(x_0) \tag{6.26}$$

세 개의 자료점 x_0, x_1, x_2를 이용하는 식 (6.20)에서도 x_1과 x_2는 x_0과 같은 값으로 지정되므로 다음과 같은 식이 성립한다.

$$\lim_{\substack{x_1 \to x_0 \\ x_2 \to x_0}} f[x_0, x_1, x_2] = \frac{1}{2} f''(x_0) \tag{6.27}$$

그러므로 서로 일치하는 세 자료점에 대한 $f[x_0, x_1, x_2]$는 다음과 같이 정의된다.

$$f[x_0, x_0, x_0] = \frac{1}{2} f''(x_0) \tag{6.28}$$

같은 방법으로 $n+1$개의 자료점 $x_0, \cdots, x_n$들도 모두 x_0과 같은 값으로 지정되므로 다음과 같이 일반적인 수식이 성립한다.

$$\lim_{\{x_1, \cdots, x_n\} \to x_0} f[x_0, \cdots, x_n] = \frac{1}{n!} f^{(n)}(x_0) \tag{6.29}$$

서로 일치하는 $n+1$개의 자료점에 대한 $f[x_0, \cdots, x_n]$는 다음과 같이 정의된다.

$$f[\underbrace{x_0, \cdots, x_0}_{(n+1)\text{번}}] = \frac{1}{n!} f^{(n)}(x_0) \tag{6.30}$$

예를 들어, 자료점이 x_0, x_1, x_2로 주어지는 경우 2차 분할차는 다음 수식처럼 변형시켜 사용한다.

$$f[x_0, x_1, x_1] = \frac{f[x_1, x_1] - f[x_0, x_1]}{x_1 - x_0} = \frac{f'(x_1) - f[x_0, x_1]}{x_1 - x_0} \tag{6.31}$$

예제 6-7 **중복 자료점에 대한 분할차 보간법**

식 (6.30)을 이용하여 $f[x_0, x_0, x_1, x_1]$에 대해 계산한 후 식 (6.31)의 형태로 나타내라.

풀이

$$f[x_0, x_0, x_1, x_1] = \frac{f[x_0, x_1, x_1] - f[x_0, x_0, x_1]}{x_1 - x_0}$$

$$= \frac{1}{x_1 - x_0}\left(\frac{f[x_1, x_1] - f[x_0, x_1]}{x_1 - x_0} - \frac{f[x_0, x_1] - f[x_0, x_0]}{x_1 - x_0}\right)$$

$$= \frac{f'(x_0) - 2f[x_0, x_1] + f'(x_1)}{(x_1 - x_0)^2}$$

6.2.4 뉴턴 분할차 보간법

식 (6.9)의 자료값에 대한 조건을 이용하여 함수 $f(x)$로부터 다항식을 구할 수 있었다. 그리고 분할차 $f[x_0, x_1]$, $f[x_0, x_1, x_2]$, $\cdots$, $f[x_0, \cdots, x_n]$을 이용하면 수식을 간단하게 계산할 수 있는 **보간 다항식** $P_1(x)$, $P_2(x)$, $\cdots$, $P_n(x)$의 형태로 나타낼 수 있다.

$$P_1(x) = f(x_0) + f[x_0, x_1](x - x_0) \tag{6.32}$$

$$P_2(x) = f(x_0) + f[x_0, x_1](x - x_0) + f[x_0, x_1, x_2](x - x_0)(x - x_1) \tag{6.33}$$

식 (6.32)를 식 (6.33)에 대입하면 다음과 같다.

$$P_2(x) = P_1(x) + f[x_0, x_1, x_2](x - x_0)(x - x_1) \tag{6.34}$$

n차수로 확대하면 다음과 같이 표현할 수 있다.

$$\begin{aligned} P_n(x) = f(x_0) &+ f[x_0, x_1](x - x_0) + f[x_0, x_1, x_2](x - x_0)(x - x_1) + \cdots \\ &+ f[x_0, x_1, \cdots, x_n](x - x_0)(x - x_1)\cdots(x - x_{n-1}) \end{aligned} \tag{6.35}$$

식 (6.35)는 보간 다항식에 대한 **뉴턴**(Newton) **분할차** 공식이다.

라그랑주 다항식은 여러 가지 응용 프로그램에 같은 자료점들을 반복적으로 사용하는 경우에 편리하다. 자료값들은 컴퓨터 메모리에 저장할 수 있으며 연산의 실행 횟수를 줄여나갈 수 있는 장점이 있다. 그러나 다음의 라그랑주 식 (6.10)을 살펴보면

$$P_n(x) = y_0 L_0(x) + y_1 L_1(x) + \cdots + y_n L_n(x)$$

순서대로 다항식의 차수를 증가시키는 보간 다항식을 실제로 계산하기가 매우 불편함을 알 수 있다. 뉴턴 분할차 공식을 이용하면 이러한 단점을 보완할 수 있다.

재귀 관계 형태로 식 (6.35)를 다시 나타내면 다음과 같다. 여기서 $P_{n-1}(x)$는 자료점 $x_0, x_1, \cdots, x_{n-1}$에서 함수 $f(x)$를 보간한 것을 가리킨다.

$$P_n(x) = P_{n-1}(x) + f[x_0, x_1, \cdots, x_n](x - x_0)(x - x_1) \cdots (x - x_{n-1}) \tag{6.36}$$

SECTION
6.3 다항식 보간법 오차

주어진 자료점들을 보간시켜서 구한 보간 다항식과 계산하려는 함수 $f(x)$ 사이의 오차를 **다항식 보간 오차**라고 한다.

6.3.1 선형 보간 오차

먼저 선형 보간 다항식 $P_1(x)$와 함수 $f(x)$의 차이를 나타내는 **선형 보간 오차** $f(x)-P_1(x)$를 구해보자.

두 개의 자료점 x_0과 x_1을 포함하고 있는 $[a, b]$ 구간에서 함수 $f(x)$를 연속으로 두 번 미분할 수 있다고 가정하자. 이런 경우 $a \le x \le b$의 범위에서 임의의 c_x에 대한 선형 보간 오차는 다음과 같이 쓸 수 있다. 여기서 상수 c_x는 x_0, x_1과 구하려는 값 x의 최소 및 최대 사이에 있다.

$$f(x)-P_1(x)=\frac{(x-x_0)(x-x_1)}{2}f''(c_x) \tag{6.37}$$

식 (6.37)에서는 상수 c_x의 정확한 값을 알 수 없으므로 $f''(c_x)$는 $x_0 \le x \le x_1$ 범위에서 다양하게 변화하는 x에 대한 함수 $f''(x)$의 최댓값으로 대치한다. 이를 수식으로 나타내면 다음과 같다.

$$f(x)-P_1(x) \le \frac{(x-x_0)(x-x_1)}{2}\max_{x_0 \le x \le x_1} f''(x) \tag{6.38}$$

만일 x_1과 x가 x_0에 매우 가깝다면 식 (6.37)은 다음과 같이 다시 쓸 수 있다.

$$f(x)-P_1(x) \approx \frac{(x-x_0)(x-x_1)}{2}f''(x_0) \tag{6.39}$$

주어진 시작점 x_0에 x_1과 구하려는 값 x가 가까이 접근해 있으면 $x_0 \approx x_1 \approx x$이며, 점 세 개의 최대와 최소 사이에 있는 c_x도 $x_0 \approx x_1 \approx x \approx c_x$가 될 것이다.

예제 6-8 **선형 보간 오차**

자료점 x_0은 x_1보다 작은 값이고, $h = x_1 - x_0$의 조건을 만족한다. 함수 $f(x) = \ln(x)$에 대한 선형 보간 오차를 구하라. 그리고 최종 결과에 h도 포함해서 나타내라.

풀이

식 (6.37)에 필요한 2차 미분항을 직접 계산해보자.

$$f''(x) = -\frac{1}{x^2}$$

$$\ln(x) - P_1(x) \approx \frac{(x-x_0)(x-x_1)}{2}\left[-\frac{1}{c_x^2}\right] = (x-x_0)(x_1-x)\left[\frac{1}{2c_x^2}\right]$$

보통 구하려는 x 값은 $x_0 \le x \le x_1$에 위치한다. 그리고 문제에서 $x_0 < x_1$의 조건이 주어져 있으므로 $(x-x_0)(x_1-x) \ge 0$과 $x_0 \le c_x \le x_1$이 성립된다. 앞에서 구한 오차 공식을 다시 정리하면 다음과 같다.

$$(x-x_0)(x_1-x)\left[\frac{1}{2x_1^2}\right] \le \ln(x) - P_1(x) \le (x-x_0)(x_1-x)\left[\frac{1}{2x_0^2}\right]$$

조건 $h = x_1 - x_0$과 $x_0 \le x \le x_1$을 이용하면 다음 결과를 얻는다.

$$0 \le \ln(x) - P_1(x) \approx (x-x_0)(x_1-x)\left[\frac{1}{2x_0^2}\right]$$

만일 x_1이 원점에 있다고 하면 주어진 자료점 두 개는 $(x_0, x_1) = (-h, 0)$이므로 $(x-x_0)(x_1-x) = (x+h)(-x)$이다. 미분의 특성을 이용하여 $(x+h)(-x)$에 대한 최댓값은

$$\frac{d}{dx}[(x+h)(-x)] = 0$$

이고, 이에 의해서

$$x = \frac{h}{2}$$

가 되어 다음과 같이 쓸 수 있다.

$$\max_{x_0 \le x \le x_1}(x-x_0)(x_1-x) \le \frac{h^2}{4}$$

그러므로 선형 보간 오차는 다음과 같이 정리된다.

$$0 \le \ln(x) - P_1(x) \le \frac{h^2}{4}\left[\frac{1}{2x_0^2}\right] = \frac{0.125h^2}{x_0^2}$$

6.3.2 2차 보간 오차

$f(x)-P_2(x)$를 나타내는 **2차 보간 오차** 공식은 다음과 같다.

$$f(x)-P_2(x)=\frac{(x-x_0)(x-x_1)(x-x_2)}{3!}f^{(3)}(c_x) \tag{6.40}$$

선형 보간 오차 공식과 똑같이 상수 c_x는 자료점 x, x_0, x_1, x_2의 최소 및 최대 사이 임의의 위치에 있다. 같은 방법으로 $f^{(3)}(c_x)$는 $x_0 \le x \le x_2$ 범위에서 x에 대한 함수 $f^{(3)}(x)$의 최댓값으로 대치하고, 식 (6.40)을 다시 쓰면 다음과 같다.

$$f(x)-P_2(x) \le \frac{\Psi_2(x)}{3!}\max_{x_0 \le x \le x_2} f^{(3)}(x) \tag{6.41}$$

여기서 $\Psi_2(x)=(x-x_0)(x-x_1)(x-x_2)$는 근이 x_0, x_1, x_2인 3차 다항식을 표시한다. 만일 $x_0 \le x \le x_2$의 조건에서 균일 경계에 대한 오차를 구하려면 식 (6.41)에서 다음과 같은 계산이 필요하다.

$$\max_{x_0 \le x \le x_2}\Psi_2(x)=\max_{x_0 \le x \le x_2}(x-x_0)(x-x_1)(x-x_2) \tag{6.42}$$

예제 6-9 **2차 보간의 절대 오차**

범위 $x_0 \le x \le x_2$에서 세 자료점 x_0, x_1, x_2의 간격이 같고, $x_1-x_0=h$와 $x_2-x_1=h$ 조건을 만족한다. 함수 $f(x)=\ln(x)$에 대한 2차 보간의 절대 오차를 구하라. 결과에 h도 포함해서 나타내라.

풀이

식 (6.41)과 식 (6.42)를 이용하여 예제를 풀려면 다음 과정이 필요하다.

$$f^{(3)}(x)=\frac{2}{x^3}$$

$$|f(x)-P_2(x)| \le \frac{1}{3!}\max_{x_0 \le x \le x_2}|\Psi_2(x)| \cdot \max_{x_0 \le x \le x_2}|f^{(3)}(x)| \tag{1}$$

만일 x_1이 원점에 있다고 하면 주어진 세 자료점은 $(x_0, x_1, x_2)=(-h, 0, h)$이므로 $|\Psi_2(x)|=|(x+h)(x)(x-h)|$이다. 미분의 특성을 이용하여 $(x+h)(x)(x-h)$에 대한 최댓값은

$$\frac{d}{dx}|(x+h)(x)(x-h)|=0$$

이고, 이에 의해서

$$x=\pm\frac{h}{\sqrt{3}}$$

가 되어 다음과 같이 쓸 수 있다.

$$\max_{x_0 \le x \le x_2}|\Psi_2(x)| = \left|\left(\frac{h+\sqrt{3}\,h}{\sqrt{3}}\right)\left(\frac{h}{\sqrt{3}}\right)\left(\frac{h-\sqrt{3}\,h}{\sqrt{3}}\right)\right| = \frac{2h^3}{3\sqrt{3}}$$

식 (1)은 다음과 같이 다시 쓸 수 있다.

$$|f(x)-P_2(x)| \le \frac{h^3}{9\sqrt{3}} \max_{x_0 \le x \le x_2}\left|\frac{2}{x^3}\right|$$

$x_0 \le x \le x_2$ 범위에서 최솟값 x_0을 분모에 대입하면 마지막 항 $\max_{x_0 \le x \le x_2}\left|\frac{2}{x^3}\right|$의 최댓값을 구할 수 있다. 그러므로 최종 결과는 다음과 같다.

$$|\ln(x)-P_2(x)| \le \frac{h^3}{9\sqrt{3}}\frac{2}{x_0^3} = \frac{0.1283h^3}{x_0^3}$$

6.3.3 n차 보간 오차

구간 $a \le x \le b$에서 $(n+1)$개의 자료점 $x_0, \cdots, x_n$을 포함하는 함수 $f(x)$가 연속적으로 $(n+1)$번 미분이 가능한 차수 n**에 대한 일반적 다항식의 보간 오차** 공식은 다음과 같다.

$$f(x)-P_n(x) = \frac{(x-x_0)(x-x_1)\cdots(x-x_n)}{(n+1)!}f^{(n+1)}(c_x) \tag{6.43}$$

여기서 임의의 상수인 c_x는 주어진 자료점 $x_0, x_1, \cdots, x_n$과 구하려는 자료점 x의 최소 및 최대 사이의 임의의 위치에 있다.

식 (6.43)의 분자항을 근 $x_0, x_1, \cdots, x_n$으로 갖는 $(n+1)$ 차수의 다항식으로 간단히 표시하면

$$\Psi_n(x) = (x-x_0)(x-x_1)\cdots(x-x_n) \tag{6.44}$$

이고, 이것을 식 (6.43)에 대입하여 다시 쓰면 다음과 같다.

$$f(x)-P_n(x) = \frac{\Psi_n(x)}{(n+1)!}f^{(n+1)}(c_x) \tag{6.45}$$

따라서 n차 다항식 보간 오차의 경계는 다음과 같다.

$$\max_{a \le x \le b}|f(x)-P_n(x)| \le \max_{a \le x \le b}\frac{|\Psi_n(x)|}{(n+1)!} \cdot \max_{a \le x \le b}|f^{(n+1)}(x)| \tag{6.46}$$

식 (6.36)을 $(n+1)$차수로 확장해서 다시 쓰면

$$P_{n+1}(x) = P_n(x) + f[x_0, x_1, \cdots, x_{n+1}](x-x_0)(x-x_1)\cdots(x-x_n) \tag{6.47}$$

이고, 식 (6.47)에 $x = x_{n+1}$를 대입하면 x_{n+1}에서 함수 $f(x)$를 근사시키려는 다항식은 $P_{n+1}(x)$이다. 그러므로 식 (6.47)은 다음과 같이 쓸 수 있다.

$$f(x_{n+1}) = P_n(x_{n+1}) + f[x_0, x_1, \cdots, x_{n+1}](x_{n+1}-x_0)(x_{n+1}-x_1)\cdots(x_{n+1}-x_n) \tag{6.48}$$

이제 식 (6.48)에 x_{n+1}의 값을 전부 x로 대체시키면 다음과 같다.

$$f(x) = P_n(x) + f[x_0, x_1, \cdots, x_n, x](x-x_0)(x-x_1)\cdots(x-x_n) \tag{6.49}$$

식 (6.44)를 식 (6.49)에 대입하면 다음을 얻는다.

$$f(x) - P_n(x) = \Psi_n(x) f[x_0, x_1, \cdots, x_n, x] \tag{6.50}$$

여기서 구하려는 자료점 x는 주어진 자료점들 $x_0, \cdots, x_n$과 같은 값이 될 수 없다.

SECTION
6.4 스플라인 보간법

이 절에서는 구간적 선형 보간법과 구간적 2차 보간법을 분석하고, 이 방법으로 그린 그래프와 고차 다항식으로 그린 그래프를 상호 비교하여 장단점을 살펴본다. 또한 고차 다항식의 단점을 보완하기 위해 3차 다항식을 사용하는 스플라인 보간법의 기본 개념을 이해하고 자세한 분석 방법을 배운다. 마지막으로 스플라인 보간법을 사용하는 다양한 보기와 MATLAB으로 구현시킨 그래프를 살펴본다.

6.4.1 보간법의 단점

가장 간단한 보간법은 [표 6-2]에 주어진 자료점들을 직선으로 연결하는 것이다. 이것을 **구간적**(piecewise) **선형 보간법**이라고 부르고 $l(x)$로 표기한다. 그래프는 [그림 6-6]과 같다.

[표 6-2] 구간적 선형 보간법

x	0	1.0	2.0	2.5	3.0	3.5	4.0
$l(x)$	2.5	0.5	0.5	1.5	1.5	1.125	0.0

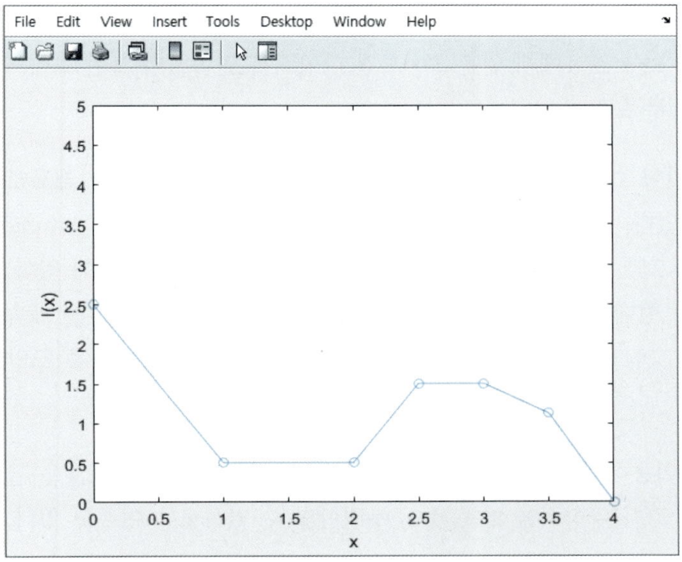

[그림 6-6] 실행 결과 : [표 6-2]를 구간적 선형 보간법으로 그린 그래프

1차 다항식을 이용하여 여섯 개 구간마다 각각 자료점 두 개를 직선으로 연결하면서 주어진 자료점을 모두 통과하는 그래프를 그렸지만 매끄럽지 못하다. 이러한 단점을 보완하기 위해서 주어진 자료점 일곱 개로 나타낼 수 있는 6차 보간 다항식 $P_6(x)$를 이용했다. 이에 대한 그래프가 [그림 6-7]이다. 구간적 선형 보간법으로 그린 그래프보다 매끄러운 곡선을 보여주지만 여전히 구간 $0 \le x \le 1$에서는 원하지 않은 결과가 나타나 있다.

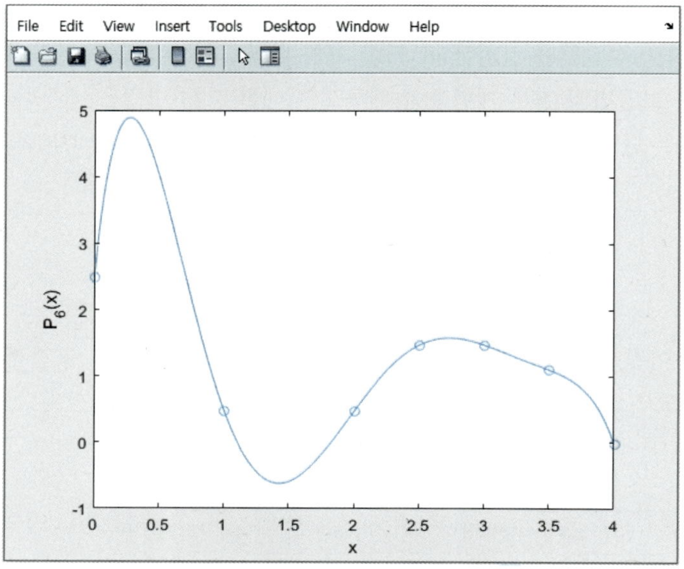

[그림 6-7] 실행 결과 : 차수가 6인 보간 다항식 그래프

[그림 6-8]은 각각의 점을 세 개씩 (x_1, x_2, x_3), (x_3, x_4, x_5), (x_5, x_6, x_7) 묶어서 이들을 포함하는 범위 $0 \le x \le 2$, $2 \le x \le 3$, $3 \le x \le 4$에서 얻은 2차 보간 다항식을 연속시켜 그린 그래프다. 이것을 **구간적 2차 보간법**이라고 부르고 $q(x)$로 표기한다.

구간적 2차 보간법 그래프는 구간적 선형 보간법의 그래프보다는 매끄럽고, 6차 다항식의 그래프보다는 자료점들 사이가 가까운 장점이 있다. 그러나 구간적 2차 보간법에도 문제가 있다. [그림 6-8]을 보면 세 구간이 겹치는 자료점 $x = 2$와 $x = 3$에서 곡선의 모퉁이가 불연속하게 연결되어 있다. 만일 $x = 2$와 $x = 3$에서 연속 곡선의 형태를 유지하려면 매끄럽게 계속 증가하는 모양 혹은 계속 감소하는 모양으로 그려져야 하는데, 그림을 자세히 살펴보면 자료점 $x = 2$와 $x = 3$에서 혹 모양(humped)의 형태가 부자연스럽다.

앞에서 4차 이상($n \ge 4$)의 다항식을 이용하여 자료점들 사이의 동작을 그렸을 때, 원하지 않은 결과를 얻었다. 이는 보간법을 사용하여 고차 다항식을 얻는 것이 부적합할 수 있음을 보여주고 있다.

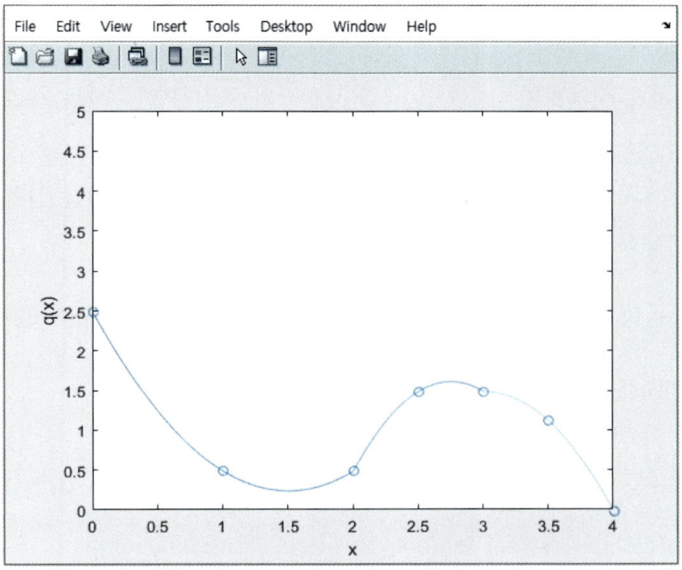

[그림 6-8] 실행 결과 : 구간적 2차 보간법의 그래프

6.4.2 스플라인 보간법의 정의와 특성

위와 같은 고차 다항식의 단점을 보완하기 위해서 널리 사용되는 다른 방법은 인접한 자료점들의 각 쌍 사이에 저차 다항식을 사용하여 자료점들을 맞추는 것이다. 이것을 **스플라인**(spline) **보간법**이라고 한다. 스플라인이라는 이름에서 알 수 있듯이 주어진 자료점들을 통과하는 매끄러운 곡선을 그리는 데 사용된다. 스플라인 보간법은 일반적으로 3차(cubic) 다항식을 사용하는데, 이를 3차 스플라인 보간법이라고도 한다. 임의의 숫자 a와 b에 대해 다음을 만족하는 자료점들의 집합 $\{x_i\}$가 존재하는 경우를 살펴보자. 여기서 $a = x_1$과 $b = x_n$으로 사용한다.

$$a \le x_1 < x_2 < \cdots < x_n \le b$$

함수 $s(x)$는 **중단점**(breakpoints) $\{x_i\}$를 포함하는 구간 $[a, b]$ 위에 존재하는 3차 스플라인 보간법을 사용한다. 함수 $s(x)$는 다음과 같은 속성을 가진다.

- 간격 $[a, x_1]$, $[x_1, x_2]$, $\cdots$, $[x_{n-1}, x_n]$, $[x_n, b]$ 각각에서 3차 스플라인 함수 $s(x)$는 3차 이하의 다항식이다.
- $s(x)$, $s'(x)$, $s''(x)$는 구간 $[a, b]$에서 연속이고 $s''(x_1) = s''(x_n) = 0$이다.
- 자료점 $[x_1, y_1]$, $\cdots$, $[x_n, y_n]$이 주어진 경우 다음 조건을 만족하면 $s(x)$는 3차 스플라인 보간 함수(혹은 자연(natural) 3차 스플라인 보간 함수)라고 한다.

$$s(x_i) = y_i \quad (i = 1, \cdots, n) \tag{6.51}$$

6.4.3 3차 스플라인 보간 함수

3차 스플라인 보간 함수를 좀 더 자세하게 살펴보자. $x_1 < x_2 < x_3 < x_4$의 조건을 만족하는 자료점 네 개 (x_1, y_1), (x_2, y_2), (x_3, y_3), (x_4, y_4)를 생각해보자. 각각의 간격 $[x_1, x_2]$, $[x_2, x_3]$, $[x_3, x_4]$에서 $s(x)$는 3차 다항식이다. 3차 다항식 $s(x)$를 두 번 연속 미분하여 얻는 $s''(x)$는 선형 다항식이 되고, 다음과 같은 수식으로 놓을 수 있다.

$$M_i = s''(x_i) \quad (i = 1, 2, 3, 4) \tag{6.52}$$

첫 번째 간격 $[x_1, x_2]$에 대해 식 (6.3b)를 다시 쓰면 다음과 같다.

$$s''(x) = \frac{(x_2 - x)M_1 + (x - x_1)M_2}{x_2 - x_1} \quad (x_1 \le x \le x_2) \tag{6.53}$$

이제 식 (6.53)을 두 번 연속으로 적분하면 다음과 같이 $s(x)$를 얻는다.

$$s(x) = \frac{(x_2 - x)^3 M_1 + (x - x_1)^3 M_2}{6(x_2 - x_1)} + c_1 x + c_2 \tag{6.54}$$

식 (6.54)의 상수 c_1과 c_2를 구하기 위해서 식 (6.51)에 $i = 1$과 $i = 2$를 각각 대입하면 다음과 같은 식을 얻는다.

$$\begin{aligned} s(x_1) &= y_1 \\ s(x_2) &= y_2 \end{aligned} \tag{6.55}$$

구간 $x_1 \le x \le x_2$에서 식 (6.55)를 이용하여 식 (6.54)를 계산한 결과는 다음과 같다.

$$\begin{aligned} s(x) = &\frac{(x_2 - x)^3 M_1 + (x - x_1)^3 M_2}{6(x_2 - x_1)} + \frac{(x_2 - x)y_1 + (x - x_1)y_2}{x_2 - x_1} \\ &- \frac{x_2 - x_1}{6}[(x_2 - x)M_1 + (x - x_1)M_2] \end{aligned} \tag{6.56a}$$

같은 방법으로 남겨진 간격 $[x_2, x_3]$과 $[x_3, x_4]$를 계산하면 다음 결과를 얻는다.

$$\begin{aligned} s(x) = &\frac{(x_3 - x)^3 M_2 + (x - x_2)^3 M_3}{6(x_3 - x_2)} + \frac{(x_3 - x)y_2 + (x - x_2)y_3}{x_3 - x_2} \\ &- \frac{x_3 - x_2}{6}[(x_3 - x)M_2 + (x - x_2)M_3] \end{aligned} \tag{6.56b}$$

여기서 구간은 $x_2 \le x \le x_3$이다.

$$s(x) = \frac{(x_4 - x)^3 M_3 + (x - x_3)^3 M_4}{6(x_4 - x_3)} + \frac{(x_4 - x)y_3 + (x - x_3)y_4}{x_4 - x_3} - \frac{x_4 - x_3}{6}[(x_4 - x)M_3 + (x - x_3)M_4] \tag{6.56c}$$

여기서 구간은 $x_3 \le x \le x_4$이다.

식 (6.56)은 $s(x)$와 $s''(x)$가 구간 $x_1 \le x \le x_4$에서 연속함을 말해주지만, 여전히 2차 미분값 M_1, M_2, M_3, M_4가 무엇인지는 알 수 없다. 예를 들어 식 (6.51)과 식 (6.52)를 이용하면 간격 $[x_1, x_2]$에 대해서 $s(x_2) = y_2$와 $s''(x_2) = M_2$의 결과가 나온다. 또한 간격 $[x_2, x_3]$에 대해서도 동일한 결과 $s(x_2) = y_2$와 $s''(x_2) = M_2$가 나온다. 다른 두 간격에서 같은 결과가 나왔지만, 여전히 $s'(x)$가 x_2와 x_3에서 연속성을 가진다는 것을 설명하기는 부족하다. 따라서 다음 조건이 필요하다.

$$s'(x_2 + 0) = s'(x_2 - 0) \tag{6.57a}$$

$$s'(x_3 + 0) = s'(x_3 - 0) \tag{6.57b}$$

식 (6.57a)의 좌항은 간격 $[x_1, x_2]$에서 끝 자료점 x_2가 통과하는 것을, 우항은 간격 $[x_2, x_3]$에서 첫 자료점 x_2가 통과하는 것을 의미한다. 같은 의미로 식 (6.57b)의 좌항은 간격 $[x_2, x_3]$에서 끝 자료점 x_3가 통과하는 것을, 우항은 간격 $[x_3, x_4]$에서 첫 자료점 x_3가 통과하는 것을 의미한다. 문제를 좀 더 간단하게 해석하기 위해, 주어진 자료점들은 $x_2 = x_1 + h$, $x_3 = x_1 + 2h$, $x_4 = x_1 + 3h$와 같이 간격이 균일하다고 가정하자. 그러면 식 (6.56)은 다음과 같이 간략하게 다시 쓰여진다.

$$s(x) = \frac{(x_2 - x)^3 M_1 + (x - x_1)^3 M_2}{6h} + \frac{(x_2 - x)y_1 + (x - x_1)y_2}{h} - \frac{h}{6}[(x_2 - x)M_1 + (x - x_1)M_2] \tag{6.58a}$$

여기서 구간은 $x_1 \le x \le x_2$이다.

$$s(x) = \frac{(x_3 - x)^3 M_2 + (x - x_2)^3 M_3}{6h} + \frac{(x_3 - x)y_2 + (x - x_2)y_3}{h} - \frac{h}{6}[(x_3 - x)M_2 + (x - x_2)M_3] \tag{6.58b}$$

여기서 구간은 $x_2 \le x \le x_3$이다.

$$s(x) = \frac{(x_4 - x)^3 M_3 + (x - x_3)^3 M_4}{6h} + \frac{(x_4 - x)y_3 + (x - x_3)y_4}{h} - \frac{h}{6}[(x_4 - x)M_3 + (x - x_3)M_4] \tag{6.58c}$$

여기서 구간은 $x_3 \le x \le x_4$이다.

식 (6.58a)와 식 (6.58b)에서 x에 대한 미분을 한 번 실행하고, $x = x_2$의 값을 대입하면

$$s'(x_2) = \frac{M_2}{6h}\left(3x_2^2 - 6x_1x_2 + 3x_1^2\right) + \frac{y_2 - y_1}{h} - \frac{h}{6}(-M_1 + M_2) \tag{6.59a}$$

$$s'(x_2) = \frac{M_2}{6h}\left(-3x_2^2 + 6x_2x_3 - 3x_3^2\right) + \frac{y_3 - y_2}{h} - \frac{h}{6}(-M_2 + M_3) \tag{6.59b}$$

을 얻는다. 식 (6.59a)와 식 (6.59b)에 식 (6.57a)를 적용하면 다음 수식을 얻는다.

$$\frac{h}{6}M_1 + \frac{2h}{3}M_2 + \frac{h}{6}M_3 = \frac{y_3 - y_2}{h} - \frac{y_2 - y_1}{h} \tag{6.60a}$$

같은 방법으로 구간 $[x_2, x_3]$와 $[x_3, x_4]$에 식 (6.57b)를 적용하면

$$\frac{h}{6}M_2 + \frac{2h}{3}M_3 + \frac{h}{6}M_4 = \frac{y_4 - y_3}{h} - \frac{y_3 - y_2}{h} \tag{6.60b}$$

를 얻는다. 즉, 식 (6.60)으로 미지수 네 개를 포함하는 방정식 두 개를 구했다.

3차 스플라인 보간함수 속성에서 설명한 경계 조건 $s''(x_1) = s''(x_4) = 0$에 의해 $M_1 = M_4 = 0$이다. 따라서 식 (6.58)은 다음과 같이 다시 쓸 수 있으며 M_2와 M_3에 대한 선형시스템을 풀 수 있다.

$$\frac{2h}{3}M_2 + \frac{h}{6}M_3 = \frac{y_3 - y_2}{h} - \frac{y_2 - y_1}{h} \tag{6.61a}$$

$$\frac{h}{6}M_2 + \frac{2h}{3}M_3 = \frac{y_4 - y_3}{h} - \frac{y_3 - y_2}{h} \tag{6.61b}$$

n개의 자료점 $(x_1, y_1), (x_2, y_2), \cdots, (x_n, y_n)$을 가지는 일반적인 3차 스플라인 보간 문제를 고려해보자. 만일 자료점들이 다음과 같은 균일한 간격을 유지한다면

$$x_j = x_1 + (j-1)h \quad (j = 1, 2, \cdots, n) \tag{6.62}$$

$x_j \le x \le x_{j+1}$ 범위에서 3차 스플라인 보간 $s(x)$는 다음과 같이 쓰여진다.

$$\begin{aligned} s(x) = &\frac{(x_{j+1} - x)^3 M_j + (x - x_j)^3 M_{j+1}}{6h} + \frac{(x_{j+1} - x)y_j + (x - x_j)y_{j+1}}{h} \\ &- \frac{h}{6}\left[(x_{j+1} - x)M_j + (x - x_j)M_{j+1}\right] \end{aligned} \tag{6.63}$$

여기서 $j = 1, 2, \cdots, n-1$이다.

MATLAB 6-2 MATLAB을 이용한 스플라인 함수

[표 6-2]의 자료점을 아래에 다시 제시했다. 이를 이용하여 MATLAB의 스플라인 함수 명령(**spline**)을 실행하라.

x	0	1.0	2.0	2.5	3.0	3.5	4.0
y	2.5	0.5	0.5	1.5	1.5	1.125	0.0

풀이

[그림 6-9]는 스플라인 그래프를 실행하기 위해 MATLAB에 명령어를 입력하는 과정이다.

Command Window

```
>> x = [0 1 2 2.5 3 3.5 4];
>> y = [2.5 0.5 0.5 1.5 1.5 1.125 0];
>> x_int = 0:0.01:4;
>> y_int = spline(x,y,x_int);
>> plot(x,y,'o',x_int,y_int);
>> axis([0 4 0 5]);
>> xlabel('x');
>> ylabel('s(x)');
```

[그림 6-9] 입력 화면

[그림 6-10]은 [그림 6-9]의 입력 결과인 스플라인 그래프이다.

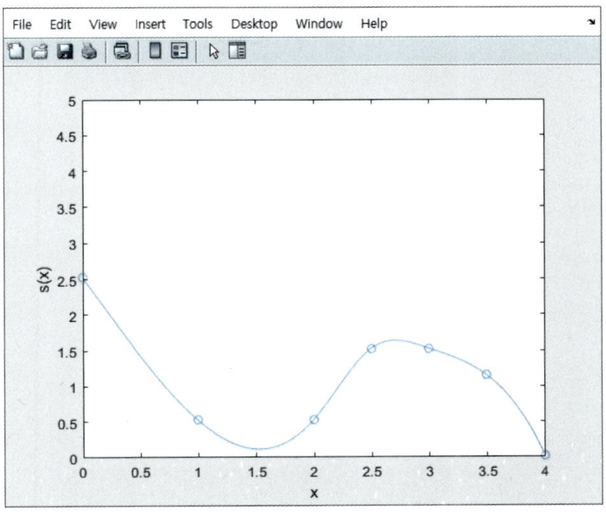

[그림 6-10] 실행 결과

예제 6-10 3차 스플라인 함수

다음 표는 함수 $y=\dfrac{1}{x}$ 에 대한 보간 자료점이다. 표를 이용하여 3차 스플라인 함수를 구하라.

x	1	2	3	4
y	1	$\frac{1}{2}$	$\frac{1}{3}$	$\frac{1}{4}$

풀이

주어진 점들은 간격이 $h=1$로 균일하다. 식 (6.61)을 이용하면 다음 관계식을 얻는다($M_1=M_4=0$).

$$\frac{2}{3}M_2+\frac{1}{6}M_3=y_3-2y_2+y_1=\frac{1}{3}$$
$$\frac{1}{6}M_2+\frac{2}{3}M_3=y_4-2y_3+y_2=\frac{1}{12}$$

2차 미분값을 구하면 다음과 같다.

$$M_2=\frac{1}{2},\quad M_3=0$$

식 (6.58)을 이용하여 구간 $1\le x\le 2$에서

$$\begin{aligned}s(x)&=\frac{(2-x)^3\cdot 0+(x-1)^3\left(\frac{1}{2}\right)}{6}+\frac{(2-x)\cdot 1+(x-1)\left(\frac{1}{2}\right)}{1}-\frac{1}{6}\left[(2-x)\cdot 0+(x-1)\left(\frac{1}{2}\right)\right]\\&=\frac{1}{12}x^3-\frac{1}{4}x^2-\frac{1}{3}x+\frac{3}{2}\end{aligned}$$

이고, 구간 $2\le x\le 3$에서

$$\begin{aligned}s(x)&=\frac{(3-x)^3\left(\frac{1}{2}\right)+(x-2)^3\cdot 0}{6}+\frac{(3-x)\left(\frac{1}{2}\right)+(x-2)\left(\frac{1}{3}\right)}{1}-\frac{1}{6}\left[(3-x)\left(\frac{1}{2}\right)+(x-2)\cdot 0\right]\\&=-\frac{1}{12}x^3+\frac{3}{4}x^2-\frac{7}{3}x+\frac{17}{6}\end{aligned}$$

이고, 구간 $3\le x\le 4$에서는 다음과 같다.

$$\begin{aligned}s(x)&=\frac{(4-x)^3\cdot 0+(x-3)^3\cdot 0}{6}+\frac{(4-x)\left(\frac{1}{3}\right)+(x-3)\left(\frac{1}{4}\right)}{1}-\frac{1}{6}[(4-x)\cdot 0+(x-3)\cdot 0]\\&=-\frac{1}{12}x+\frac{7}{12}\end{aligned}$$

MATLAB 6-3 MATLAB을 이용한 스플라인 보간 그래프

MATLAB을 이용하여 [예제 6-10]의 함수 $y = \dfrac{1}{x}$ 과 3차 스플라인 보간 그래프를 그려라.

풀이

[그림 6-11]은 스플라인 보간 그래프를 실행하기 위해 MATLAB 명령어를 입력하는 과정이다. 실행 결과를 [그림 6-12]에 나타냈다.

Command Window

```
>> x = 1:4;
>> y = [1,1/2,1/3,1/4];
>> a1 = [1/12,-1/4,-1/3,3/2];
>> a2 = [-1/12,3/4,-7/3,17/6];
>> a3 = [0,0,-1/12,7/12];
>> x1 = 1:0.01:2;
>> x2 = 2:0.01:3;
>> x3 = 3:0.01:4;
>> f1 = polyval(a1,x1);
>> f2 = polyval(a2,x2);
>> f3 = polyval(a3,x3);
>> plot(x,y,':',x1,f1,x2,f2,x3,f3);
>> hold on;
>> plot(x,y,'o');
>> axis([0.8 4.2 0.1 1.1]);
>> xlabel('x');
>> ylabel('y');
>> legend('y=1/x','y=s(x)','Location','NE');
```

[그림 6-11] 입력 화면

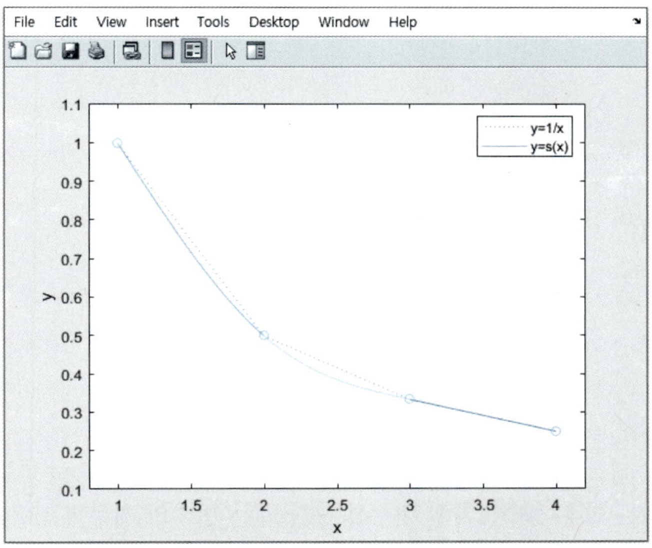

[그림 6-12] 실행 결과

SECTION 6.5 최소 제곱 근삿값

구간 $a \le x \le b$에서 작은 평균 오차를 갖는 다항식 근삿값 $P(x)$를 얻기 위해서는 함수 $f(x)$를 근사시켜야 한다. 다음과 같이 편리하게 근삿값의 평균 오차를 정의할 수 있는데, 이것을 제곱평균제곱근(root mean square, rms) 오차라 부른다.

$$E_{rms} = \sqrt{\frac{1}{b-a}\int_a^b [f(x) - P(x)]^2 dx} \tag{6.64}$$

식 (6.64)에서 제곱평균제곱근 오차를 최소화하는 방법은 제곱근을 없애고 분수를 곱한 다음과 같은 형태에서 최소화된 $P(x)$를 선택하는 것과 동일하다.

$$\int_a^b [f(x) - P(x)]^2 dx \tag{6.65}$$

비록 식 (6.65)에서 구한 최솟값은 보통 다르게 얻지만, 이것을 **최소 제곱 근삿값**(least squares approximation) 방법이라 부른다. 이 방법을 이용하면 관찰 또는 측정의 오차를 고려하여 일부 자료의 실제값을 근사시킬 수 있다.

식 (6.65)를 행렬의 관점에서 살펴보자. 행렬 $\mathbf{A}$가 정방행렬이면 4.2절에서 살펴보았듯이 행렬의 곱셈 연산은 다음과 같은 속성을 나타낸다.

$$\mathbf{A} \cdot \mathbf{A} = \mathbf{A}^2 \tag{6.66a}$$

$$\mathbf{A} \cdot \mathbf{A} \neq \mathbf{A} \cdot \mathbf{A}^T \neq \mathbf{A}^T \cdot \mathbf{A} \tag{6.66b}$$

그러나 $n \times m$(여기서 $n > m$) 행렬 $\mathbf{A}$의 경우는 다음과 같은 속성을 나타낸다.

$$\mathbf{A} \cdot \mathbf{A} \neq \mathbf{A}^2 \tag{6.67a}$$

$$\mathbf{A} \cdot \mathbf{A}^T \neq \mathbf{A}^T \cdot \mathbf{A} \tag{6.67b}$$

$$\mathbf{A} \cdot \mathbf{A}^T \quad (\text{새로운 } n \times n \text{ 정방행렬}) \tag{6.67c}$$

$$\mathbf{A}^T \cdot \mathbf{A} \quad (\text{새로운 } m \times m \text{ 정방행렬}) \tag{6.67d}$$

최소 제곱 근삿값을 이용하여 근사시키는 함수에서 미지의 변수를 구할 때는 변수의 개수에 상응하는 식 (6.67c) 혹은 식 (6.67d)를 선택적으로 사용할 수 있는데, 일반적으로 식 (6.67d)를 많이 사용한다.

2.1절에서 학습했듯이 행렬방정식을 일반화하면 다음과 같이 표현할 수 있다.

$$\mathbf{A}\boldsymbol{\alpha} = \mathbf{c} \tag{6.68}$$

식 (6.68)의 좌항 및 우항에 전치행렬 $\mathbf{A}^T$를 각각 곱하면 다음과 같다.

$$\mathbf{A}^T\mathbf{A}\boldsymbol{\alpha} = \mathbf{A}^T\mathbf{c} \tag{6.69}$$

식 (6.69)를 계산하면 최종적으로 최소 제곱 근삿값을 찾는 미지의 변수 벡터 $\boldsymbol{\alpha}$를 구할 수 있다.

최소 제곱 근삿값의 예

세 개의 자료점 $(1, 2)$, $(2, 3)$, $(3, 3)$이 주어져 있다. 최소 제곱 근삿값 방법을 함수 $P(x) = \alpha_1 + \alpha_2(x-2)$에 사용하여 주어진 자료점에서 최적의 근삿값을 찾을 수 있는 변수 α_1과 α_2를 찾아보자.

세 개의 자료점을 함수 $P(x)$에 대입하면 다음을 얻는다.

$$\begin{aligned} P(1) &= \alpha_1 - \alpha_2 = 2 \\ P(2) &= \alpha_1 = 3 \\ P(3) &= \alpha_1 + \alpha_2 = 3 \end{aligned}$$

행렬방정식 $\mathbf{A}\boldsymbol{\alpha} = \mathbf{c}$를 이용하면 다음과 같이 나타낼 수 있다.

$$\begin{bmatrix} 1 & -1 \\ 1 & 0 \\ 1 & 1 \end{bmatrix} \begin{bmatrix} \alpha_1 \\ \alpha_2 \end{bmatrix} = \begin{bmatrix} 2 \\ 3 \\ 3 \end{bmatrix}$$

이 행렬방정식은 식 (6.69)를 이용하면 다음과 같이 나타낼 수 있다.

$$\begin{bmatrix} 1 & 1 & 1 \\ -1 & 0 & 1 \end{bmatrix} \begin{bmatrix} 1 & -1 \\ 1 & 0 \\ 1 & 1 \end{bmatrix} \begin{bmatrix} \alpha_1 \\ \alpha_2 \end{bmatrix} = \begin{bmatrix} 1 & 1 & 1 \\ -1 & 0 & 1 \end{bmatrix} \begin{bmatrix} 2 \\ 3 \\ 3 \end{bmatrix}$$

좌항의 전치행렬 2×3과 행렬 3×2에 대한 행렬 곱셈과 우항의 전치행렬 2×3과 상수벡터 3×1에 대한 행렬 곱셈을 계산하면 다음과 같다.

$$\begin{bmatrix} 3 & 0 \\ 0 & 2 \end{bmatrix} \begin{bmatrix} \alpha_1 \\ \alpha_2 \end{bmatrix} = \begin{bmatrix} 8 \\ 1 \end{bmatrix}$$

최종적으로 구하는 미지의 변수는 다음과 같다.

$$\begin{bmatrix} \alpha_1 \\ \alpha_2 \end{bmatrix} = \begin{bmatrix} \frac{8}{3} \\ \frac{1}{2} \end{bmatrix}$$

예제 6-11 최소 제곱 근삿값

네 개의 자료점 $(0, 1)$, $\left(\frac{\pi}{2}, 1\right)$, $(\pi, 0)$, $\left(\frac{3\pi}{2}, 2\right)$가 주어져 있다. 함수 $P(x)=\alpha_1+\alpha_2\cos(x)+\alpha_3\sin(x)$에 최소 제곱 근삿값 방법을 사용하여 주어진 자료점에서 최적의 근삿값을 찾을 수 있는 변수 α_1, α_2, α_3을 구하라.

풀이

네 개의 자료점을 함수 $P(x)$에 대입하면 다음을 얻는다.

$$\begin{aligned} P(0) &= \alpha_1+\alpha_2=1 \\ P\left(\frac{\pi}{2}\right) &= \alpha_1+\alpha_3=1 \\ P(\pi) &= \alpha_1-\alpha_2=0 \\ P\left(\frac{3\pi}{2}\right) &= \alpha_1-\alpha_3=2 \end{aligned}$$

행렬방정식을 이용하면 다음과 같이 나타낼 수 있다.

$$\begin{bmatrix} 1 & 1 & 0 \\ 1 & 0 & 1 \\ 1 & -1 & 0 \\ 1 & 0 & -1 \end{bmatrix}\begin{bmatrix} \alpha_1 \\ \alpha_2 \\ \alpha_3 \end{bmatrix}=\begin{bmatrix} 1 \\ 1 \\ 0 \\ 2 \end{bmatrix}$$

식 (6.69)를 이용하면 다음과 같이 나타낼 수 있다.

$$\begin{bmatrix} 1 & 1 & 1 & 1 \\ 1 & 0 & -1 & 0 \\ 0 & 1 & 0 & -1 \end{bmatrix}\begin{bmatrix} 1 & 1 & 0 \\ 1 & 0 & 1 \\ 1 & -1 & 0 \\ 1 & 0 & -1 \end{bmatrix}\begin{bmatrix} \alpha_1 \\ \alpha_2 \\ \alpha_3 \end{bmatrix}=\begin{bmatrix} 1 & 1 & 1 & 1 \\ 1 & 0 & -1 & 0 \\ 0 & 1 & 0 & -1 \end{bmatrix}\begin{bmatrix} 1 \\ 1 \\ 0 \\ 2 \end{bmatrix}$$

위 식을 계산하면 다음과 같이 다시 쓸 수 있다.

$$\begin{bmatrix} 4 & 0 & 0 \\ 0 & 2 & 0 \\ 0 & 0 & 2 \end{bmatrix}\begin{bmatrix} \alpha_1 \\ \alpha_2 \\ \alpha_3 \end{bmatrix}=\begin{bmatrix} 4 \\ 1 \\ -1 \end{bmatrix}$$

최종적으로 구하는 변수는 다음과 같다.

$$\alpha_1=1, \quad \alpha_2=\frac{1}{2}, \quad \alpha_3=-\frac{1}{2}$$

MATLAB 6-4 최소 제곱 근삿값의 검증

MATLAB을 이용하여 [예제 6-11]에서 구한 변수를 구하라.

풀이

[그림 6-13]에서 보여주듯이 주어진 행렬의 전치행렬은 아포스트로피를 이용하고 미지의 변수는 왼쪽 나눗셈을 이용하여 구할 수 있다.

```
Command Window
>> A = [1 1 0;1 0 1;1 -1 0;1 0 -1];
>> c = [1;1;0;2];
>> M1 = A'*A;
>> M2 = A'*c;
>> Alpha = M1₩M2
Alpha =
    1.0000
    0.5000
   -0.5000
```

[그림 6-13] 실행 결과

CHAPTER

06 핵심요약

01 보간법

주어진 함수 $f(x)$를 적분 혹은 미분으로 근사시키는 대신 다항식 $p(x)$로 쉽게 문제를 해석한다.

- **선형 보간법**

  주어진 자료점들이 여러 개 존재하더라도 선형 보간법을 이용하여 임의의 값을 추정하는 경우에는 두 개의 자료점만 필요하다.

02 $n+1$개 자료점들을 통과하는 n차형 다항식 보간법의 라그랑주형

$$P_n(x) = y_0 L_0(x) + y_1 L_1(x) + \cdots + y_n L_n(x)$$

- **$i = 0, 1, 2, \cdots, n$에 대한 라그랑주 기저함수**

$$L_i(x) = \prod_{i=0, j \neq i}^{n} \frac{(x - x_j)}{(x_i - x_j)}$$

03 분할차 보간법

재귀 분할 과정을 응용하여 다항식 보간법 내에 있는 계수들을 계산한다. 입력 자료점의 개수에 따라서 1차, 2차, 고차 분할차 보간법으로 구분된다.

- **1차 분할차 : 미분의 근삿값**

$$f'\left(\frac{x_1 + x_0}{2}\right) \approx f[x_0, x_1] = \frac{f(x_1) - f(x_0)}{x_1 - x_0}$$

- **$n \geq 2$의 조건을 만족하는 일반적인 분할차**

$$f[x_0, \cdots, x_n] = \frac{f[x_1, \cdots, x_n] - f[x_0, \cdots, x_{n-1}]}{x_n - x_0}$$

04 뉴턴 분할차 공식

순서대로 다항식의 차수를 증가시키는 보간 다항식을 계산할 때는 불편한 라그랑주 방식 대신 뉴턴 분할차 공식을 사용한다.

- **뉴턴 분할차 공식의 재귀 관계형**

$$P_n(x) = P_{n-1}(x) + f[x_0, x_1, \cdots, x_n](x - x_0)(x - x_1) \cdots (x - x_{n-1})$$

05 다항식 보간 오차

보간 다항식과 실제 함수 사이의 오차를 표현한다.

- **차수 n**

$$f(x)-P_n(x)=\frac{(x-x_0)(x-x_1)\cdots(x-x_n)}{(n+1)!}f^{(n+1)}(c_x)$$

- **차수 n에 대한 다항식 보간 오차 경계**

$$\max_{a\le x\le b}|f(x)-P_n(x)|\le \max_{a\le x\le b}\frac{|\Psi_n(x)|}{(n+1)!}\cdot \max_{a\le x\le b}|f^{(n+1)}(x)|$$

06 구간적 선형 보간법

자료점 두 개만을 포함하는 구간에 대한 그래프를 그리고 각각의 구간을 직선으로 연결한다. 직선 성분에 의해서 주어지는 자료점들을 모두 연결하는 가장 간단한 방법이다. 알고 있는 자료점들을 모두 통과하지만 자료점들 사이의 모르는 자료점들도 직선적으로 연결하기 때문에 그래프가 매끄럽지 못한 단점이 있다.

07 구간적 2차 보간법

자료점 세 개만을 포함하는 구간에서 그래프를 그리므로 구간적 선형 보간법의 그래프보다는 매끄럽지만 각각의 구간을 연결하는 곡선의 모퉁이가 불연속하게 그려지는 단점이 있다.

08 스플라인 보간법

고차 다항식을 이용하여 자료점들 사이의 동작을 그려보면 원하지 않은 결과를 얻을 수도 있다. 이런 단점을 보완하기 위해서 인접한 자료점들의 각 쌍 사이에 저차 다항식을 사용하여 자료점들을 맞추는 스플라인 보간법을 사용한다.

- **3차 스플라인 보간법**
  차수가 3인 다항식을 보편적으로 사용하기 때문에 3차 스플라인 보간법이라고 부른다. 계산은 다소 복잡하나 MATLAB에서 제공하는 **spline** 함수를 사용하면 매끄러운 그래프를 구할 수 있다.

09 최소 제곱 근삿값

관찰 또는 측정의 오차를 고려하여 일부 자료의 실제값을 근사시키는 데 사용한다.

- **최소 제곱 근삿값을 이용한 행렬방정식의 일반화**

$$\mathbf{A}^T\mathbf{A}\boldsymbol{\alpha}=\mathbf{A}^T\mathbf{c}$$

CHAPTER

06 기본문제

6.1 x 값 자료점 0, $\frac{\pi}{8}$, $\frac{\pi}{6}$, $\frac{\pi}{4}$, $\frac{\pi}{2}$가 있다. 선형 보간법을 이용하여 $\sin\left(\frac{\pi}{7}\right)$의 값을 추정할 때 최소의 절대 오차를 얻을 수 있는 두 개의 자료점을 선택하라.

① 0, $\frac{\pi}{8}$ ② 0, $\frac{\pi}{6}$

③ $\frac{\pi}{8}$, $\frac{\pi}{6}$ ④ $\frac{\pi}{8}$, $\frac{\pi}{4}$

6.2 x 값 자료점 0, $\frac{\pi}{10}$, $\frac{\pi}{5}$, $\frac{3\pi}{10}$, $\frac{2\pi}{5}$, $\frac{\pi}{2}$가 있다. 2차 보간법을 이용하여 $\sin\left(\frac{\pi}{4}\right)$의 값을 추정할 때 최소의 절대 오차를 얻을 수 있는 세 개의 자료점을 선택하라.

① 0, $\frac{\pi}{5}$, $\frac{2\pi}{5}$ ② $\frac{\pi}{10}$, $\frac{3\pi}{10}$, $\frac{\pi}{2}$

③ $\frac{\pi}{5}$, $\frac{3\pi}{10}$, $\frac{2\pi}{5}$ ④ $\frac{3\pi}{10}$, $\frac{2\pi}{5}$, $\frac{\pi}{2}$

6.3 다음 중 다항식 보간법의 라그랑주형에 대한 설명으로 옳지 않은 것은 무엇인가?

① 2차 보간법 이상의 고차 보간법에 이용하면 편리하다.

② 라그랑주 기저함수를 이용한다.

③ $n+1$개의 계숫값들을 풀기 위해서는 $n+1$개의 자료점이 필요하다.

④ 라그랑주 공식에 의해 주어지는 차수 n에 대한 다항식의 풀이는 다음과 같다.

$$P_n(x) = y_0L_0(x) + y_1L_1(x) + \cdots + y_nL_n(x)$$

6.4 다음 중 분할차 보간법에 대한 설명으로 옳지 않은 것은 무엇인가?

① 직접적 또는 간접적으로 자신을 호출하는 재귀 분할 과정을 사용한다.

② 미분 또는 적분의 반복 실행으로 계수를 계산한다.

③ 중간값 정리를 이용한다.

④ 1차 분할차 보간법에 사용하는 두 개의 자료는 순서와 상관없이 사용할 수 있다.

6.5 다음 중 스플라인 보간법의 특성이 아닌 것은 무엇인가?

① 주어진 자료점들을 통과하는 매끄러운 곡선을 그리는 데 사용된다.

② 고차 다항식의 단점을 보완할 수 있다.

③ 인접 자료점들 사이에 고차 다항식을 사용하여 자료점을 맞출 수 있다.

④ 일반적으로 3차 다항식을 사용한다.

6.6 MATLAB에서 함수를 보간할 때 사용하는 함수가 아닌 것을 모두 찾아라.

① **interp1** ② **interp2** ③ **meshgrid**

④ **polyval** ⑤ **spline**

6.7 다음 행렬의 곱셈 중 유효한 것을 모두 찾아라.

① 행렬 $\mathbf{A}$의 크기가 $n \times n$이면 $\mathbf{A} \cdot \mathbf{A} \cdot \mathbf{A} = \mathbf{A}^3$이다.

② 행렬 $\mathbf{A}$의 크기가 $n \times m (n \neq m)$이면 $\mathbf{A} \cdot \mathbf{A} = \mathbf{A}^2$이다.

③ 행렬 $\mathbf{A}$의 크기가 $n \times n$이면 $\mathbf{A} \cdot \mathbf{A} = \mathbf{A}^T \cdot \mathbf{A}$이다.

④ 행렬 $\mathbf{A}$의 크기가 $n \times m (n \neq m)$이면 $\mathbf{A} \cdot \mathbf{A}^T = \mathbf{A}^T \cdot \mathbf{A}$이다.

⑤ 행렬 $\mathbf{A}$의 크기가 $n \times n$이면 $\mathbf{A} \cdot \mathbf{A} \neq \mathbf{A}^T \cdot \mathbf{A}$이다.

CHAPTER

06 연습문제

6.1 다음 물음에 답하라.

(a) 자료점 $(0, 1)$, $\left(\frac{1}{2}, -2\right)$, $(1, 3)$이 주어져 있다. 보간법을 이용하여 함수 $P(x) = \alpha_1 + \alpha_2\cos(\pi x) + \alpha_3\sin(\pi x)$의 계수 α_1, α_2, α_3을 계산하고 함수를 찾아라.

(b) 같은 자료점을 사용하여 2차 보간 다항식을 찾아라.

6.2 MATLAB을 이용하여 [연습문제 6.1]에서 찾은 $P(x)$와 2차 보간 다항식 함수의 그래프를 생성하라.

6.3 추정하려는 x와 조건 $x_0 < x_1$에 대해서 $\xi = \dfrac{x - x_0}{x_1 - x_0}$으로 정의한다. 자료점 x_0과 x_1에서 주어진 함수 $f(x)$에 대한 보간 다항식 $P_1(x)$가 다음과 같은 결과를 얻는 것을 보여라.

$$P_1(x) = f(x_0) + \xi[f(x_1) - f(x_0)]$$

6.4 다음과 같이 함수 $f(x) = \ln x$에 대한 x값 세 개가 표로 주어져 있다. 선형 보간법을 이용하여 $\ln 3.5$의 값을 근사시키고 경계 오차를 구하라.

x	$\ln x$
2	0.6931
3	1.0986
4	1.3863

6.5 [연습문제 6.4]에서 제시된 x 값 세 개에 대해 2차 보간법을 이용하여 $\ln 3.5$의 값을 근사시키고 경계 오차를 구하라.

6.6 실제 함수 $f(x) = \ln x$의 그래프와 [연습문제 6.5]에서 구한 2차 보간법을 이용하여 얻은 그래프를 MATLAB으로 그려라. 또한 그래프를 실행하기 위한 MATLAB의 스크립트 파일도 작성하라.

6.7 i번째 라그랑주 다항식이 다음과 같다. $\sum_{i=0}^{n} L_i(x) = 1$을 보여라.

$$L_i(x) = \frac{\prod_{j \neq i}(x - x_j)}{\prod_{j \neq i}(x_i - x_j)}$$

편의를 위해서 다음과 같이 다항식 $P_n(x)$에 대한 오차 항부터 시작한다. 그리고 보간된 함수는 모든 x에 대해 $f(x) = 1$인 특별한 경우를 고려한다.

$$f(x) = P_n(x) + (x - x_0) \cdots (x - x_n) \frac{f^{(n+1)}(\xi)}{(n+1)!}$$

6.8 다음 자료들에 대한 보간 다항식을 구하라.

$$f(0) = 2, \quad f(1) = 1, \quad f(2) = 0, \quad f(3) = 0$$

또한 다음 라그랑주 공식을 이용하여 $f\left(\frac{1}{2}\right)$을 근사시켜라.

$$P_n(x) = y_0 L_0(x) + y_1 L_1(x) + \cdots + y_n L_n(x)$$

$$L_i(x) = \prod_{i=0,\, j \neq i}^{n} \frac{(x - x_j)}{(x_i - x_j)}$$

6.9 $f(0) = 2$, $f(1) = 1$, $f(2) = 0$, $f(4) = 1$이라는 자료가 주어져 있다. 라그랑주 공식을 이용하여 $f(3)$에 대한 근사치를 얻을 때 발생하는 경계 오차를 구하라. n차 다항식에 대한 경계 오차를 구하는 공식은 다음과 같이 표시된다.

$$|f(x) - P_n(x)| \le \frac{|(x - x_0)(x - x_1) \cdots (x - x_n)|}{(n+1)!} \max_{x_0 \le x \le x_n} |f^{(n+1)}(x)|$$

편의를 위해서 최종 결과는 $\max_{x_0 \le x \le x_n} |f^{(n+1)}(x)| = M_{n+1}$로 대체시켜서 표시하라.

6.10 균일한 간격 h로 연속된 자료점들은 다음과 같은 관계이다.

$$1 = x_1 < x_2 < x_3 < \cdots < x_m = 3$$

이 자료점들을 이용하여 선형 보간법에 의해서 범위 $x \in [1, 3]$에 있는 주어진 함수 $f(x) = \ln(x)$를 근사시켜라. 만일 오차의 크기가 10^{-6}보다 크지 않으려면 m의 값은 얼마가 되겠는가?

6.11 부분 구간의 쌍들에 대한 2차 보간법을 이용하여 [연습문제 6.10]을 반복하라. 다음 공식을 문제 풀이에 이용하라.

$$\max_{x \in [a, a+2h]} |(x-a)(x-(a+h))(x-(a+2h))| = \frac{2\sqrt{3}}{9} h^3$$

6.12 자료점 $(1, 2)$, $(2, 3)$, $(3, 3)$이 있다. 주어진 자료점을 이용하여 다음 함수를 각각 찾아라.

(a) 구간적 선형 보간 함수

(b) 구간적 2차 보간 함수

6.13 본문의 최소 제곱 근삿값의 예에서 자료점 $(1, 2)$, $(2, 3)$, $(3, 3)$을 이용하여 근사시킨 다항식은 $P(x) = \frac{1}{2}x + \frac{5}{3}$이다. [연습문제 6.12]에서 찾은 선형 보간 함수, 2차 보간 함수와 함께 세 개의 함수에 대한 MATLAB 그래프를 그려라. 또한 그래프를 실행하기 위한 MATLAB의 스크립트 파일도 작성하라.

6.14 자료점 $(1, 3)$, $(2, 1)$, $(3, 2)$, $(4, 3)$, $(5, 2)$이 주어져 있다. MATLAB의 선형 보간 함수 명령어와 스플라인 함수 명령어를 이용하여 자료점들에 대한 그래프를 그려내라.

6.15 다섯 개의 자료점 $\left(-\frac{\pi}{2}, -1\right)$, $(0, 1)$, $\left(\frac{\pi}{2}, 1\right)$, $(\pi, 2)$, $\left(\frac{3\pi}{2}, -2\right)$이 주어져 있다. 최소 제곱 근삿값 방법을 함수 $P(x) = \alpha_1 + \alpha_2 \sin(x) + \alpha_3 \cos(x)$에 사용하여 주어진 자료점에서 최적의 근삿값을 찾을 수 있는 함수 $P(x)$를 구하라.

CHAPTER

07

수치해석을 이용한 근 찾기

Rootfinding with the Use of Numerical Analysis

어떤 함수 $f(x)$에 대해 $f(x)=0$이 되는 숫자 x를 찾는 것은 응용 수학의 일반적인 문제이다. 이때 조건 $f(x)=0$을 만족하는 숫자 x를 근(roots)이라고 한다. 근은 x축과 그래프가 만나는 점이다. 일반화된 식으로 1차부터 4차까지의 다항식의 근을 표현하는 근의 공식은 더 큰 문제 해결을 위한 중간 단계로도 자주 사용된다. 그러나 5차 이상의 다항식에서는 근의 공식이 존재하지 않기 때문에 비선형 방정식의 근을 찾기란 쉽지 않다. 따라서 수치해석에서는 근삿값과 관련된 오차 해석을 이용하여 근을 찾는다.

7.1절에서는 반복법을 이용하는 근 찾기 방법인 이분법을 소개한다. 7.2절에서는 비선형방정식의 근을 결정할 때 미분의 개념을 이용하는 뉴턴법을 학습하고, 7.3절에서는 이 뉴턴법을 기초로 이용하지만 1차 도함수의 계산이 필요 없는 할선법을 배운다. 7.4절에서는 이분법을 수정한 형태로 구간법을 이용하여 거짓값을 계산하고 조정해 나가는 가위치법을 학습한다.

CONTENTS

SECTION 7.1 이분법

$f(x)=0$이 되는 x를 구할 때, 대개 **반복법**(iterative method)을 기초로 사용한다. 반복법은 반복적으로 구한 근삿값을 거듭 이용하여 더욱 정확한 값을 계산하는 방법이다. 이 반복법을 활용한 가장 간단한 방법이 **이분법**(bisection method)이다. 이분법은 범위가 정해져 있는 구간을 항상 반으로 나누어 검색하는 증분법의 변형이다. 만일 주어진 구간에서 함수의 부호가 (+)에서 (−)로 혹은 (−)에서 (+)로 바뀌면 이 구간 내에 근이 있다는 의미로, 이 구간의 중앙값을 이용하여 함숫값을 계산한다.

함수 $f(x)$가 구간 $[a, b]$에서 연속이고, 근 α가 존재한다고 가정하자. 이때 주어진 구간 $a \le x \le b$에서 실제적 근 α, 근사적 근 $\tilde{\alpha}$, 허용 오차 ε의 관계를 나타내면 다음과 같다. 여기서 $\varepsilon > 0$이다.

$$|\alpha - \tilde{\alpha}| \le \varepsilon \tag{7.1}$$

또한 주어진 구간에서 함숫값의 부호가 음에서 양으로 혹은 양에서 음으로 바뀌면 다음과 같다.

$$f(a) \cdot f(b) < 0 \tag{7.2}$$

이처럼 부호가 바뀌는 구간에서는 적어도 근이 하나 존재한다. 그러므로 구간 $[a, b]$를 이등분하여 함수의 부호가 바뀌면 이분법을 계속 반복한다. 이 과정을 통해 함수 $f(x)$가 0이 되는 정확한 근을 찾을 수 있다. 함수의 부호가 더 이상 바뀌지 않는 $f(a) \cdot f(b) \ge 0$일 때 중단한다.

이분법을 이용하여 근을 찾는 계산 과정을 단계적으로 써보면 다음과 같다(여기서 $sign$은 양의 부호 혹은 음의 부호를 표시한다).

❶ 주어진 간격 $[a, b]$의 중앙값 $c=\dfrac{a+b}{2}$를 정의한다.

❷ 만일 $b-c \le \varepsilon$이면 과정 ❶의 중앙값 c가 근이다. 따라서 이분법을 중단한다.

❸ 반대로 $b-c > \varepsilon$이면 $f(c)$와 $f(a)$의 부호를 비교한다.
$sign[f(a)] \cdot sign[f(c)] \le 0$이 되면 이분법을 반복한다. 두 번째 이분법에서 b 값은 과정 ❶에서 계산된 c 값으로 대치된다. 이때 a 값은 첫 번째 이분법에서 이용한 a와 같은 값을 계속 사용한다. 그러나 $sign[f(a)] \cdot sign[f(c)] > 0$이 되면 두 번째 이분법의 a 값은 과정 ❶에서 계산된 c 값으로 대치된다. 이때 b 값은 첫 번째 이분법에서 이용한 b와 같은 값을 계속 사용한다.

$f(c)$와 $f(b)$의 부호를 비교하는 경우 $sign[f(b)] \cdot sign[f(c)] \leq 0$이 되면 두 번째 이분법을 반복할 때 새로운 값은 과정 ❶에서 계산된 c 값으로 대치된다. 이때 새로운 b 값은 첫 번째 이분법에서 이용한 b와 같은 값을 계속 사용한다. 반면에 $sign[f(b)] \cdot sign[f(c)] > 0$이 되면 두 번째 이분법에서 새로운 b 값은 과정 ❶에서 계산된 c 값으로 대치된다. 이때 새로운 a 값은 첫 번째 이분법에서 이용한 a와 같은 값을 계속 사용한다.

❹ 다시 과정 ❶로 돌아가서 이분법을 반복한다.

초기 구간을 $[a_1, b_1]$, 연속적인 구간을 $[a_i, b_i]$, 중앙값을 $c_i = \dfrac{a_i + b_i}{2}$라고 놓으면 실제근 α와 반복 실행을 통해 찾아가는 근사적 근 c_i에 대한 절대 오차는 다음과 같이 쓸 수 있다.

$$|\alpha - c_i| \leq b_i - c_i = c_i - a_i = \frac{1}{2}(b_i - a_i) \quad (7.3)$$

귀납적 방법으로 식 (7.3)을 일반화시키면 다음과 같다.

$$|\alpha - c_n| \leq \left(\frac{1}{2}\right)^n (b_1 - a_1) \quad (7.4)$$

예제 7-1 이분법의 기초 개념 이해하기

A와 B 두 사람이 카드놀이를 하고 있다. A가 1 ~ 100까지 번호가 정해진 카드 100장 중에서 1장을 뽑고, B가 뽑힌 카드의 번호를 맞히는 놀이다. 이때 B는 A에게 자신이 선택한 번호가 카드의 번호보다 큰 숫자인지 혹은 작은 숫자인지를 물을 수 있다. 이분법을 사용하여 이 문제를 풀 경우 최대 몇 번 이내에 정확히 번호를 맞힐 수 있겠는가?

풀이

카드 번호 1을 뽑았다고 가정해보자. 이분법을 사용하지 않는다면 운이 좋은 경우 한 번에 1을 맞힐 수 있으나, 최악의 경우에는 100번째에 맞힐지도 모른다. 운에 의존하지 않고 이분법을 이용하여 풀이에 접근해보자.

1과 100의 중앙값인 50을 먼저 선택하고 이 번호가 선택된 카드보다 큰 숫자인지 혹은 작은 숫자인지를 확인하면, 카드를 숨긴 사람은 '작다'라고 대답할 것이다. 한 번 더 이분법을 이용하여 1과 50의 중앙값 25를 선택하고 숫자가 큰지 작은지를 확인한다. 이렇게 반복하여 정확한 값 1을 맞히기 위해서는 여섯 번을 확인해야 한다.

100장의 카드에서 이분법을 사용하여 정확한 카드 번호를 맞히는 데 필요한 최대 횟수는 여섯 번이다. 수치적으로 표현하면 $2^n \leq 100$이며, 이를 만족하는 n 값은 6이 됨을 알 수 있다. 만약 1 ~ 1000까지 번호를 사용한다면 $2^n \leq 1000$이므로 정확한 숫자를 맞히는 데 필요한 최대 횟수는 아홉 번이다.

이분법의 가장 큰 장점은 항상 찾으려고 하는 근에 수렴하기 때문에 언제나 경계 오차를 만족하고, 이 경계 오차는 반복하여 실행할 때마다 $\frac{1}{2}$씩 줄어든다는 것이다.

반면에 단점은 (앞으로 학습할 근 찾기의 다른 방법과 비교하면 상대적으로) 근을 찾아가는 실행 속도가 느리다는 것이다. 특히 함수 $f(x)$가 근 α에 대해서 연속적으로 미분 가능한 경우에는 실행 속도가 더욱 느리다. 또한 함수 $f(x)$가 주어진 구간 $[a, b]$에서 연속적이라고 가정하더라도 컴퓨터가 실제로 이 내용을 확인할 방법은 없다. 사용 중인 컴퓨터 산술에 비해서 허용 오차 ε이 너무 작은 경우에는 앞에서 단계적으로 제시한 이분법의 계산 과정으로 확인하기도 쉽지 않다.

예제 7-2 이분법을 이용한 비선형방정식의 근 찾기

다음 비선형방정식이 주어졌다. 편의를 위해서 모든 결과는 소수점 네 자리까지 나타내라.

$$f(x) = x^3 + x - 7$$

(a) 구간 $[1, 2]$에서 양의 근이 하나 존재함을 보여라.

(b) 이분법을 네 번 반복하여 각각의 근 $\widetilde{\alpha}_1$, $\widetilde{\alpha}_2$, $\widetilde{\alpha}_3$, $\widetilde{\alpha}_4$를 계산하라. 참고로 주어진 함수 $f(x)$의 정확한 양의 근은 $\alpha = 1.7392$이다.

(c) 네 번 반복하여 구한 근을 이용하여 상대 오차를 구하라.

(d) 절대 오차값이 10^{-5}보다 작은 범위 내에 존재하는 경우, 필요한 반복 횟수 n을 구하라.

풀이

(a) 구간 $[1, 2]$에서 함수의 부호가 $f(1) = -5 < 0$과 $f(2) = 3 > 0$으로 바뀌므로 근이 존재한다. 참고로 함수 $f(x)$의 1차 미분 $f'(x) = 3x^2 + 1$이 주어진 구간 $[1, 2]$에서 x의 증가함수이기에 근의 고유성도 나타내고 있다.

(b) (i) $n = 1$인 경우

$$c = \frac{a+b}{2} = \frac{1.0000 + 2.0000}{2} = 1.5000$$

$$f(b=2) = 3.0000,\ f(c = 1.5000) = -2.1250 \ \rightarrow\ f(b) \cdot f(c) < 0$$

$$a = c = 1.5000 \ \rightarrow\ \widetilde{\alpha}_1$$

$$b \ \rightarrow\ b = 2.0000$$

(ii) $n = 2$인 경우

$$c = \frac{a+b}{2} = \frac{1.5000 + 2.0000}{2} = 1.7500$$

$$f(b=2) = 3.0000,\ f(c = 1.7500) = 0.1094 \ \rightarrow\ f(b) \cdot f(c) > 0$$

$$b = c = 1.7500 \ \rightarrow\ \widetilde{\alpha}_2$$

$$a \ \rightarrow\ a = 1.5000$$

(iii) $n=3$인 경우

$$c=\frac{a+b}{2}=\frac{1.5000+1.7500}{2}=1.6250$$

$$f(b=1.7500)=0.1094,\ f(c=1.6250)=-1.0840 \quad \rightarrow \quad f(b)\cdot f(c)<0$$

$$a=c=1.6250 \quad \rightarrow \quad \widetilde{\alpha}_3$$

$$b \quad \rightarrow \quad b=1.7500$$

(iv) $n=4$인 경우

$$c=\frac{a+b}{2}=\frac{1.6250+1.7500}{2}=1.6875$$

$$f(b=1.7500)=0.1094,\ f(c=1.6875)=-0.5071 \quad \rightarrow \quad f(b)\cdot f(c)<0$$

$$a=c=1.6875 \quad \rightarrow \quad \widetilde{\alpha}_4$$

$$b \quad \rightarrow \quad b=1.7500$$

[표 7-1]에서 이분법을 사용하여 다섯 번까지 반복 실행한 결과를 나타내고 있다.

[표 7-1] 이분법을 이용하여 얻은 [예제 7-2]의 결과

n	a	b	$c=\widetilde{\alpha}_n$	$f(c)$	$b-c$
1	1.0000	2.0000	1.5000	−2.1250	0.5000
2	1.5000	2.0000	1.7500	0.1904	0.2500
3	1.5000	1.7500	1.6250	−1.0840	0.1250
4	1.6250	1.7500	1.6875	−0.5071	0.0625

(c) 상대 오차는 다음과 같다.

$$\left|\frac{\alpha-\widetilde{\alpha}_4}{\alpha}\right|=\left|\frac{1.7392-1.6875}{1.7392}\right|=0.0297$$

(d) 식 (7.4)를 이용하면 다음과 같다.

$$|\alpha-\widetilde{\alpha}|=\frac{b-a}{2^n}\leq 10^{-5}\approx 2^{-16}$$

그러므로 $n=16$회를 반복해야 한다.

MATLAB 7-1 MATLAB을 이용한 이분법 실행

MATLAB을 이용하여 정확한 양의 근과 [예제 7-2(b)]의 결과를 구하라. 편의를 위해서 모든 결과들은 소수점 네 자리까지 나타내라.

풀이

[그림 7-1]은 MATLAB의 **fzero** 함수와 사용자정의함수 **bisect**를 이용하여 실행한 결과이다. **bisect** 함수의 괄호 안에 입력한 인자들은 구간의 하한값 1, 상한값 2, 허용 오차 10^{-5}, 반복 횟수 4, 사용자 정의함수에서 함수 $f(x)=x^3+x-7$을 지정한 색인 2를 각각 나타낸다. 사용자정의함수 **bisect**에 **switch~case**문을 사용하여 여러 개 함수를 색인으로 지정한 뒤에 필요한 함수를 선택적으로 사용할 수 있다.

```
Command Window
>> fx = fzero('x.^3+x-7',1.5)
fx =
    1.7392
>> bisect(1,2,1.0E-5,4,2);
iteration =
    1.0000    2.0000    1.5000   -2.1250    0.5000
iteration =
    1.5000    2.0000    1.7500    0.1094    0.2500
iteration =
    1.5000    1.7500    1.6250   -1.0840    0.1250
iteration =
    1.6250    1.7500    1.6875   -0.5071    0.0625
```

[그림 7-1] 실행 결과

색인(index)을 붙인 가장 큰 이유는 7장 연습문제의 다른 함수들도 동일한 **bisect** 함수에 동시 입력한 뒤에 색인 처리하면 편리하게 사용할 수 있기 때문이다.

매번 반복하여 나온 결과들이 모두 다섯 개 열로 표현되고 있다. 이 열들은 [표 7-1]에 나열되어 있는 내용과 동일한 a, b, c, $f(c)$, $b-c$를 각각 표시하고 있다.

SECTION

7.2 뉴턴법

뉴턴법(Newton method)은 비선형방정식의 근을 결정할 때 자주 사용하는 방법 중 하나이다. 개발자인 뉴턴(Newton)과 랩슨(Raphson)의 이름을 합쳐서 **뉴턴-랩슨법**이라고도 한다.

[그림 7-2]의 기하학적 그림을 참고하여 뉴턴법을 이해해보자. 주어진 함수 $f(x)$의 근 α는 $y=f(x)$ 그래프가 x축과 교차하는 점을 찾으면 된다. 만일 근을 찾기 위한 문제 $f(x)=0$을 쉽게 해결할 수 없다면, 실제 근 α의 근처에서 함수 $f(x)$를 근사시킬 수 있는 선형 다항식 $p_1(x)$를 구하고 $p_1(x)=0$을 풀어야 한다.

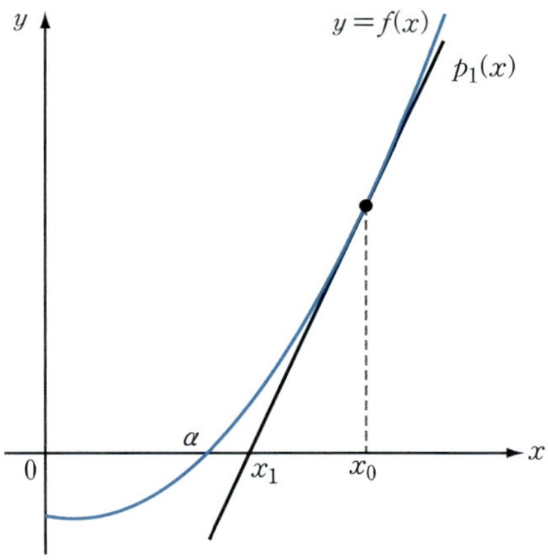

[그림 7-2] 뉴턴법의 기하학적 표시

주어진 구간 $[a, b]$에서 함수 $f(x)$가 미분 가능하고 함수의 해도 포함하고 있다고 가정하자. 미분을 이용한 접선으로 수렴해가는 방법을 사용하면 처음 해로 x_0을 추정한다. 이때 구간 $[a, b]$ 내에서 x_0이 실제 근에 가까운 값일수록 더 빠르게 수렴한다. 그렇지만 x_0이 실제 근에 가깝게 접근한 값이 아니어도 구간 내에 포함되어 있다면 최종 해를 구하는 데는 상관없다.

[그림 7-2]에서 볼 수 있듯이 미분으로 x_0에서 접선을 구한 다음 이 접선을 이용하여 x 절편 x_1을 구한다면, x_1은 x_0보다 좀 더 α에 근접할 것이다. 같은 방법을 반복하면 실제 근 α에 수렴하게 된다. x_1에 대한 공식을 찾기 위해서, $y = f(x)$의 곡선 그래프와 선형 다항식 $p_1(x)$가 교차하는 접촉점 $(x_0, f(x_0))$에서 $y = p_1(x)$ 방정식을 고려하면 다음과 같이 쓸 수 있다.

$$p_1(x) = f(x_0) + f'(x_0)(x - x_0) \tag{7.5}$$

이제 $p_1(x)$의 근 x_1을 찾기 위해서 $p_1(x) = 0$으로 놓고 식 (7.5)를 다시 쓰면

$$f(x_0) + f'(x_0)(x - x_0) = 0 \tag{7.6}$$

이고, 식 (7.6)을 정리하면 다음과 같이 쓸 수 있다. 이때 $f'(x_0) \neq 0$이 되도록 잡아야 한다는 것에 주의한다.

$$x_1 = x_0 - \frac{f(x_0)}{f'(x_0)} \tag{7.7}$$

추정하는 실제 근 α에 점 x_0보다 점 x_1이 더 근접하기 때문에 x_1을 초기 가정값으로 놓고 근 x_2를 찾으면 다음 식과 같다.

$$x_2 = x_1 - \frac{f(x_1)}{f'(x_1)} \tag{7.8}$$

같은 과정을 n번 반복 실행하면 점점 $f(x) = 0$에 만족하는 정확한 근 α를 찾을 수 있다. 순서대로 추정하려는 근 x_0, x_1, x_2, $\cdots$ 에 대한 뉴턴법의 일반형은 다음과 같이 정의된다.

$$x_{n+1} = x_n - \frac{f(x_n)}{f'(x_n)} \quad (n = 0,\ 1,\ 2, \cdots) \tag{7.9}$$

만일 함수 $f(x) = e^x - x^3$이 구간 $[1, 2]$에서 정확한 근 $\alpha = 1.8572$를 포함하고 있는 경우, 식 (7.9)의 뉴턴법을 이용하여 정확한 근을 근사시켜 보자. 먼저 함수 $f(x)$의 1차 도함수 $f'(x) = e^x - 3x^2$을 식 (7.9)에 대입한다. 그리고 초기 가정값 x_0은 구간 내의 어떤 값을 선택해도 되지만, 편의를 위해서 구간의 중앙값 $x_0 = 1.5$를 식 (7.9)에 대입한다.

식 (7.9)를 다시 정리하여 쓰면 다음과 같다.

$$x_{n+1} = x_n - \frac{\exp(x_n) - x_n^3}{\exp(x_n) - 3x_n^2} \quad (n \geq 0)$$

만일 추정하는 근 x_1, x_2, x_3을 위 식을 이용하여 반복해서 계산하면 다음과 같은 결과를 얻는다.

$$x_1 = x_0 - \frac{\exp(x_0) - x_0^3}{\exp(x_0) - 3x_0^2} = 1.9879$$

$$x_2 = x_1 - \frac{\exp(x_1) - x_1^3}{\exp(x_1) - 3x_1^2} = 1.8659$$

$$x_3 = x_2 - \frac{\exp(x_2) - x_2^3}{\exp(x_2) - 3x_2^2} = 1.8572$$

뉴턴법을 세 번 반복하여 x_3 값을 계산하면 실제 근과 같은 값을 가지므로 더 이상 반복 계산은 필요 없다. 계산 과정을 간단히 보여주기 위해 유효숫자의 자리를 다섯 자리로 지정했다. 만약 자릿수가 다섯 자리보다 크다면 더 많은 반복이 필요하다.

예제 7-3 뉴턴법을 이용한 비선형방정식의 근 찾기

다음 비선형방정식은 구간 $[1, 2]$에서 양의 근이 하나 존재한다. 뉴턴법을 이용하여 반복해서 나타나는 근들을 계산하라.

$$f(x) = x^3 + x - 7$$

풀이

함수 $f(x)$의 1차 도함수는 $f'(x) = 3x^2 + 1$이다. 추정하는 초깃값 x_0은 주어진 구간의 중앙값 1.5로 정하자. 식 (7.9)와 $x_0 = 1.5$를 이용하면 순서대로 추정하려는 근 $x_1, x_2, \cdots$을 계산할 수 있다. 뉴턴법의 반복 계산은 다음과 같이 실행한다.

$$x_{n+1} = x_n - \frac{x_n^3 + x_n - 7}{3x_n^2 + 1} \quad (n \geq 0)$$

위의 식에 $n = 0$을 대입하면 다음과 같다.

$$x_1 = x_0 - \frac{x_0^3 + x_0 - 7}{3x_0^2 + 1} = 1.5 - \frac{(1.5)^3 + (1.5) - 7}{3(1.5)^2 + 1} = 1.77419355$$

계속해서 $n = 1$, $n = 2$, $n = 3$을 순서대로 대입하면 다음과 같은 추정하려는 각각의 근을 구할 수 있다.

$$x_2 = 1.73982373, \quad x_3 = 1.73920406, \quad x_4 = 1.73920386$$

[표 7-2]는 뉴턴법을 반복하여 실행한 결과를 나타내고 있다. 실제 근 $\alpha = 1.73920386$과 추정한 결과를 비교해보니 x_4 값이 실제 근과 일치한다(소수점 열 두 자리까지 일치). 즉 뉴턴법을 이용한 근 찾기의 수렴 속도가 이분법보다 훨씬 빠르다.

[표 7-2]의 열의 의미는 왼쪽부터 각각 다음과 같다.

- 반복 횟수 n
- 동일한 과정을 반복할 때마다 새롭게 계산되어 추정하는 각각의 근의 값 x_n
- 함수에 x_n을 대입한 $f(x_n)$의 결과
- 1차 도함수에 x_n을 대입한 $f'(x_n)$의 결과
- 식 (7.9)를 이용하여 새롭게 계산된 추정값과 바로 이전의 추정값의 차이를 표시하는 $x_n - x_{n-1}$

[표 7-2] 뉴턴법을 이용하여 얻은 [예제 7-3]의 결과

n	x_n	$f(x_n)$	$f'(x_n)$	$x_n - x_{n-1}$
0	1.50000000	−2.12500000	7.75000000	
1	1.77419355	0.35893392	10.44328826	0.27419355
2	1.73982373	0.00624687	10.08095983	−0.03436982
3	1.73920406	0.00000200	10.07449229	−0.00061967
4	1.73920386	0.00000000	10.07449020	−0.00000020

MATLAB 7-2 MATLAB을 이용한 뉴턴법 실행

MATLAB을 이용하여 [예제 7-3]의 결과를 구하라. 편의를 위해서 모든 결과들은 소수점 네 자리까지 나타내라.

풀이

[그림 7-3]은 MATLAB의 사용자정의함수 **newton**을 이용하여 실행한 결과이다. **newton** 함수의 괄호 안에 입력한 인자들은 초기 추정값 x_0, 허용 오차 10^{-6}, 반복 횟수 4, 사용자정의함수에서 함수 $f(x) = x^3 + x - 7$을 지정한 색인 2를 각각 나타낸다.

매번 반복하여 나온 결과들이 네 개 열로 표현되고 있다. 이 열들은 [표 7-2]에 나열되어 있는 내용과 같다.

Command Window

```
>> newton(1.5,1.0e-6,4,2);
iteration =
    1.5000   -2.1250    7.7500    0.2742
iteration =
    1.7742    0.3589   10.4433   -0.0344
iteration =
    1.7398    0.0062   10.0810   -0.0006
iteration =
    1.7392    0.0000   10.0745   -0.0000
```

[그림 7-3] 실행 결과

식 (7.9)의 뉴턴법은 매우 간단한 형태임에도 불구하고 시작점 하나만 있으면 다항식의 실제 근에 빠른 속도로 수렴한다(그러나 기술적으로 완전히 수렴되지는 못한다). 대부분 4 ~ 5번의 반복 실행만으로도 10^{-6} 정도의 작은 오차 범위를 갖는 근을 구할 수 있다.

그러나 이분법은 함수 $f(x)$ 값만 알아도 되지만, 뉴턴법은 함수 $f(x)$와 더불어 함수 $f(x)$의 1차 도함수 $f'(x)$ 값도 반드시 알아야 하는 단점이 있다. 그러므로 뉴턴법을 사용할 때는 반드시 근사시키는 함수 $f(x)$가 미분 가능한지를 먼저 확인해야 한다.

SECTION
7.3 할선법

뉴턴법을 이용한 근 찾기에서는 각 반복에 대한 두 개의 다른 함수 $f(x)$와 $f'(x)$의 평가가 필요했다. 함수 $f(x)$가 간단한 형태라면 주어진 함수의 1차 도함수 $f'(x)$를 계산하기 쉽지만, 반대로 복잡한 형태라면 1차 도함수의 계산도 매우 복잡하다.

접선으로 함수를 근사시키는 뉴턴법을 기초로 이용하지만, 뉴턴법과 다르게 1차 도함수 $f'(x)$의 계산이 필요 없는 유용한 방법이 바로 **할선법**(secant method)이다.

[그림 7-4]와 [그림 7-5]는 할선법 해석을 위한 기하학적 그림이다. 뉴턴법을 해석하기 위한 기하학적 그림에서와 마찬가지로 함수 $f(x)$의 곡선 그래프와 교차하는 접점을 이용하여 직선을 그릴 수 있다. 뉴턴법에서는 실제 근 α에 근접하는 한 개의 초기점 x_0을 추정했지만, 할선법에서는 두 개의 초기점 x_0과 x_1을 추정한다.

[그림 7-4]를 살펴보면 실제 근은 추정하는 값들 사이에 있다. 즉 실제 근을 중심으로 추정하는 각각의 값이 서로 반대 방향에 있다.

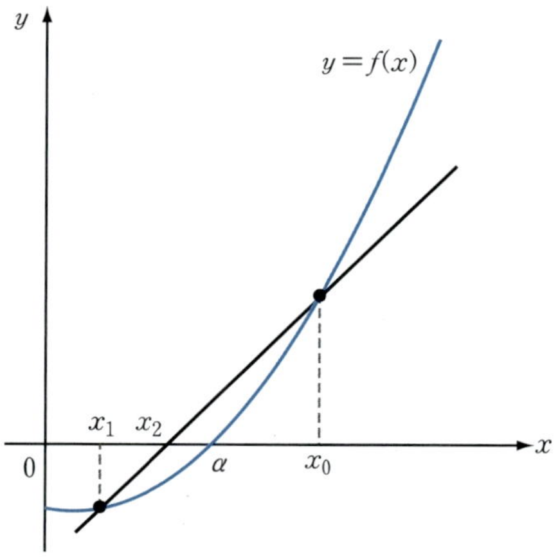

[그림 7-4] 할선법의 기하학적 표시 그림 : $x_1 < \alpha < x_0$

반면에, [그림 7-5]는 실제 근은 추정하는 값들 바깥에 있다. 즉 실제 근을 중심으로 추정하는 각각의 값이 서로 같은 방향에 있다.

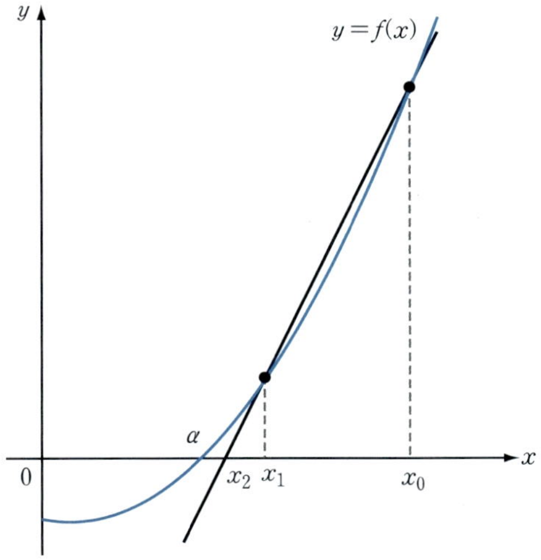

[그림 7-5] 할선법의 기하학적 표시 그림 : $\alpha < x_1 < x_0$

[그림 7-4], [그림 7-5]와 같이 $y = f(x)$의 그래프 상에 놓여 있는 두 개의 접점 $(x_0, f(x_0))$과 $(x_1, f(x_1))$을 연결하면 직선이 생성되는데, 이 선을 **할선**(secant line)이라고 한다. 이 할선은 $y = f(x)$의 그래프를 근사시킨다. 할선법을 이용하여 찾은 세 번째 추정점 x_2는 좀 더 실제 근 α에 근접한다. [그림 7-4]는 초기의 두 점 x_0와 x_1을 내삽하여 x_2를 구하고, [그림 7-5]는 초기의 두 점 x_0와 x_1을 외삽하여 x_2를 구하는 것을 의미한다.

다음과 같은 선형 다항식

$$p_1(x) = a_0 + a_1 x \tag{7.10}$$

는 초기 추정한 두 개의 점 x_0와 x_1에서 함수 $f(x)$와 교차하기 때문에 다음과 같이 쓸 수 있다.

$$\begin{aligned} p_1(x_0) &= f(x_0) \\ p_1(x_1) &= f(x_1) \end{aligned} \tag{7.11}$$

선형 다항식으로 그린 직선은 새롭게 추정하는 근 x_2도 통과하기 때문에 다음과 같이 식 (7.10)과 동등한 관계식으로 나타낼 수 있다.

$$p_1(x_2) \equiv p_1(x) = a_0 + a_1 x \tag{7.12}$$

식 (7.11)을 이용하여 식 (7.10)의 계수 a_0과 a_1을 구하면 다음과 같다.

$$a_0 = \frac{x_1 f(x_0) - x_0 f(x_1)}{x_1 - x_0} \tag{7.13}$$

$$a_1 = \frac{f(x_1) - f(x_0)}{x_1 - x_0} \tag{7.14}$$

식 (7.13)과 식 (7.14)를 식 (7.12)에 대입하면

$$p_1(x) = \frac{(x_1 - x) f(x_0) + (x - x_0) f(x_1)}{x_1 - x_0} \tag{7.15}$$

을 얻는다. 식 (7.15)에 $x = x_0$와 $x = x_1$을 각각 대입하면 식 (7.11)의 상태를 확인할 수 있다.

할선법을 이용하여 새롭게 추정하는 근 x_2를 계산하기 위해서 식 (7.15)를 $p_1(x_2) = 0$으로 놓고 풀면 다음을 얻는다.

$$x_2 = x_1 - f(x_1) \cdot \frac{x_1 - x_0}{f(x_1) - f(x_0)} \tag{7.16}$$

이전에 이미 구한 두 개의 근 x_1과 x_2로 다른 할선을 생성하여 반복 실행하면 실제 근에 더욱 근접한 근 x_3을 찾을 수 있다. 할선법의 일반적 반복 공식은 다음과 같다.

$$x_{n+1} = x_n - f(x_n) \cdot \frac{x_n - x_{n-1}}{f(x_n) - f(x_{n-1})} \quad (n = 1,\ 2,\ 3, \cdots) \tag{7.17}$$

식 (7.17)을 식 (7.9)의 뉴턴법과 비교하면 다음과 같은 관계가 성립됨을 알 수 있다. 식 (7.18)과 같이 할선법은 뉴턴법의 근사치라고 말할 수 있다.

$$f'(x_n) \approx \frac{f(x_n) - f(x_{n-1})}{x_n - x_{n-1}} \tag{7.18}$$

앞서 뉴턴법에서 사용한 함수 $f(x) = e^x - x^3$이 구간 $[1,\ 2]$에서 정확한 근 $\alpha = 1.8572$를 포함하고 있을 때, 식 (7.17)의 할선법을 이용하여 정확한 근을 근사시켜 보자. 식 (7.17)을 이용해서 첫 번째 추정할 수 있는 근은 x_2인데, 이 근을 구하기 위해서는 먼저 초기 가정값 x_0과 x_1이 반드시 필요하다. 이 두 개의 초기 가정값은 주어진 구간의 상한값을 x_0으로 놓고 하한값을 x_1로 놓는다.

$x_0 = 2$와 $x_1 = 1$을 이용하여 새롭게 계산되는 근들은 다음과 같다.

$$x_2 = x_1 - f(x_1) \cdot \frac{x_1 - x_0}{f(x_1) - f(x_0)} = 1 - f(1) \cdot \frac{1-2}{f(1)-f(2)} = 1.7377$$

$$x_3 = x_2 - f(x_2) \cdot \frac{x_2 - x_1}{f(x_2) - f(x_1)} = 1.7377 - f(1.7377) \cdot \frac{1.7377-1}{f(1.7377)-f(1)} = 1.9894$$

$$x_4 = x_3 - f(x_3) \cdot \frac{x_3 - x_2}{f(x_3) - f(x_2)} = 1.9894 - f(1.9894) \cdot \frac{1.9894-1.7377}{f(1.9894)-f(1.7377)} = 1.8478$$

$$x_5 = x_4 - f(x_4) \cdot \frac{x_4 - x_3}{f(x_4) - f(x_3)} = 1.8478 - f(1.8478) \cdot \frac{1.8478-1.9894}{f(1.8478)-f(1.9894)} = 1.8565$$

$$x_6 = x_5 - f(x_5) \cdot \frac{x_5 - x_4}{f(x_5) - f(x_4)} = 1.8565 - f(1.8565) \cdot \frac{1.8565-1.8478}{f(1.8565)-f(1.8478)} = 1.8572$$

예제 7-4 할선법을 이용한 비선형방정식의 근 찾기

다음 비선형방정식은 구간 $[1, 2]$에서 양의 근이 하나 존재한다. 할선법을 이용하여 반복해서 나타나는 근들을 계산하라. 편의를 위해서 모든 결과는 소수점 네 자리까지 나타내라.

$$f(x) = x^3 + x - 7$$

풀이

초기 두 개의 점, $x_0 = 2$, $x_1 = 1$과 식 (7.17)을 이용하여 순서대로 추정하려는 근 $x_2, x_3, \cdots$들을 계산할 수 있다. 할선법의 반복 계산은 다음과 같다.

식 (7.17)에 $n = 1$을 대입하면 다음과 같다.

$$x_2 = 1 - f(1) \cdot \frac{1-2}{f(1)-f(2)} = 1.6250$$

반복해서 식 (7.17)에 $n = 2, 3, 4, \cdots$를 순서대로 대입하면 다음과 같은 근들을 얻는다.

$$x_3 = 1.6250 - f(1.6250) \cdot \frac{1.6250-1}{f(1.6250)-f(1)} = 1.7980$$

$$x_4 = 1.7980 - f(1.7980) \cdot \frac{1.7980-1.6250}{f(1.7980)-f(1.6250)} = 1.7357$$

$$x_5 = 1.7357 - f(1.7357) \cdot \frac{1.7357-1.7980}{f(1.7357)-f(1.7980)} = 1.7391$$

$$x_6 = 1.7391 - f(1.7391) \cdot \frac{1.7391-1.7357}{f(1.7391)-f(1.7357)} = 1.7392$$

$$x_7 = 1.7392 - f(1.7392) \cdot \frac{1.7392-1.7391}{f(1.7392)-f(1.7391)} = 1.7392$$

[표 7-3]은 할선법을 반복 실행한 결과이다. 실제 근 $\alpha = 1.73920386$과 추정한 결과들을 비교하면 여덟 번째 반복 x_8의 값은 실제 근에 상당히 가깝지만 수치적으로 완전하게 수렴하지 않는다.

[표 7-3]의 네 가지 열은 왼쪽부터 다음을 나타낸다.

- 반복 횟수 n
- 같은 과정을 반복할 때마다 새롭게 계산되어 추정하는 각각의 근의 값 x_n
- 함수에 x_n을 대입한 $f(x_n)$의 결과
- 식 (7.17)을 이용하여 새롭게 계산된 추정값과 바로 이전의 추정값의 차이를 표시하는 $x_{n+1} - x_n$

[표 7-3] 할선법을 이용하여 얻은 [예제 7-4]의 결과(소수점 여덟 자리)

n	x_n	$f(x_n)$	$x_n - x_{n-1}$
0	2.00000000	3.00000000	
1	1.00000000	−5.00000000	0.62500000
2	1.62500000	−1.08398438	0.17300499
3	1.79800499	0.61063495	−0.06234019
4	1.73566480	−0.03558896	0.00343321
5	1.73909800	−0.00106636	0.00010605
6	1.73920406	0.00000196	−0.00000019
7	1.73920386	−0.00000000	

MATLAB 7-3 MATLAB을 이용한 할선법 실행

MATLAB을 이용하여 [예제 7-4]의 결과를 구하라. 모든 결과는 MATLAB의 출력 명령어 **format long**을 이용하여 표시하라.

풀이

[그림 7-6]은 MATLAB의 사용자정의함수 **secant**를 이용하여 실행한 결과이다. **secant** 함수의 괄호 안에 입력한 인자들은 초기 추정값 x_0과 x_1, 허용 오차 10^{-6}, 반복 횟수 7, 사용자정의함수에서 함수 $f(x) = x^3 + x - 7$을 지정한 색인 1을 각각 나타낸다.

매번 반복하여 나온 결과들이 세 개 열로 표현되고 있다. 이 열들은 [표 7-3]에 나열되어 있는 내용과 같다. 모든 결과가 소수점 열 다섯 자리로 표시되는 이유는 **secant.m** 파일 안에서 **format long**으로 지정한 상태이기 때문이며, 따라서 MATLAB 명령창에 **format long**을 중복으로 지정할 필요는 없다.

```
>> secant(2,1,1.0e-6,7,1);
iteration =
     2     3
iteration =
   1.000000000000000  -5.000000000000000   0.625000000000000
iteration =
   1.625000000000000  -1.083984375000000   0.173004987531172
iteration =
   1.798004987531172   0.610634950797520  -0.062340190767685
iteration =
   1.735664796763487  -0.035588964056193   0.003433210621723
iteration =
   1.739098007385210  -0.001066364926917   0.000106048081143
iteration =
   1.739204055466353   0.000001956966491  -0.000000194260309
```

[그림 7-6] 실행 결과

할선법과 이분법을 비교하면 할선법은 선형 속도보다 더 빠르게 수렴하기 때문에 이분법을 사용한 근 찾기 방법보다 더 빠르게 실제 근 α에 수렴한다. 반면에 이분법은 매번 연속적인 반복을 실행할 때마다 추정되는 근들이 실제 근 α와 비교하여 경계 오차 범위 내에 놓이지만, 할선법은 반복 계산을 실행하더라도 경계 오차 범위 내에 더 가까이 근접하는 근을 찾는다는 보장이 없다. 또한 이분법은 항상 실제 근에 완전히 수렴한다.

할선법과 뉴턴법을 비교하면, 할선법은 매번 반복 실행할 때마다 함수 $f(x)$만 평가하면 되지만, 뉴턴법은 함수 $f(x)$와 $f'(x)$ 양쪽 모두의 계산이 필요하다. 할선법도 뉴턴법처럼 대개의 경우 수렴이 되고 완전한 수렴은 이루어지지 않는다.

SECTION 7.4 가위치법

가위치법(regula falsi method, false-position method)은 이분법을 수정한 형태로 주어진 구간의 폭을 반복적으로 좁히면서 정확한 근을 구하지 않고, 반복에 의해서 새롭게 설정되는 구간의 끝점들을 직선으로 연결하고 절편의 위치를 결정하여 다음 근들을 추정해 나가는 방법이다. 그러므로 이 방법을 사용하면 함수 $f(x)$가 주어진 구간 내에서 근을 포함하고 있을 때 반복적으로 미리 결정된 근의 값을 수행하게 된다.

[그림 7-7]은 가위치법 해석을 위한 기하학적 그림이다. [그림 7-7]을 이용하여 좌표점 $(a, f(a))$와 $(b, f(b))$를 통과하는 직선방정식을 구하면 다음과 같다.

$$f(x) - f(a) = m(x - a) \tag{7.19}$$

식 (7.19)에서 m은 직선방정식의 기울기를 나타낸다.

$$m = \frac{f(b) - f(a)}{b - a} \tag{7.20}$$

직선방정식의 절편을 나타내는 x는 새롭게 추정되는 근이고, 이때 $f(x) = 0$이다. 식 (7.19)를 다시 정리해서 쓰면 다음과 같다.

$$x = a - \frac{f(a)}{m} \tag{7.21}$$

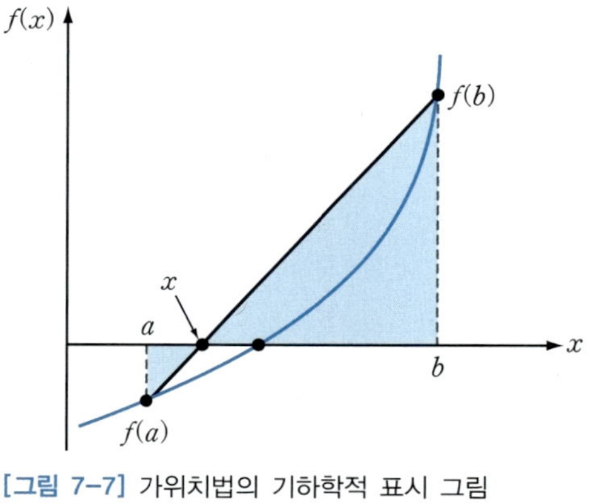

[그림 7-7] 가위치법의 기하학적 표시 그림

주어진 구간 $[a, b]$에서 가위치법을 이용하여 $x_0, x_1, x_2, \cdots, x_n$의 근을 찾기 위한 알고리즘은 다음과 같다.

❶ 식 (7.20)과 식 (7.21)을 일반화시킨 다음 식에서 출발한다.

$$m_n = \frac{f(b_n) - f(a_n)}{b_n - a_n} \quad (n = 0, 1, 2, \cdots) \tag{7.22}$$

$$x_n = a_n - \frac{f(a_n)}{m_n} \quad (n = 0, 1, 2, \cdots) \tag{7.23}$$

❷ 만일 $f(a_n)$과 $f(x_n)$의 부호를 비교하여 $f(a_n) \cdot f(x_n) < 0$이 되거나 혹은 $f(x_n)$과 $f(b_n)$의 부호를 비교하여 $f(x_n) \cdot f(b_n) > 0$이 되면, 다음 단계에 사용할 a 값은 현재 단계에서 사용하는 a 값을 그대로 사용한다($a_{n+1} = a_n$). 다음 단계에 사용할 b 값은 현재 단계에서 계산된 x 값을 사용한다($b_{n+1} = x_n$).

❸ 과정 ❷와 반대로 $f(a_n) \cdot f(x_n) \geq 0$ 혹은 $f(x_n) \cdot f(b_n) \leq 0$이 되면 다음 단계에 사용할 a 값은 현재 단계에서 계산된 x 값을 사용한다($a_{n+1} = x_n$). 다음 단계에 사용할 b 값은 현재 단계에서 사용하는 b 값을 그대로 사용한다($b_{n+1} = b_n$).

❹ n을 증가시키면서 과정 ❶로 다시 돌아가서 **가위치법**을 반복 실행한다.

가위치법을 사용하여 구간 $[1, 2]$에서 실제 근 $\alpha = 1.7392$를 가진 비선형방정식 $f(x) = x^3 + x - 7$에 대한 x_0, x_1, x_2를 차례대로 추정해보자. 주어진 구간의 왼쪽 끝점 1을 a_0으로 놓고 오른쪽 끝점 2를 b_0으로 먼저 지정한다. 식 (7.22)와 식 (7.23)에 $n = 0$, $n = 1$, $n = 2$를 대입하면 다음과 같은 계산 과정을 얻을 수 있다(❷와 ❸은 계산 과정에서 선택적으로 둘 중 하나를 이용하기 때문에 ❶ → ❷ → ❹ 혹은 ❶ → ❸ → ❹로 표시).

$n = 0$에 대해 $f(a_0 = 1) = -5$와 $f(b_0 = 2) = 3$이 된다.

❶ $m_0 = \dfrac{f(b_0) - f(a_0)}{b_0 - a_0} = \dfrac{3 - (-5)}{2 - 1} = 8$

$x_0 = a_0 - \dfrac{f(a_0)}{m_0} = 1 - \dfrac{-5}{8} = 1.625$

❸ 다음 단계를 반복 수행하기 위해서 필요한 a_1과 b_1은

$$f(a_0)\cdot f(x_0)=f(1)\cdot f(1.625)=(-5)(-1.0840)>0$$

에 의해서 다음을 얻는다.

$$a_1=x_0=1.625$$
$$b_1=b_0=2$$

❹ $n=1$에 대해 $f(a_1=1.625)=-1.0840$과 $f(b_1=2)=3$이다.

---

❶ $m_1=\dfrac{f(b_1)-f(a_1)}{b_1-a_1}=\dfrac{3-(-1.0840)}{2-1.625}=10.8906$

$x_1=a_1-\dfrac{f(a_1)}{m_1}=1.625-\dfrac{-1.0840}{10.8906}=1.7245$

❸ 다음 단계를 반복 수행하기 위해서 필요한 a_2와 b_2는

$$f(a_1)\cdot f(x_1)=f(1.625)\cdot f(1.7245)=(-1.0840)(-0.1467)>0$$

에 의해서 다음을 얻는다.

$$a_2=x_1=1.7245$$
$$b_2=b_1=2$$

❹ $n=2$에 대해 $f(a_2=1.7245)=-0.1467$과 $f(b_2=2)=3$이다.

---

❶ 세 번째 반복으로 구한 기울기와 근사시킨 근은 다음과 같이 계산된다.

$$m_2=\frac{f(b_2)-f(a_2)}{b_2-a_2}=\frac{3-(-0.1467)}{2-1.7245}=11.4230$$
$$x_2=a_2-\frac{f(a_2)}{m_2}=1.7245-\frac{-0.1467}{11.4230}=1.7374$$

위와 같은 방법으로 양쪽 끝점들을 계속 이용하여 반복 실행하면 실제 근 $\alpha=1.7392$에 가깝게 접근할 것이다.

MATLAB 7-4 MATLAB을 이용한 가위치법 실행

다음 비선형방정식이 주어졌다. MATLAB을 이용하여 결과를 구하라. 모든 결과는 MATLAB의 출력 명령어 **format long**을 이용하여 표시하라.

$$f(x) = x^3 + x - 7$$

풀이

[그림 7-8]은 함수 $f(x) = x^3 + x - 7$에 대한 사용자정의함수를 보여준다.

```
F.m
function [fx] = F(x)
fx = x.^3+x-7;
```

[그림 7-8] 비선형방정식 $f(x) = x^3 + x - 7$에 대한 사용자정의함수 작성

[그림 7-9]는 MATLAB의 사용자정의함수 **regula**를 이용하여 실행된 결과이다. **regula** 함수의 괄호 안의 첫 인자 F는 함수 $f(x) = x^3 + x - 7$에 대한 사용자정의함수의 이름을 표시한다.

```
Command Window
>> [Iteration] = regula('F',1,2,1e-06,20)
Iteration =
   1.000000000000000   2.000000000000000
   1.625000000000000   2.000000000000000
   1.724533715925395   2.000000000000000
   1.737373899370332   2.000000000000000
   1.738976450520881   2.000000000000000
   1.739175614023135   2.000000000000000
   1.739200352774547   2.000000000000000
   1.739203425453869   2.000000000000000
   1.739203807093222   2.000000000000000
```

[그림 7-9] 실행 결과

regula 함수와는 별도로 쓰여진 사용자정의 함수 F는 **regula** 함수에서 호출이 가능하다. 1과 2는 초기 지정한 왼쪽 끝점과 오른쪽 끝점, 10^{-6}은 허용 오차, 20은 반복 횟수를 표시한다.

20회 반복 실행을 지정했지만 아홉 번 반복의 출력 결과만을 보여주고 있다. 아홉 번째로 계산된 결과가 실제 근 $\alpha = 1.739203861216694$과 비교하여 허용 오차 10^{-6}보다 작은 범위이기 때문이다.

SECTION 7.5

근 찾기 방법 비교

수치해석에서 이분법, 뉴턴법, 할선법, 가위치법을 이용하면 함수의 실제 근 찾기가 가능하다. 이 방법들은 반복 실행을 통해 점점 실제 근에 수렴하는 근삿값을 추정해 간다. 초기 근삿값을 추정한 후에 함수 $f(x)$와 이전의 추정된 값을 토대로 이후의 값을 계산한다.

- **이분법** : 근삿값 두 개의 중앙값을 이용한 반복 수행으로 비교적 느린 속도로 실제 근에 수렴한다. 이분법은 뉴턴법보다 실제 근에 수렴하는 속도는 느리지만 항상 수렴한다. 반면에 뉴턴법은 근 찾기 방법 중에서 수렴 속도가 가장 빠르지만 종종 수렴에 도달하지 않는 경우도 있다.
- **뉴턴법** : 근 찾기에 매우 강력한 기술로 초기 근삿값 한 개만 필요로 한다. 처음 추정하는 근삿값이 실제 근에 매우 근접하게 선택되는 경우에는 가장 빠르게 실제 근에 수렴되는 방법이다. 반면에 실제 근에서 너무 멀리 떨어진 근삿값에서 시작하면 수렴하지 않을 수 있다. 뉴턴법은 할선법보다 적은 반복으로 근을 찾으므로 수렴 속도가 빠르다. 그러나 반복 실행으로 찾는 근삿값에서 함수 $f(x)$와 1차 도함수 $f'(x)$의 더 복잡한 계산을 필요로 하기에 근 찾기에 더 많은 시간을 소모하는 단점이 있다.
- **할선법** : 뉴턴법과 거의 비슷하게 사용하는 근 찾기 방법이다. 할선법은 초기 근삿값이 두 개가 필요하지만 반복되는 각각의 근삿값에서 함수 $f(x)$만 계산하면 된다. 할선법은 이분법과 가위치법보다 더 좋은 근삿값을 얻지만 실제 근에 완전하게 수렴하지 않는 단점이 있다.
- **가위치법** : 이분법과 할선법을 결합시킨 방법이다. 할선법의 반복(recurrence) 공식은 뉴턴법의 공식에서 유도할 수 있다. 이분법과 다르게 뉴턴법 혹은 할선법은 주어진 구간에 대한 구간법 이용이 불확실하다. 가위치법은 할선법과 동일한 방법으로 근삿값을 추정하지만 반복할 때마다 구간법을 이용한다. 가위치법은 이분법보다 신속하게 근을 찾을 수 있지만, 이분법보다 계산이 복잡하다. 가위치법은 끝점 두 개가 필요하고 항상 실제 근에 수렴한다.

[표 7-4] 근 찾기 방법의 비교표

방법	필요한 초깃값	수렴 여부	수렴 속도	필요한 함수
이분법	2	항상 수렴	느림	$f(x)$
뉴턴법	1	대개의 경우 수렴	가장 빠름	$f(x)$, $f'(x)$
할선법	2	대개의 경우 수렴	빠름	$f(x)$
가위치법	2(끝점)	항상 수렴	적당히 빠름	$f(x)$

CHAPTER

07 핵심요약

01 이분법

구간의 중앙값을 이용하여 함수의 근을 찾는 방법이다.

- **이분법 공식**

초기 구간 : $[a_1, b_1]$

연속 구간 : $[a_i, b_i]$

중앙값 : $c_i = \dfrac{a_i + b_i}{2} \quad (i = 1, 2, 3, \cdots)$

절대 오차 : $|\alpha - c_n| \le \left(\dfrac{1}{2}\right)^n (b_1 - a_1)$

02 뉴턴법

초기 근삿값 한 개를 이용하여 미분 가능한 연속 함수 $f(x)$와 함수의 1차 도함수 $f'(x)$를 이용하여 함수의 근을 찾는 방법이다.

- **뉴턴법 공식**

$$x_{n+1} = x_n - \frac{f(x_n)}{f'(x_n)} \quad (n = 0, 1, 2, \cdots)$$

03 할선법

뉴턴법을 기초로 이용하지만 뉴턴법과 다르게 1차 도함수 $f'(x)$의 계산이 필요 없는 함수의 근을 찾는 방법이다.

- **할선법 공식**

$$x_{n+1} = x_n - f(x_n) \cdot \frac{x_n - x_{n-1}}{f(x_n) - f(x_{n-1})} \quad (n = 1, 2, 3, \cdots)$$

04 가위치법

구간의 폭을 연속적으로 좁히면서 정확한 근을 구하지 않고 구간의 끝점들을 직선으로 연결하고 직선의 절편의 위치를 결정하여 함수의 근을 찾는 방법이다.

• **가위치법 공식**

$$m_n = \frac{f(b_n) - f(a_n)}{b_n - a_n} \quad (n = 0, 1, 2, \cdots)$$

$$x_n = a_n - \frac{f(a_n)}{m_n} \quad (n = 0, 1, 2, \cdots)$$

05 근 찾기 방법의 비교표

방법	필요한 초깃값	수렴 여부	수렴 속도	필요한 함수
이분법	2	항상 수렴	느림	$f(x)$
뉴턴법	1	대개의 경우 수렴	가장 빠름	$f(x)$, $f'(x)$
할선법	2	대개의 경우 수렴	빠름	$f(x)$
가위치법	2(끝점)	항상 수렴	적당히 빠름	$f(x)$

CHAPTER

07 기본문제

7.1 다음 중 이분법에 대한 설명으로 옳지 않은 것은 무엇인가?

① 반복법을 기초로 사용한다.

② 정해져 있는 구간을 항상 반으로 나누어 검색하는 증분법의 변형이다.

③ 범위 구간의 중앙값을 이용하여 함숫값을 계산한다.

④ 주어진 구간에서 함수의 부호가 (-)에서 (+)로 바뀌는 구간 내에만 근이 존재한다.

7.2 [예제 7-1]에서 1 ~ 4000까지 번호가 정해진 카드가 주어지는 경우에 이분법을 사용하면 최대 몇 번 이내에 정확히 번호를 맞출 수 있는가?

① 9　　② 10　　③ 11　　④ 12

7.3 다음 중 뉴턴법(뉴턴-랩슨법)에 대한 설명으로 옳지 않은 것은 무엇인가?

① 비선형방정식의 근을 결정할 때 자주 사용한다.

② 이분법과 비교하여 수렴 속도는 상대적으로 느리다.

③ 함수의 미분방정식 계산이 항상 필요하다.

④ 이 방법을 사용하여 근을 찾을 때 대개의 경우 수렴하게 된다.

7.4 다음 중 할선법에 대한 설명으로 옳지 않은 것은 무엇인가?

① 이분법을 기초로 이용하여 함수를 근사시킨다.

② 이분법과 비교하여 수렴 속도는 상대적으로 빠르다.

③ 뉴턴법과 다르게 1차 도함수의 계산이 필요 없다.

④ 함수의 그래프 상의 두 개 접점을 연결하여 생성되는 직선을 할선이라고 부른다.

7.5 다음 중 가위치법에 대한 설명으로 옳지 않은 것은 무엇인가?

① 이분법을 수정한 형태이다.

② 주어진 구간의 폭을 반복적으로 좁히면서 정확한 근을 구한다.

③ 함수가 구간 내에 근을 포함하면 반복적으로 미리 결정된 근의 값을 수행한다.

④ 새롭게 생성되는 구간의 끝점들을 연결하고 절편의 위치를 결정한다.

7.6 다음 근 찾기 방법 중에서 초깃값이 한 개만 필요한 방법은?

① 이분법　② 뉴턴법　③ 할선법　④ 가위치법

7.7 다음 근 찾기 방법 중에서 상대적으로 수렴 속도가 가장 빠른 방법은?

① 이분법　② 뉴턴법　③ 할선법　④ 가위치법

7.8 다음 MATLAB 사용자정의함수 중 근 찾기 방법에 사용할 수 없는 함수를 모두 찾아라.

① **bisect**　② **iteration**　③ **newton**

④ **regular**　⑤ **secant**

CHAPTER

07 연습문제

7.1 함수 $f(x)=e^x-x^3$은 구간 $[1, 2]$에서 정확한 근 $\alpha=1.8572$를 가진다. 이분법을 사용하여 근들을 근사시켜라. 절대 오차 0.0003 범위를 만족할 때까지 반복을 계속 실행하고 모든 결과는 소수점 네 자리까지 나타내라.

7.2 비선형방정식 $f(x)=x^3-4x+1$은 구간 $[1, 2]$에서 양의 근이 존재함을 보이고, 반복적으로 다섯 번의 이분법을 사용하여 근들을 계산하라. 모든 결과는 소수점 네 자리까지 나타내라.

7.3 MATLAB을 이용하여 [연습문제 7.2]의 결과를 구하라. 편의를 위해서 모든 결과는 소수점 네 자리까지 나타내라.

7.4 비선형방정식 $f(x)=x^3-4x+1$의 정확한 실수 근을 소수점 네 자리까지 표시하면 $\alpha=1.8608$이다. 구간 $[1, 2]$에서 뉴턴법을 사용하여 처음 시작하는 값 $x_0=1.5000$을 가지고, 각각의 근사시킨 근 x_1, x_2, x_3, x_4를 소수점 네 자리까지 계산하라.

7.5 MATLAB을 이용하여 [연습문제 7.4]의 결과를 구하라. 편의를 위해서 모든 결과는 소수점 네 자리까지 나타내라.

7.6 [연습문제 7.4]에서 사용한 비선형방정식을 다시 풀어라. 구간 $[1, 2]$에서 할선법을 사용하여 각각의 근사시킨 근 x_0, x_1, x_2, x_3, x_4, x_5를 계산하라. 모든 결과는 소수점 네 자리까지 표시하라.

7.7 MATLAB을 이용하여 [연습문제 7.6]의 결과를 구하라. 모든 결과는 MATLAB의 출력 명령어 **format long**을 이용하여 표시하라.

7.8 함수 $f(x)=x^3-4x+1$은 구간 $[1, 2]$에서 양의 근 $\alpha=1.8608$이 존재한다. 가위치법을 사용하여 반복해서 나타나는 근들을 계산하라. 모든 결과는 소수점 네 자리까지 나타내고, 실제 근과 같은 값이 나올 때까지 반복하여 계산하라.

7.9 MATLAB을 이용하여 [연습문제 7.8]의 결과를 구하라. 모든 결과는 MATLAB의 출력 명령어 **format long**을 이용하여 표시하라.

7.10 함수 $f(x)=x^3-e^{-x}$은 구간 $[0, 1]$에서 정확한 근 $\alpha=0.772882959149210$을 갖고 있다. MATLAB의 가위치법을 사용하여 허용 오차 범위 10^{-8}을 만족하려면 몇 번의 반복 실행이 필요한지 보여라.

7.11 $f(x)=x^3-10$의 해를 구하면 $x=\sqrt[3]{10}$이다. 처음 시작하는 값이 $x_0=2$일 때 뉴턴법을 사용하여 근사시키는 근들 사이의 절대 오차가 5×10^{-3} 범위 내에 놓일 때까지 반복적으로 계산하라.

7.12 [연습문제 7.11]의 함수에서 초기 근삿값 두 개는 $x_0=3$과 $x_1=2$이다. 할선법을 사용하여 근사시키는 근들 사이의 절대 오차가 5×10^{-3} 범위 내에 놓일 때까지 반복적으로 계산하라.

7.13 식 (7.9)의 뉴턴법의 일반형을 사용하여 초기 가정값 $x_0=$ x0에서 시작하는 함수 $f(x)=c-x^n$의 근 $\sqrt[n]{c}$를 계산하는 MATLAB 사용자정의함수 **nroot**(c, n, x0, e)를 작성하라. 알고리즘의 연속 추정값의 차이가 e(원하는 최대 허용 오차를 나타냄)보다 작을 때까지 반복을 계속하는 사용자정의함수를 작성하라. 작성된 사용자정의함수 **nroot**를 사용하여 초기 가정값 1, 허용 오차 10^{-6}를 만족하는 숫자 5의 근을 계산하라.

CHAPTER

08

수치해석을 이용한 적분

Integration with the Use of Numerical Analysis

이 장에서는 다양한 수치 적분 방법을 이용하여 실제 적분값을 계산하고 또한 각 방법에서 발생하는 오차 문제를 다룰 것이다. 8.1절에서는 본격적인 학습에 들어가기 앞서 수치해석을 이용한 적분의 개념과 뉴턴 코츠 공식을 간단하게 복습한다. 8.2절에서 배우는 사다리꼴 공식은 부분 구간을 적분하고 더하면서 전체 적분의 값을 근사시키는 방법으로, 부분 구간의 수를 늘릴수록 실제 적분값에 근접한 근삿값을 얻을 수 있다. 8.2절의 사다리꼴 공식이 자료점 두 개를 이용한 선형 보간법을 사용했다면, 8.3절의 심슨 공식은 자료점 세 개를 이용한 2차 보간 다항식을 사용하여 적분의 근삿값을 구한다. 8.4절의 가우스 구적법은 영역 내에 지정된 점에서 가중치(weight)의 합으로 함수의 적분값을 구하고, 8.5절의 롬버그 적분은 사다리꼴 공식에 외삽 공식을 이용하여 실제 오차를 감소시켜 더 좋은 적분의 근삿값을 얻는 방법이다.

CONTENTS

SECTION
8.1 수치해석을 이용한 적분의 기초

8.1.1 적분의 기초

함수의 적분은 적분 기호 $\int$를 사용하고 피적분함수(integrand) $f(x)$를 구간 $[a, b]$에서 적분하면 다음과 같이 함수 $g(x)$를 얻는다.

$$g(x) = \int_a^b f(x)dx \tag{8.1}$$

여기서 x는 적분의 변수이고, $f(x)$는 피적분함수가 된다. 그리고 a와 b는 각각 적분의 하한(lower bound)과 상한(upper bound)을 표시한다.

x에 대한 함수 $g(x)$의 도함수가 바로 $f(x)$이다. 따라서 다음과 같은 관계식으로 다시 쓸 수 있다.

$$f(x) = \frac{d}{dx}g(x) \tag{8.2}$$

$\frac{d}{dx}$는 변수 x에 대해서 함수를 미분하는 연산을 의미한다.

8.1.2 면적으로 이해하는 적분

식 (8.1)은 식 (8.3)으로 대체할 수 있는데, 여기서 면적 A 값은 어떻게 계산할 수 있을까?

$$A = \int_a^b f(x)dx \tag{8.3}$$

결국 식 (8.1)의 함수 $g(x)$의 계산은 [그림 8-1(a)]와 같이 x축에 있는 두 개의 점 a와 b 사이에서 주어진 함수 $f(x)$ 곡선 아래의 면적 A를 계산하는 것과 같다.

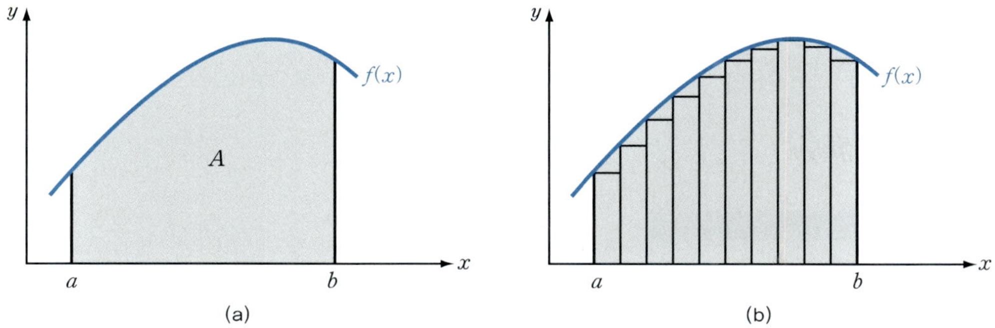

[그림 8-1] 함수 $f(x)$의 적분

[그림 8-1(b)]는 함수의 곡선 아래쪽 면적을 구할 때 가장 간단하게 사용하는 방법으로 정해진 구간 안의 면적을 여러 직사각형 조각으로 잘라내고 각각의 직사각형 면적을 차례로 더해 나가는 것이다. 이때 직사각형의 너비가 충분히 작은 값으로 설정되면 식 (8.3)의 적분 결과와 거의 비슷할 것이다(또는 식 (8.1)의 함수 $g(x)$와 같다).

일반 미적분에서 함수 $f(x)$가 $F'(x) = f(x)$인 간단한 **역도함수**(antiderivative) $F(x)$를 갖고 있을 때, 다음과 같은 미적분의 기본 정리로 **정적분**(definite integral)을 계산할 수 있다.

$$I = \int_a^b f(x)dx = F(x)|_a^b = F(b) - F(a) \tag{8.4}$$

반면에 **부정적분**(indefinite integral)은 정적분과 다르게 변수의 하한과 상한이 지정되어 있지 않은 $\int f(x)\,dx$를 계산한다.

식 (8.4)는 함수 $f(x)$와 x축 사이의 면적을 의미한다. 그러나 실제로 식 (8.4)와 같은 방법으로 모든 적분을 풀 수 있는 것은 아니다. 수치해석 방법을 이용하여 적분의 근삿값을 구하는 방법이 식 (8.4)의 방법보다 훨씬 사용하기 간편하고 쉬운 경우가 많다.

만일 원의 방정식 $x^2 + y^2 = 4$일 때 해를 구하면 $y = \pm\sqrt{4 - x^2}$이다. 여기서 양의 근 $y = \sqrt{4 - x^2}$에 대한 반원 그래프는 [그림 8-2]와 같다.

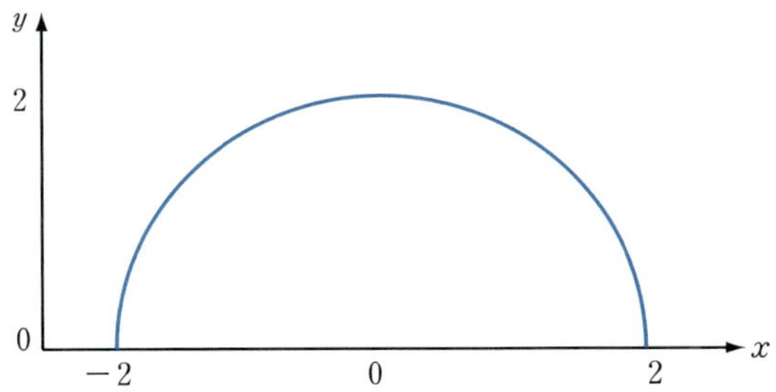

[그림 8-2] 함수 $y = \sqrt{4-x^2}$ 의 그래프

MATLAB에서 심벌릭 툴박스의 **int** 함수를 이용하여 구간 $[-2, 2]$에서 반원 함수 $y = \sqrt{4-x^2}$에 대한 정적분 $\int_{-2}^{2} \sqrt{4-x^2}\, dx$의 결과와 반원의 면적 $A = \frac{1}{2}\pi r^2$을 계산한 각각의 결과는 [그림 8-3]에서 보여주듯이 같다.

```
Command Window
>> syms x;
>> I = int(sqrt(4-x^2),-2,2)
I =
2*pi
>> 2*pi
ans =
    6.2832
>> A = (1/2)*pi*2^2
A =
    6.2832
```

[그림 8-3] MATLAB을 이용하여 식 (8.3) 확인하기

뉴턴 코츠(Newton-Cotes) 공식은 수치해석을 이용하는 적분 형식 중 가장 일반적으로 사용되는 공식이다. 뉴턴 코츠 공식은 모든 점에서 함숫값을 사용하는 폐쇄 형태와 끝점에서 함숫값을 사용하지 않는 개방 형태의 두 가지 유형으로 구분된다. 예를 들어, 똑같이 n등분한 구간이 $[a = x_1, x_2, \cdots, x_{n-1}, x_n = b]$와 같다면 뉴턴 코츠의 폐쇄 형태는 두 개의 끝점 a와 b를 포함하는 구간 $[x_1, x_n]$에서 계산되고, 뉴턴 코츠의 개방 형태는 두 개의 끝점 a와 b를 포함하지 않는 구간 $[x_2, x_{n-1}]$에서 계산된다.

이 공식은 같은 간격을 가진 점들에서 피적분함수의 값이 주어지면 매우 유용하게 사용할 수 있다. 예를 들어, 구간 $[a, b]$에서 함수 $f(x)$를 적분하기 위해서 주어진 구간을 동일하게 n등분하면 새로운 간격 $h = \frac{b-a}{n}$와 부분 함수 $f_n = f(x_n)$을 얻는다. 그런 다음 함수 $f(x_n)$을 근사시키는 라그랑주 보간 다항식으로 대체시킨 뒤 이 다항식을 적분하면 곡선 아래의 면적을 근사시킬 수 있다. 적분시키는 함수는 직선이나 포물선(parabola)의 형태를 나타내는 모든 차수의 다항식으로 대체시켜서 사용할 수 있다. 적분값은 한 개의 구간을 이용하거나 혹은 여러 개로 나눈 구간을 이용하여 근사시킴으로써 정확성을 향상시킬 수 있다.

MATLAB 8-1 심벌릭 툴박스의 int 함수를 이용하여 적분하기

MATLAB을 이용하여 부정적분 $\int \sin x\, dx$와 정적분 $\int_0^{\frac{\pi}{2}} \sin x\, dx$를 실행하라.

풀이

syms 명령어로 피적분 함수에 사용하는 변수 x를 지정한다. **int** 함수를 이용하여 부정적분과, 부정적분과는 다르게 상한과 하한을 지정한 정적분을 각각 실행한다.

Command Window

```
>> syms x;
>> I1 = int(sin(x))
I1 =
-cos(x)
>> I2 = int(sin(x),0,pi/2)
I2 =
1
```

[그림 8-4] 실행 결과

SECTION
8.2 사다리꼴 공식을 이용한 적분법

사다리꼴(trapezoidal) 공식은 뉴턴 코츠 공식의 폐쇄 형태와 같다. [그림 8-5]와 같이 수평 바닥면과 두 개의 끝점 a와 b를 연결하는 경사진 윗면의 형태를 갖고 있는 사다리꼴 면적을 근사시키는 방법이다.

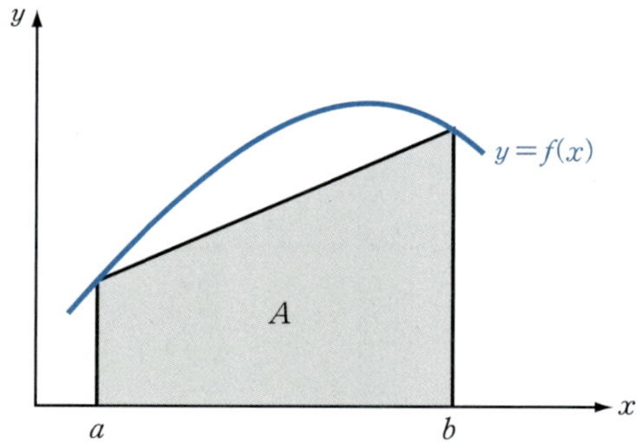

[그림 8-5] 사다리꼴 공식을 이용한 $f(x)$의 적분

8.2.1 점 두 개를 사용한 사다리꼴 공식

직사각형을 사용해서 면적을 구할 때 직사각형의 너비를 충분히 작은 값으로 설정할 수 없다면 사다리꼴 조각을 이용하는 것이 더 정교하다. 이때 여러 조각으로 나누어진 각각의 사다리꼴을 판이라고 부른다.

식 (8.4)의 적분 $I=\int_a^b f(x)\,dx$의 값을 구할 때, 만일 주어진 함수 $f(x)$가 매우 복잡하여 계산이 쉽지 않다면 어떻게 접근해야 할까? 답은 $f(x)$를 근사시킨 함수를 이용하는 것이다. 값을 더 쉽게 구할 수 있는 함수로 대체시켜서 적분값을 구하면 된다. 다시 말하면 함수 $f(x)$를 근사시킨 함수 $\tilde{f}(x)$를 이용하여 다음과 같이 근사시킨 적분값을 구하는 방법이다.

$$\int_a^b f(x)\,dx \approx \int_a^b \tilde{f}(x)\,dx \tag{8.5}$$

식 (8.5)를 식 (8.4)의 형태로 다시 쓰면 다음과 같다.

$$I \approx \int_a^b \tilde{f}(x)\,dx = \tilde{I} \tag{8.6}$$

이때 근사시키려는 함수 $\tilde{f}(x)$는 선형 보간법 혹은 2차 보간법을 이용하여 대체시킨다. 구간 $[a, b]$의 시작점(initial point) a와 끝점(terminal point) b를 보간시키는 선형 보간법을 이용하면 다음과 같은 1차 다항식을 얻는다. 결국 식 (8.7)은 [그림 8-5]의 사다리꼴에서 경사진 윗면을 나타내는 직선 방정식과 같다.

$$P_1(x) = \frac{(b-x)f(a) + (x-a)f(b)}{b-a} \tag{8.7}$$

식 (8.5)에 $f(x)$를 근사시키는 함수 $\tilde{f}(x)$ 대신에 식 (8.7)의 1차 다항식을 대입하면 다음과 같은 식을 얻고

$$\int_a^b f(x)\,dx \approx \int_a^b P_1(x)\,dx = \int_a^b \frac{bf(a) - af(b)}{b-a}\,dx + \int_a^b \frac{[f(b) - f(a)]x}{b-a}\,dx \tag{8.8}$$

최종적으로 식 (8.8)의 적분값을 구하면 다음과 같다.

$$\int_a^b f(x)\,dx \approx \frac{1}{2}(b-a)[f(a) + f(b)] \tag{8.9}$$

식 (8.9)의 값은 [그림 8-5]의 사다리꼴 면적과 같은 값을 나타내므로 사다리꼴 공식이라 부른다. 식 (8.9)는 다음과 같이 새롭게 쓸 수 있다. 여기서 T는 사다리꼴 영문명의 첫 글자, 1은 두 점을 포함하는 구간 하나를 표시한다.

$$\int_a^b f(x)\,dx \approx T_1(f) \tag{8.10}$$

예를 들어, 구간 $\left[0, \frac{\pi}{2}\right]$에서 함수 $f(x) = \sin x$에 대한 적분값을 사다리꼴 공식인 식 (8.9)를 이용하여 근사시킨 값을 구하면 다음과 같다.

$$\int_0^{\frac{\pi}{2}} \sin x\,dx \approx \frac{1}{2}\left(\frac{\pi}{2} - 0\right)\left[\sin(0) + \sin\left(\frac{\pi}{2}\right)\right] = \frac{\pi}{4} = 0.785398$$

[그림 8-4]에서 사다리꼴 공식을 이용하지 않고 $\int_0^{\frac{\pi}{2}} \sin x\,dx$를 직접 계산한 값은 1이므로 오차는 0.214602이다. 이 오차는 [그림 8-5]에서 함수 $f(x)$의 곡선 아랫부분에서 색을 입힌 사다리꼴의 면적을 제외한 부분이다.

8.2.2 점 세 개를 사용한 사다리꼴 공식

[그림 8-6]의 세 점 a, b, c를 포함하는 두 부분에 사다리꼴 공식을 적용해보자. 여기서 점 c는 시작점 a와 끝점 b의 중간에 위치하고 있으므로 두 개의 부분 구간에 대한 직선 선분 거리는 $\overline{ab} = \overline{bc}$이다.

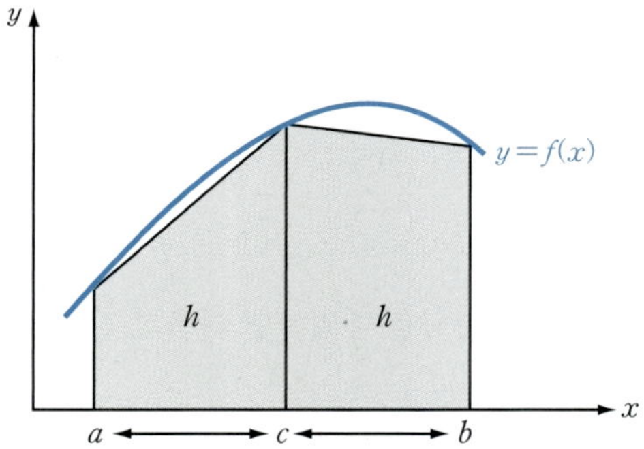

[그림 8-6] 두 부분 구간에서 사다리꼴 공식을 이용한 $f(x)$의 적분

둘로 나누어진 부분 구간에서 함수 $f(x)$를 근사시키는 사다리꼴 공식은 다음과 같은 과정으로 정의된다.

$$I = \int_a^c f(x)\,dx + \int_c^b f(x)\,dx \tag{8.11}$$

여기서 $c = \dfrac{b+a}{2}$이고, 식 (8.11) 우항의 두 적분은 식 (8.9)를 직접 이용하면 다음과 같이 계산할 수 있다.

$$I \approx \frac{1}{2}(c-a)[f(a)+f(c)] + \frac{1}{2}(b-c)[f(c)+f(b)] \tag{8.12}$$

새롭게 생성되는 구간 a와 b에 대한 점들 사이의 거리를 간격 크기라고 하고 h로 나타낸다. 식 (8.12)는 간격 크기 h를 사용하여 다음과 같이 나타낼 수 있다. 여기서 $h = \dfrac{b-a}{2}$이다.

$$I \approx \frac{h}{2}[f(a) + 2f(c) + f(b)] \equiv T_2(f) \tag{8.13}$$

예를 들어, 주어진 구간 $\left[0,\ \dfrac{\pi}{2}\right]$에서 함수 $f(x) = \sin x$에 대한 적분값을 두 개의 작은 구간으로 나누어진 부분 구간 $\left[0,\ \dfrac{\pi}{4}\right]$와 $\left[\dfrac{\pi}{4},\ \dfrac{\pi}{2}\right]$로 나눈 후에 사다리꼴 공식 (8.13)을 이용하여 근사시킨 값을 구하면 다음과 같다.

$$\int_0^{\frac{\pi}{2}} \sin x\, dx \approx \frac{1}{2}\left(\frac{\pi/2-0}{2}\right)\left[\sin(0)+2\sin\left(\frac{\pi}{4}\right)+\sin\left(\frac{\pi}{2}\right)\right]=0.948059$$

사다리꼴 공식을 이용하지 않고 $\int_0^{\frac{\pi}{2}} \sin x\, dx$를 직접 계산한 값은 1이므로 오차는 0.051941이다. 이 오차는 [그림 8-6]에서 함수 $f(x)$ 곡선 아랫부분에서 사다리꼴 면적을 제외한 부분을 가리킨다.

[그림 8-5]와 [그림 8-6]의 곡선 아래 오차 부분을 비교해 보면 알 수 있듯이, 부분 구간 두 개를 이용한 사다리꼴 방식이 오차를 줄이는 데 더 효과적이다.

이 적분식을 더 정확히 계산하기 위해서 적분 구간 $[a, b]$를 더 작은 부분 구간들 $[a=x_0, x_1]$, $[x_1, x_2]$, $\cdots$, $[x_{n-1}, x_n=b]$로 나눈 뒤 각 부분 구간에 사다리꼴 공식을 적용해서 모든 부분 구간의 면적을 더한다. 이렇게 더해진 각각의 면적에 사다리꼴 공식을 확장, 이용하면 다음과 같이 쓸 수 있다.

$$I=\int_{x_0}^{x_n} f(x)\,dx=\int_{x_0}^{x_1} f(x)\,dx+\int_{x_1}^{x_2} f(x)\,dx+\cdots+\int_{x_{n-1}}^{x_n} f(x)\,dx \tag{8.14}$$

식 (8.9)를 이용하여 식 (8.14)를 풀면

$$\begin{aligned} I \approx &\ \frac{h}{2}[f(x_0)+f(x_1)]+\frac{h}{2}[f(x_1)+f(x_2)]+\cdots \\ &+\frac{h}{2}[f(x_{n-2})+f(x_{n-1})]+\frac{h}{2}[f(x_{n-1})+f(x_n)] \end{aligned} \tag{8.15}$$

이 된다. 여기서 간격 크기 h와 자료점 x는 $j=0, 1, 2, \cdots, n$에 대해서 다음과 같이 쓸 수 있다.

$$h=\frac{b-a}{n}, \quad x_j=a+jh \tag{8.16}$$

적분하는 구간 내에 n개의 구간이 있다면 $n+1$개 자료점들이 균일하게 놓일 것이다. 따라서 식 (8.15)를 간단하게 다시 쓰면 다음과 같다.

$$I \approx h\left[\frac{1}{2}f(a)+f(x_1)+\cdots+f(x_{n-1})+\frac{1}{2}f(b)\right] \equiv T_n \tag{8.17}$$

식 (8.17)을 합성(composite) 사다리꼴 공식 또는 사다리꼴 공식이라고 한다. 작게 나누어진 부분 구간을 각각 적분하여 서로 더하면 결국 전체 적분값을 계산할 수 있다.

8.2.3 점 네 개를 사용한 사다리꼴 공식

[그림 8-7]은 부분 구간 세 개에 있는 자료점 네 개를 이용한 합성 사다리꼴 그림이다. 식 (8.17)에 $n=3$의 값을 직접 대입하면 다음 공식을 쉽게 얻을 수 있다.

$$T_3 \approx h\left[\frac{1}{2}f(x_0)+f(x_1)+f(x_2)+\frac{1}{2}f(x_3)\right] \tag{8.18}$$

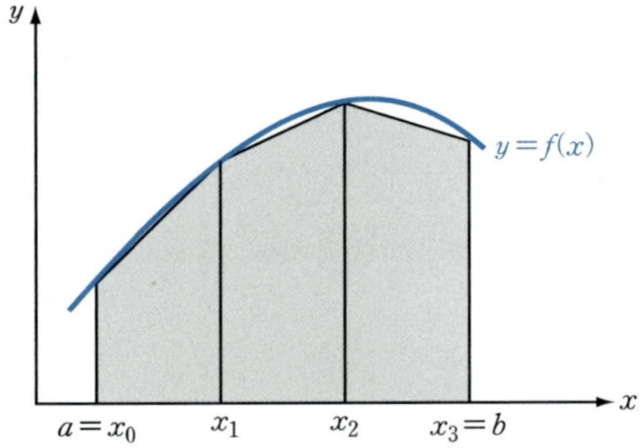

[그림 8-7] 합성 사다리꼴 공식을 이용한 $f(x)$의 적분

구간 $\left[0,\ \frac{\pi}{2}\right]$에서 함수 $f(x)=\sin x$에 대한 적분값을 합성 사다리꼴 공식 (8.18)을 이용하여 근사시킨 값을 구해보자. 간격 크기와 각 자료점들은 다음과 같다.

$$h=\frac{1}{3}\left(\frac{\pi}{2}-0\right)=\frac{\pi}{6}$$

$$x_0=0,\quad x_1=\frac{\pi}{6},\quad x_2=\frac{\pi}{3},\quad x_3=\frac{\pi}{2}$$

사다리꼴 공식을 이용하여 부분 구간 세 개에 대하여 자료점 네 개를 대입하여 계산된 결과는 다음과 같다.

$$\int_0^{\frac{\pi}{2}}\sin x\,dx \approx \frac{\pi}{6}\left[\frac{1}{2}\sin(0)+\sin\left(\frac{\pi}{6}\right)+\sin\left(\frac{\pi}{3}\right)+\frac{1}{2}\sin\left(\frac{\pi}{2}\right)\right]=0.987116$$

실제로 계산된 적분 $\int_0^{\frac{\pi}{2}}\sin x\,dx$의 값 1에 대한 오차는 0.012884이다. 이 오차는 [그림 8-7]에서 함수 $f(x)$의 곡선 아랫부분에서 색을 입힌 사다리꼴의 면적을 제외한 부분이다.

즉 사다리꼴 공식을 이용해서 적분값을 근사시킬 때 부분 구간의 수가 증가할수록 실제 적분의 값에 더욱 근접하는 근사치를 얻는다.

예제 8-1 사다리꼴 공식을 이용한 사인함수 적분

사다리꼴 공식을 이용하여 적분 $\int_0^\pi \sin x\,dx$의 값을 소수점 네 자리까지 구하라. 이때 간격 크기는 $h=\frac{\pi}{5}$이다.

풀이

식 (8.16)을 이용해서 부분 구간의 수를 구하면

$$n=\frac{b-a}{h}=\frac{\pi-0}{\pi/5}=5$$

이고 각 자료점들은 다음과 같다.

$$x_0=0,\quad x_1=\frac{\pi}{5},\quad x_2=\frac{2\pi}{5},\quad x_3=\frac{3\pi}{5},\quad x_4=\frac{4\pi}{5},\quad x_5=\pi$$

식 (8.17)을 이용하여 구한 결과는 다음과 같다.

$$\begin{aligned}T_5&=h\left[\frac{1}{2}f(x_0)+f(x_1)+f(x_2)+f(x_3)+f(x_4)+\frac{1}{2}f(x_5)\right]\\&=\frac{\pi}{5}\left[\frac{1}{2}\sin(0)+\sin\left(\frac{\pi}{5}\right)+\sin\left(\frac{2\pi}{5}\right)+\sin\left(\frac{3\pi}{5}\right)+\sin\left(\frac{4\pi}{5}\right)+\frac{1}{2}\sin(\pi)\right]=1.9338\end{aligned}$$

MATLAB 8-2 MATLAB 함수를 이용한 사다리꼴 적분법 실행

MATLAB에서 사다리꼴 적분법을 실행할 수 있는 **trapz** 함수를 이용하여 [예제 8-1]을 실행하고 간격 크기가 $h=\frac{\pi}{10}$인 경우도 실행하라.

풀이

[그림 8-8]은 MATLAB 실행 결과이다. 간격 크기가 $h=\frac{\pi}{5}$인 자료점 여섯 개와 $h=\frac{\pi}{10}$인 자료점 열한 개를 배열로 표시하기 위해서 **linspace** 함수를 사용했다.

trapz 함수의 기본 형식은 **trapz**(x, fx)로 x는 부분 구간에 있는 자료점들에 대한 배열이고, fx는 피적분 함수 $f(x)=\sin x$를 표시한다. 실제로 계산된 적분 $\int_0^\pi \sin x dx$의 값 2와 비교하면 더 많은 사다리꼴을 사용한, 즉 좁은 간격 $h=\frac{\pi}{10}$가 실제값에 가깝게 접근한다.

```
>> a = 0;
>> b = pi;
>> h1 = pi/5;
>> h2 = pi/10;
>> n1 = (b-a)/h1;
>> n2 = (b-a)/h2;
>> x1 = linspace(a,b,n1+1);
>> x2 = linspace(a,b,n2+1);
>> fx1 = sin(x1);
>> fx2 = sin(x2);
>> T5 = trapz(x1,fx1)
T5 =
    1.9338
>> T10 = trapz(x2,fx2)
T10 =
    1.9835
```

[그림 8-8] 실행 결과

8.2.4 사다리꼴 공식의 오차

구간 $a \le x \le b$에서 두 번 연속으로 미분이 가능한 함수 $f(x)$가 있다면 n개 부분 구간에 대한 사다리꼴 공식 (8.17)의 오차는 다음과 같이 표시된다.

$$E_T \equiv \int_a^b f(x)\,dx - T_n = -\frac{h^2(b-a)}{12} f''(\xi) \tag{8.19}$$

여기서 간격 크기는 $h = \dfrac{b-a}{n}$이고, ξ는 구간 $[a,\ b]$ 안에 있는 임의의 알 수 없는 점을 표시한다.

식 (8.19)에 의하면 오차는 대략적으로 h^2만큼씩 비례하여 줄어들 것이다. 그러므로 부분 구간의 개수 n을 두 배로 늘리면, 즉 간격 크기 h를 반으로 줄이면, 반으로 줄인 이후 생성되는 오차는 h를 반으로 줄이기 이전에 생성되었던 오차보다 $\dfrac{1}{4}$로 줄어든다.

예제 8-2 사다리꼴 공식의 오차

[MATLAB 8-2]의 결과를 이용하여 적분 $\int_0^{\pi} \sin x\, dx$의 값을 구할 때 발생하는 경계 오차를 소수점 네 자리까지 측정하라.

풀이

경계 오차를 이용하여 식 (8.19)를 다시 쓰면 다음과 같다.

$$|E_T| \leq \left| -\frac{h^2(b-a)}{12} \right| \max_{[a,b]} |f^{(2)}(\xi)|$$

함수 $f(x) = \sin x$를 두 번 미분한 $f''(x) = -\sin x$와 간격 크기 $h = \frac{\pi}{5}$와 $h = \frac{\pi}{10}$를 위 식에 각각 대입하면 다음과 같다.

$$|T_5\text{의 오차}| \leq \frac{(b-a)h^2}{12} \max_{[0,\pi]} |\sin(\xi)| = \frac{\pi\left(\frac{\pi}{5}\right)^2}{12} = 0.1034$$

$$|T_{10}\text{의 오차}| \leq \frac{(b-a)h^2}{12} \max_{[0,\pi]} |\sin(\xi)| = \frac{\pi\left(\frac{\pi}{10}\right)^2}{12} = 0.0258$$

구간 $[0, \pi]$에서 $\sin(\xi)$가 최대가 되는 점은 $\sin\left(\frac{\pi}{2}\right) = 1$이다. 간격 크기를 $\frac{\pi}{5}$에서 $\frac{\pi}{10}$로 반으로 줄이면, 생성되는 경계 오차는 0.0258이 되어 줄이기 이전에 생성되었던 경계 오차 0.1034보다 $\frac{1}{4}$ 정도 줄어든다.

[MATLAB 8-2]의 결과를 이용하면 실제 오차는 각각 $|2 - 1.9338| = 0.0662$와 $|2 - 1.9835| = 0.0165$이다. [예제 8-2]에서 구한 각각의 경계 오차는 실제 오차보다 크거나 같다는 조건을 만족하기 때문에 유효하다. 다른 말로 표현하면 실제 오차의 절댓값은 경계 오차의 식으로 찾은 값보다 작거나 같은 범위 내에 존재한다.

SECTION 8.3 심슨 공식을 이용한 적분법

사다리꼴 공식을 이용한 적분법이 1차 다항식에 대한 피적분 함수를 근사시키는 방법이라면 심슨(Simpson) 공식을 이용한 적분법은 사다리꼴 공식을 확장시켜서 2차 다항식에 대한 피적분 함수를 근사시키는 방법이다.

8.2절에서 간격 크기를 줄이고 부분 구간의 수를 증가시켜 1차 다항식으로 그리는 직선이 점점 함수 $f(x)$의 곡선 형태와 겹쳐지도록 근사되었지만 여전히 매끄럽지 못하다. 자료점 세 개를 이용하는 2차 보간법을 사용하면 2차 보간 다항식을 얻을 수 있고, 2차 다항식은 포물선 형태이므로 함수 $f(x)$에 좀 더 매끄럽게 겹쳐질 수 있다.

[그림 8-9]와 같이 자료점 세 개 a, $c=\dfrac{a+b}{2}$, b를 이용하여 함수 $f(x)$를 근사시킨다. 구간 $[a, b]$의 시작점 a, 중앙점 c, 끝점 b를 보간시키는 2차 보간법을 이용하면 다음과 같은 2차 다항식을 얻는다.

$$P_2(x)=\frac{(x-c)(x-b)}{2h^2}f(a)+\frac{(x-a)(x-b)}{-h^2}f(c)+\frac{(x-a)(x-c)}{2h^2}f(b) \tag{8.20}$$

여기서 간격의 크기는 다음과 같다.

$$h=\frac{b-a}{2}=b-c=c-a \tag{8.21}$$

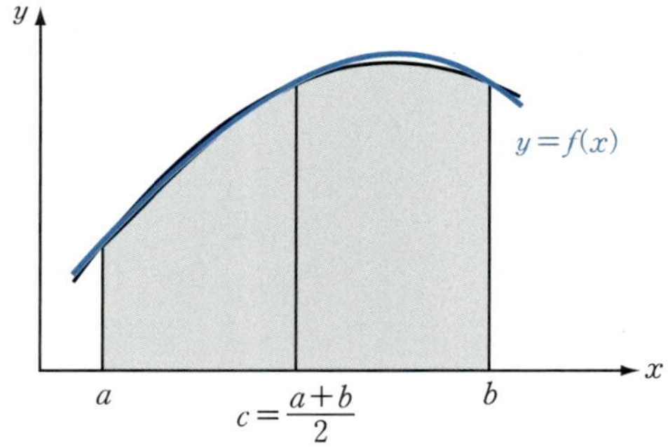

[그림 8-9] 심슨 공식을 이용한 $f(x)$의 적분

식 (8.5)에 $f(x)$를 근사시키는 함수 $\tilde{f}(x)$ 대신 $P_2(x)$를 대입하면 식 (8.22)와 같다.

$$\int_a^b f(x)\,dx \approx \int_a^b P_2(x)\,dx \tag{8.22}$$

따라서 다음과 같은 적분식을 계산할 수 있다.

$$\begin{aligned}\int_a^b P_2(x)\,dx &= \frac{f(a)}{2h^2}\int_a^b [x^2-(b+c)x+bc]\,dx - \frac{f(c)}{h^2}\int_a^b [x^2-(a+b)x+ab]\,dx \\ &\quad + \frac{f(b)}{2h^2}\int_a^b [x^2-(a+c)x+ac]\,dx \\ &= f(a)\left[\frac{4h}{3}-(b+c)+\frac{bc}{h}\right] + f(c)\left[-\frac{8h}{3}+2(a+b)-\frac{2ab}{h}\right] \\ &\quad + f(a)\left[\frac{4h}{3}-(a+c)+\frac{ac}{h}\right]\end{aligned}$$

위 식에 $b=a+2h$와 $c=a+h$를 대입하면 다음과 같다.

$$\int_a^b P_2(x)\,dx = f(a)\left[\frac{h}{3}+a+\frac{a^2}{h}\right]+f(c)\left[\frac{4h}{3}-\frac{2a^2}{h}\right]+f(b)\left[\frac{h}{3}-a+\frac{a^2}{h}\right]$$

간단하게 풀기 위해서 시작점 $a=0$이라 가정하고 적분값을 구하면 식 (8.22)는 다음과 같이 다시 쓸 수 있다.

$$\int_a^b f(x)\,dx \approx \frac{h}{3}[f(a)+4f(c)+f(b)] \tag{8.23}$$

식 (8.23)은 [그림 8-9]에서 색칠한 면적의 값이며 다음과 같이 표시한다.

$$\int_a^b f(x)\,dx \approx S_2(f) \tag{8.24}$$

식 (8.23)을 **심슨** 공식이라고 한다. 그리고 식 (8.24)에서 S는 심슨 영문명의 첫 글자, 2는 구간 두 개를 나타낸다.

예를 들어, 구간 $\left[0,\ \frac{\pi}{2}\right]$에서 함수 $f(x)=\sin x$에 대한 적분값을 심슨 공식 (8.23)을 이용하여 근사시킨 값을 구하면 다음과 같다.

$$\int_0^{\frac{\pi}{2}} \sin x\,dx \approx \frac{1}{3}\left(\frac{\pi/2}{2}\right)\left[\sin(0)+4\sin\left(\frac{\pi}{4}\right)+\sin\left(\frac{\pi}{2}\right)\right]=1.002280$$

$\int_0^{\frac{\pi}{2}} \sin x\, dx$를 직접 계산한 값은 1이므로 오차는 -0.00228이다. 실제 적분한 값보다 큰 값으로 계산된 이유는 [그림 8-9]처럼 부분 구간 $[a, c]$에서는 $P_2(x)$의 곡선 아래에 $f(x)$의 곡선이 놓여 있고, 부분 구간 $[c, b]$에서는 $f(x)$의 곡선 아래에 $P_2(x)$의 곡선이 있기 때문이다.

더 정확한 근사치를 얻기 위해서는 사다리꼴 방식처럼 심슨 공식도 주어진 구간을 작게 세분하면 된다. 사다리꼴 방식은 선형 보간법을 이용하므로 나누어진 부분 구간마다 포함된 자료점 두 개를 적분의 하한값과 상한값으로 사용하고, 심슨 공식은 2차 보간법을 이용하므로 나누어진 부분 구간마다 포함된 자료점 세 개 중에 처음과 끝의 자료점을 적분의 하한값과 상한값으로 사용한다. 그러므로 적분 구간 $[a, b]$를 더 작은 부분 구간들 $[a = x_0, x_2]$, $[x_2, x_4]$, $\cdots$, $[x_{n-2}, x_n = b]$로 나눈 뒤 각 부분 구간에 심슨 공식을 적용해서 모든 부분 구간의 면적의 합을 구할 수 있다. 이렇게 더해진 각각의 면적에 심슨 공식을 확장 이용하면 다음과 같이 쓸 수 있다.

$$I = \int_{x_0}^{x_n} f(x)\, dx = \int_{x_0}^{x_2} f(x)\, dx + \int_{x_2}^{x_4} f(x)\, dx + \cdots + \int_{x_{n-2}}^{x_n} f(x)\, dx \tag{8.25}$$

식 (8.23)을 이용하여 식 (8.25)를 풀면 다음과 같다.

$$\begin{aligned} I \approx\ & \frac{h}{3}[f(x_0) + 4f(x_1) + f(x_2)] + \frac{h}{3}[f(x_2) + 4f(x_3) + f(x_4)] + \cdots \\ & + \frac{h}{3}[f(x_{n-4}) + 4f(x_{n-3}) + f(x_{n-2})] + \frac{h}{3}[f(x_{n-2}) + 4f(x_{n-1}) + f(x_n)] \end{aligned} \tag{8.26}$$

여기서 간격 크기 h와 자료점 x는 $j = 0, 1, 2, \cdots, n$에 대해서 다음과 같이 쓸 수 있다.

$$h = \frac{b-a}{n}, \quad x_j = a + jh \tag{8.27}$$

식 (8.26)을 간단하게 다시 쓰면 다음과 같다.

$$\begin{aligned} I \approx S_n = \ & \frac{h}{3}[f(x_0) + 4f(x_1) + 2f(x_2) + 4f(x_3) + 2f(x_4) + \cdots \\ & + 2f(x_{n-2}) + 4f(x_{n-1}) + f(x_n)] \end{aligned} \tag{8.28}$$

이를 합성 심슨 공식, 또는 심슨 공식이라고 한다. 전체 적분은 자료점 세 개를 포함하는 각 부분 구간을 적분하고 이들을 서로 더함으로써 계산할 수 있다.

예제 8-3 심슨 공식을 이용한 사인함수 적분

심슨 공식을 이용하여 적분 $\int_0^{\pi} \sin x \, dx$의 값을 소수점 네 자리까지 구하라. 이때 간격 크기는 $h = \frac{\pi}{4}$이다.

풀이

식 (8.27)을 이용해서 부분 구간의 수를 구하면 다음과 같다.

$$n = \frac{b-a}{h} = \frac{\pi - 0}{\pi/4} = 4$$

즉 자료점 다섯 개를 중복해서 세 개씩 묶으면 (x_0, x_1, x_2), (x_1, x_2, x_3), (x_2, x_3, x_4), (x_3, x_4, x_5)로 부분 구간이 네 개가 된다.

각 자료점들은 다음과 같다.

$$x_0 = 0, \quad x_1 = \frac{\pi}{4}, \quad x_2 = \frac{\pi}{2}, \quad x_3 = \frac{3\pi}{4}, \quad x_4 = \pi$$

식 (8.28)을 이용하여 구한 결과는 다음과 같다.

$$\begin{aligned} S_4 &= \frac{h}{3}[f(x_0) + 4f(x_1) + 2f(x_2) + 4f(x_3) + f(x_4)] \\ &= \frac{1}{3}\left(\frac{\pi}{4}\right)\left[\sin(0) + 4\sin\left(\frac{\pi}{4}\right) + 2\sin\left(\frac{\pi}{2}\right) + 4\sin\left(\frac{3\pi}{4}\right) + \sin(\pi)\right] = 2.0046 \end{aligned}$$

MATLAB 8-3 MATLAB 함수를 이용한 심슨 공식 실행

MATLAB에서 심슨 적분법을 실행할 수 있는 **simpson** 함수를 이용하여 [예제 8-3]을 실행하고 간격 크기가 $h = \frac{\pi}{8}$인 경우도 실행하라.

풀이

[그림 8-10]은 MATLAB 실행 결과이다. **simpson** 함수는 MATLAB에서 디폴트로 제공하는 함수가 아니므로 사용자정의함수인 **simpson**을 현재 사용 중인 MATLAB 디렉터리에 저장한 후에 실행한다.

```
Command Window
>> f = @(x)sin(x);
>> S4 = simpson(f,0,pi,4)
S4 =
    2.0046
>> S8 = simpson(f,0,pi,8)
S8 =
    2.0003
```

[그림 8-10] 실행 결과

simpson 함수의 기본 형식은 **simpson**(f, a, b, n)으로 표시된다. 여기서 f는 피적분 함수, a는 전체 구간의 시작점, b는 전체 구간의 끝점, n은 부분 구간의 수를 각각 나타낸다. 피적분함수 $f(x)=\sin x$를 표시하는 새로운 방법은 [그림 8-10]과 같다. 함수의 변수 x를 벡터 형태로 미리 지정할 필요가 없어서 편리하다.

실제로 계산된 적분 $\int_0^{\pi} \sin x \, dx$의 값 2와 비교하면 더 많은 부분 구간을 사용한, 즉 좁은 간격 $h=\frac{\pi}{8}$이 실제값에 가깝게 접근한다.

심슨 공식의 오차

구간 $a \le x \le b$에서 연속적으로 네 번 미분이 가능한 함수 $f(x)$가 있다고 가정하자. 부분 구간의 수 n이 짝수 개가 되면, 심슨 공식 (8.28)의 오차는 다음과 같이 표시된다.

$$E_S \equiv \int_a^b f(x)\,dx - S_n = -\frac{h^4(b-a)}{180} f^{(4)}(\xi) \tag{8.29}$$

여기서 간격 크기는 $h=\frac{b-a}{n}$이고 ξ는 구간 $[a, b]$ 안에 있는 임의의 알 수 없는 점을 표시한다. 식 (8.29)의 오차는 다음과 같은 점근(asymptotic) 오차 공식으로 추정하여 나타낼 수 있다.

$$\widetilde{E}_S = -\frac{h^4}{180}\left[f^{(3)}(b) - f^{(3)}(a)\right] \tag{8.30}$$

식 (8.29)와 식 (8.30)에 의하면 짝수값으로 지정되는 n의 수를 두 배 늘리면, 즉 간격 크기 h를 반으로 줄이면, 반으로 줄인 이후 생성되는 오차의 값은 h를 반으로 줄이기 이전에 생성되었던 오차의 $\frac{1}{16}$로 줄어든다. 이런 이유로 심슨 공식은 사다리꼴 공식과 비슷하지만 더 정확하다.

예제 8-4 심슨 공식의 오차

[MATLAB 8-3]의 결과를 이용하여 적분 $\int_0^{\pi} \sin x \, dx$의 값을 구할 때 발생하는 경계 오차를 소수점 네 자리까지 측정하라.

풀이

경계 오차를 이용하여 식 (8.29)를 다시 쓰면 다음과 같다.

$$|E_S| \le \left| -\frac{h^4(b-a)}{180} \right| \max_{[a,\,b]} |f^{(4)}(\xi)|$$

함수 $f(x) = \sin x$를 네 번 미분한 $f^{(4)}(x) = \sin x$와 간격 크기 $h = \frac{\pi}{4}$와 $h = \frac{\pi}{8}$를 위 식에 각각 대입하면 다음과 같다.

$$|S_4\text{의 오차}| \le \frac{(b-a)h^4}{180} \max_{[0,\,\pi]} |\sin(\xi)| = \frac{\pi\left(\frac{\pi}{4}\right)^4}{180} = 0.0066$$

$$|S_8\text{의 오차}| \le \frac{(b-a)h^4}{180} \max_{[0,\,\pi]} |\sin(\xi)| = \frac{\pi\left(\frac{\pi}{8}\right)^4}{180} = 0.0004$$

구간 $[0, \pi]$에서 $\sin(\xi)$가 최대가 되는 점은 $\sin\left(\frac{\pi}{2}\right) = 1$이다. 간격 크기를 $\frac{\pi}{4}$에서 $\frac{\pi}{8}$로 반으로 줄이면, 생성되는 경계 오차는 0.0004가 되어 줄이기 이전에 생성되었던 경계 오차 0.0066보다 $\frac{1}{16}$ 정도 줄어든다.

[MATLAB 8-3]의 결과를 이용하면 실제 오차는 각각 $|2 - 2.0046| = 0.0046$과 $|2 - 2.0003| = 0.0003$이다. [예제 8-4]에서 구한 각각의 경계 오차는 실제 오차보다 크거나 같다는 조건을 만족하기 때문에 유효하다.

SECTION
8.4 가우스 구적법

가우스 구적법(Gaussian quadrature)은 적분의 영역 내 지정된 점에서 함수의 값을 가중치 합으로 표시하여 적분시키는 방법이다.

다음과 같은 관계를 나타내는 수치 적분 공식

$$\int_a^b f(x)\,dx \approx \sum_{j=1}^{n} w_j f(x_j) \tag{8.31}$$

에서 미지수인 가중치 w_j와 자료점 x_j를 정확하게 찾기 위해서는 가능한 한 큰 차수의 다항식을 이용해야 한다. 가우스 구적법을 이용하는 이유는 만일 적분하려는 함수가 다항식에 의해 근사된다면 식 (8.31)은 높은 차수 다항식을 이용하여 더욱 정확하게 적분값을 계산할 수 있기 때문이다.

그러나 자료점의 간격이 균일한 경우에는 가우스 구적법이 항상 좋은 결과를 제공하지는 않는다. 반면에 자료점의 간격이 균일해야 한다는 제한이 없는 경우에는 상당히 좋은 결과를 얻을 수 있다.

가우스 구적법 공식은 자료점의 수에 따라서 형태가 달라진다. 즉 식 (8.31)의 n 값에 의해서 다른 공식이 유도된다.

8.4.1 한 점 가우스 구적법, $n=1$

구간 $[a, b]$ 에서 적분은 다음과 같이 근사시킬 수 있다.

$$\int_a^b f(x)\,dx \approx w_1 f(x_1) \tag{8.32}$$

두 개의 미지수 w_1과 x_1을 찾기 위해서 1차 다항식

$$f(x) = \alpha_0 + \alpha_1 x \tag{8.33}$$

를 적분하면 식 (8.34)를 얻을 수 있다.

$$\int_a^b f(x)\,dx = \int_a^b (\alpha_0 + \alpha_1 x)\,dx$$
$$= \left[\alpha_0 x + \frac{1}{2}\alpha_1 x^2\right]_a^b$$
$$= \alpha_0 (b-a) + \alpha_1\left(\frac{b^2-a^2}{2}\right) \quad (8.34)$$

또한 식 (8.33)을 식 (8.32)에 대입하면 다음과 같이 쓸 수 있다.

$$\int_a^b f(x)\,dx \approx w_1(\alpha_0 + \alpha_1 x)$$
$$= \alpha_0 w_1 + \alpha_1 w_1 x \quad (8.35)$$

식 (8.35)에서 α_0, α_1은 임의의 값, 즉 변수처럼 작용하기 때문에 이것을 식 (8.34)와 비교하면

$$w_1 = b-a, \quad x_1 = \frac{b+a}{2} \quad (8.36)$$

가 되고, 식 (8.36)을 식 (8.32)에 대입하면 다음과 같은 한 점 가우스 구적법의 공식을 얻는다.

$$\int_a^b f(x)\,dx \approx (b-a) f\left(\frac{b+a}{2}\right) \quad (8.37)$$

8.4.2 두 점 가우스 구적법, $n=2$

이 방법은 사다리꼴 공식 근삿값의 연장이다. 구간 a와 b는 함수의 인자로써 미리 결정되는 것이 아니라 미지의 변수 x_1과 x_2에 의해서 결정된다. 적분은 다음과 같이 근사시킬 수 있다.

$$\int_a^b f(x)\,dx \approx w_1 f(x_1) + w_2 f(x_2) \quad (8.38)$$

네 개의 미지수 x_1, x_2, w_1, w_2는 3차 다항식

$$f(x) = \alpha_0 + \alpha_1 x + \alpha_2 x^2 + \alpha_3 x^3 \quad (8.39)$$

의 적분에 대한 정확한 결과로 주어진다고 가정한다.

그래서

$$\int_a^b f(x)\,dx = \int_a^b \left(\alpha_0 + \alpha_1 x + \alpha_2 x^2 + \alpha_3 x^3\right)dx$$

$$= \left[\alpha_0 x + \frac{1}{2}\alpha_1 x^2 + \frac{1}{3}\alpha_2 x^3 + \frac{1}{4}\alpha_3 x^4\right]_a^b$$

$$= \alpha_0(b-a) + \alpha_1\left(\frac{b^2-a^2}{2}\right) + \alpha_2\left(\frac{b^3-a^3}{3}\right) + \alpha_3\left(\frac{b^4-a^4}{4}\right) \quad (8.40)$$

이고, 식 (8.38)은 다음과 같이 쓰여진다.

$$\int_a^b f(x)dx \approx w_1\left(\alpha_0 + \alpha_1 x_1 + \alpha_2 x_1^2 + \alpha_3 x_1^3\right) + w_2\left(\alpha_0 + \alpha_1 x_2 + \alpha_2 x_2^2 + \alpha_3 x_2^3\right)$$

$$= \alpha_0(w_1 + w_2) + \alpha_1(w_1 x_1 + w_2 x_2) + \alpha_2(w_1 x_1^2 + w_2 x_2^2) + \alpha_3(w_1 x_1^3 + w_2 x_2^3) \quad (8.41)$$

식 (8.41)에서 α_0, α_1, α_2, α_3은 임의의 값, 즉 변수처럼 작용하기 때문에, 식 (8.40)과 비교하면

$$w_1 = \frac{b-a}{2}, \quad w_2 = \frac{b-a}{2}$$

$$x_1 = \left(\frac{b-a}{2}\right)\left(-\frac{1}{\sqrt{3}}\right) + \frac{b+a}{2}, \quad x_2 = \left(\frac{b-a}{2}\right)\left(\frac{1}{\sqrt{3}}\right) + \frac{b+a}{2} \quad (8.42)$$

가 되고, 식 (8.42)를 식 (8.38)에 대입하면 다음과 같은 두 점 가우스 구적법의 공식을 얻는다.

$$\int_a^b f(x)\,dx \approx \frac{b-a}{2} f\left(\frac{b-a}{2}\left(-\frac{1}{\sqrt{3}}\right) + \frac{b+a}{2}\right) + \frac{b-a}{2} f\left(\frac{b-a}{2}\left(\frac{1}{\sqrt{3}}\right) + \frac{b+a}{2}\right) \quad (8.43)$$

한 점과 두 점 가우스 구적법의 과정을 확장 해석하면 미지의 변수 $x_1, x_2, \cdots, x_n$의 n 점 가우스 구적법에 대한 적분을 해석할 수 있다. 식 (8.31)이 일반화된 n점 가우스 구적법을 나타내고 있다. 각각 n개의 미지수 $x_1, x_2, \cdots, x_n$과 $w_1, w_2, \cdots, w_n$을 풀기 위해서는 $2n-1$차 다항식이 필요하다.

예제 8-5 가우스 구적법을 이용한 적분

가우스 구적법을 이용하여 적분 $\int_{-2}^{2} \frac{dx}{4-x}$ 의 값을 구하라.

풀이

식 (8.43)을 이용하면 다음을 얻는다.

$$\int_a^b f(x)\,dx \approx 2\left(f\left(-\frac{2}{\sqrt{3}}\right) + f\left(\frac{2}{\sqrt{3}}\right)\right)$$

여기서 함수는 $f(x) = \frac{1}{4-x}$ 이다. 따라서 다음 결과를 얻는다.

$$2f\left(-\frac{2}{\sqrt{3}}\right) + 2f\left(\frac{2}{\sqrt{3}}\right) = \frac{2}{4+2/\sqrt{3}} + \frac{2}{4-2/\sqrt{3}} = 1.090909090909091$$

MATLAB 8-4 MATLAB 함수를 이용한 가우스 구적법

MATLAB에서 제공하는 가우스 구적법 함수 **quad**와 **quadl**을 이용하여 적분 $\int_{-2}^{2} \frac{dx}{4-x}$ 의 값을 구하라.

풀이

[그림 8-11]은 실행 결과이다. 함수 **quad**와 로바토(Lobatto) 적분 함수 **quadl**의 기본 형식은 각각 다음과 같다.

quad('f(x)', a, b)
quadl('f(x)', a, b)

여기서 f(x)는 피적분 함수, a는 적분의 하한값, b는 적분의 상한값을 나타낸다.

```
Command Window
>> format long;
>> Q = quad('1./(4-x)',-2,2)
Q =
   1.098612349194689
>> QL = quadl('1./(4-x)',-2,2)
QL =
   1.098613199665831
```

[그림 8-11] 실행 결과

[그림 8-12]와 같이 MATLAB의 함수 **int**를 사용하여 구한 실제 적분 계산값은 1.098612288668110이다.

```
Command Window
>> syms x;
>> I = int(1./(4-x),-2,2)
I =
log(3)
>> log(3)
ans =
   1.098612288668110
```

[그림 8-12] 실제 적분 계산 실행 결과

절대 오차는 **quad** 함수를 사용한 경우 6.0527×10^{-8}이고, **quadl** 함수를 사용한 경우 9.1100×10^{-7}이다. 일반적으로 **quadl**을 사용한 경우가 **quad**를 사용한 경우보다 실제값에 가깝게 측정된다. 하지만 [MATLAB 8-4]의 경우는 반대의 결과를 나타낸다.

예제 8-6 가중치를 이용한 가우스 적분

(a) 다음과 같이 주어지는 가우스 구적법 공식에 대한 가중치 w_1, w_2와 자료점 x_2를 결정하라.

$$\int_0^1 f(x)\,dx \approx w_1 f(0) + w_2 f(x_2)$$

(b) 주어진 공식에서 x에 대한 차수의 정밀도는 무엇인가?

풀이

(a) 문제에서 제시하고 있는 공식은 다음 단항식 세 개에 대해서 정확하게 성립한다(미지수 세 개를 풀기 위해서는 단항식이 세 개 필요하다).

$$f(x)=1, \quad f(x)=x, \quad f(x)=x^2$$

단항식 세 개를 차례대로 주어진 공식에 대입해보자.

(i) $f(x)=1$

$f(0)=1$, $f(x_2)=1$이고, 이를 공식에 대입하면 다음 결과를 얻는다.

$$w_1\cdot 1 + w_2\cdot 1 = \int_0^1 1\,dx = 1$$

$$w_1 + w_2 = 1$$

(ii) $f(x)=x$

$f(0)=0$, $f(x_2)=x_2$이고, 이를 공식에 대입하면 다음 결과를 얻는다.

$$w_1 \cdot 0 + w_2 \cdot x_2 = \int_0^1 x\,dx = \frac{1}{2}$$

$$w_2 x_2 = \frac{1}{2}$$

(iii) $f(x)=x^2$

$f(0)=0$, $f(x_2)=x_2^2$이고, 이를 공식에 대입하면 다음 결과를 얻는다.

$$w_1 \cdot 0 + w_2 \cdot x_2^2 = \int_0^1 x^2\,dx = \frac{1}{3}$$

$$w_2 x_2^2 = \frac{1}{3}$$

(i), (ii), (ii)에서 구한 선형방정식 세 개를 풀면 w_1, w_2, x_2를 얻을 수 있다

$$w_1 = \frac{1}{4}, \quad w_2 = \frac{3}{4}, \quad x_2 = \frac{2}{3}$$

(b) x^2에 대한 정확한 적분의 계산은 필요하지만 그 이상의 차수인 x^3에 대한 정확한 적분의 계산은 불필요하므로 x에 대한 차수의 정밀도는 2이다.

식 (1)은 한정된 구간 $[a, b]$에서 가중함수 $w(x)$를 갖는 가우스 구적법 공식이라고 한다.

$$\int_a^b w(x)f(x)dx \approx \sum_{j=1}^{n} w_j f(x_j) \tag{1}$$

식 (1)에서 주어진 $f(x)$는 연속으로 미분할 수 있는 함수여야 한다. 식 (8.31)과는 다르게 식 (1)에서는 가중함수 $w(x)$가 피적분함수 $f(x)$에 곱해져 있다. 가중함수는 하나의 함수로 표시하며 반드시 적분이 가능해야 한다.

SECTION 8.5 롬버그 적분

롬버그(Romberg) 적분은 적분의 계산을 위한 사다리꼴 공식에 리차드슨(Richardson) 외삽 공식을 이용하는 방법이다. 이 방법은 실제 오차를 감소시켜 실제값에 가까운 근삿값이 나온다.

사다리꼴 공식에서 여러 개로 나누어진 부분 구간에 의해서 발생되는 오차는 부분 구간의 수를 두 배로 늘려 상대적으로 $\frac{1}{4}$의 비율로 감소된 오차를 얻었다(식 (8.19) 참고). 이렇게 얻은 오차보다도 더 좋은 적분의 근삿값을 얻기 위해서 리차드슨 외삽을 기초로 이용한다.

사다리꼴 공식에 대한 리차드슨 외삽을 간략하게 살펴보자. 부분 구간이 n개인 사다리꼴 공식에서 실제 오차가 E_T라고 하면 E_T는 다음과 같이 추정할 수 있다. 여기서 c는 적절한 비례의 근사상수이다.

$$E_T = I - T_n \approx \frac{c}{n^2} \tag{8.44}$$

식 (8.44)에서 부분 구간의 수가 두 배로 증가하면

$$I - T_{2n} \approx \frac{c}{(2n)^2} \tag{8.45}$$

가 되고, 식 (8.44)와 식 (8.45)를 정리하면 다음과 같다.

$$I - T_n \approx 4\left[I - T_{2n}\right] \tag{8.46}$$

식 (8.46)을 실제 적분 I로 나타내면 다음과 같은 리차드슨 외삽 공식을 얻는다.

$$I \approx T_{2n} + \frac{T_{2n} - T_n}{3} \tag{8.47}$$

롬버그 적분은 리차드슨 외삽 공식과 같지만 외삽에 대해서 반복적인 알고리즘을 사용한다. 식 (8.47)은 다음과 같은 형태로 쓰여질 수 있으며, 식 (8.47) 대신 사용할 수도 있다.

$$\left(T_{2n}\right)_R = T_{2n} + \frac{T_{2n} - T_n}{4^{2-1} - 1} \tag{8.48}$$

여기서 실제 적분값을 나타내는 식 (8.47)의 I는 리차드슨 외삽 공식을 이용해서 얻은 $(T_{2n})_R$의 값으로 대체되었고, 식 (8.47)의 근삿값($\approx$)은 식 (8.48)에서는 등호(=)로 바뀌었다. 그러므로 실제값의 추정값은 다음과 같이 쓸 수 있다. 여기서 ch^4은 실제 오차의 근삿값을 표시한다.

$$I \approx (T_{2n})_R + ch^4 \tag{8.49}$$

반복해서 부분 구간의 수를 두 배로 다시 증가시키면, 즉 간격의 크기를 반으로 줄이면 식 (8.48)은 다음과 같이 수정될 수 있다.

$$(T_{4n})_R = T_{4n} + \frac{T_{4n} - T_{2n}}{3} \tag{8.50}$$

식 (8.47)과 (8.48)로부터 실제 적분값 I는 다음과 같이 쓸 수 있다.

$$I \approx (T_{4n})_R + \frac{(T_{4n})_R - (T_{2n})_R}{4^{3-1} - 1} \tag{8.51}$$

일반화시킨 롬버그 적분 공식은 다음과 같다.

$$\begin{aligned} R_{j,k} &= R_{j+1,k-1} + \frac{R_{j+1,k-1} - R_{j,k-1}}{4^{k-1} - 1} \\ &= \frac{4^{k-1} \cdot R_{j+1,k-1} - R_{j,k-1}}{4^{k-1} - 1} \quad (k \geq 2) \end{aligned} \tag{8.52}$$

색인 k는 외삽의 차수를 표시한다. 예를 들어 $k=1$은 사다리꼴 공식으로 얻어지는 값이고, $k=2$는 실제 추정하는 차수 h^2 이상의 항들을 더해 얻어지는 값이다. 색인 j는 더 정확한 근삿값을 결정하는 데 사용된다. 즉 같은 k에 대해 j 값이 클수록 적분의 근삿값은 실제값에 정확하게 추정된다.

롬버그 적분을 이용하여 적분값을 향상시키는 전개 과정을 나타내는 도식은 다음과 같다. 낮은 단계의 적분들이 결합하여 더 정확한 추정값을 찾아가는 과정을 나타내고 있다.

$$\begin{array}{ccccccc}
R_{1,1} & & & & & & \\
R_{2,1} & R_{1,2} & & & & & \\
R_{3,1} & R_{2,2} & R_{1,3} & & & & \\
R_{4,1} & R_{3,2} & R_{2,3} & R_{1,4} & & & \\
\vdots & \vdots & \vdots & \vdots & \ddots & & \\
R_{n,1} & R_{n-1,2} & R_{n-2,3} & R_{n-3,4} & \cdots & R_{1,n} \\
\vdots & \vdots & \vdots & \vdots & & \vdots \\
❶ & ❷ & ❸ & ❹ & & ⓝ
\end{array}$$

도식에서 ❶열의 값은 $j = 1, 2, 3, \cdots, n$에 대한 부분 구간 2^{j-1}을 갖는 사다리꼴 공식 (8.17)을 이용하여 찾을 수 있다. 예를 들어 구간 $[a, b]$에서 풀이 과정은 다음과 같다.

$$\begin{aligned} R_{1,1} &= T_1 = \frac{h}{2}[f(a)+f(b)] \\ R_{2,1} &= T_2 = \frac{h}{4}[f(a)+2f(x_1)+f(b)] \\ R_{3,1} &= T_4 = \frac{h}{8}[f(a)+2f(x_1)+2f(x_2)+2f(x_3)+f(b)] \\ \vdots \quad & \quad \vdots \end{aligned} \tag{8.53}$$

도식에서 ❷열의 값은 ❶열에서 구한 값들을 결합하여 식 (8.52)를 이용하면 구할 수 있다. 다시 말해, ❷열의 값들은 1차수 외삽의 결과를 표시한다. 이와 같은 반복 과정을 계속 진행하여 더욱 정확하게 근삿값을 추정할 수 있다.

MATLAB 8-5 MATLAB 함수를 이용한 롬버그 적분

MATLAB을 이용하여 적분 $\int_{-2}^{2} \frac{dx}{4-x}$의 롬버그 적분을 실행하라. 이때 외삽법은 세 번 사용하라.

풀이

[그림 8-13]에서 실행 결과를 보여주고 있다. MATLAB 롬버그 적분 함수 **romberg**의 기본 형식은 다음과 같다. 함수 **romberg**는 MATLAB에서 디폴트로 제공하는 함수가 아니므로 사용자정의함수인 **romberg**를 현재 사용 중인 MATLAB 디렉터리에 저장한 후에 실행하면 된다.

```
romberg(f, a, b, n)
```

여기서 f는 피적분함수를 나타내는데, 이번 실습에서는 필요할 때마다 즉시 처리하는 MATLAB 함수 **inline**을 사용하여 $\frac{1}{4-x}$을 지정하고 있다. a는 적분의 하한값, b는 적분의 상한값, n은 외삽법 사용 횟수를 표시한다.

[그림 8-13]에서 T-table은 롬버그 적분을 실행한 결과를 나타낸다. 구한 결과 중 $R_{1,4}$가 가장 실제 적분에 근사시킨 값 $R = 1.098630548365998$을 표시한다. E-table은 다음과 같은 각각의 오차 계산의 결과를 표시한다.

$$\begin{array}{lll} R_{1,2} - R_{2,1} & & \\ R_{2,2} - R_{3,1} & R_{1,3} - R_{2,2} & \\ R_{3,2} - R_{4,1} & R_{2,3} - R_{3,2} & R_{1,4} - R_{2,3} \end{array}$$

Command Window

```
>> format long;
>> R = romberg(inline('1./(4-x)'),-2,2,3)

T-table
-------
  1.333333333333333
  1.166666666666667  1.111111111111111
  1.116666666666667  1.100000000000000  1.099259259259259
  1.103210678210678  1.098725348725349  1.098640371973705  1.098630548365998

E-table
-------
 -0.055555555555556
 -0.016666666666667 -0.000740740740741
 -0.004485329485329 -0.000084976751643 -0.000009823607707
R =
   1.098630548365998
```

[그림 8-13] 실행 결과

CHAPTER

08 핵심요약

01 뉴턴 코츠 공식

일반적 수치해석을 위한 적분 공식으로 같은 간격을 갖는 점들에서 주어진 피적분함수에 대하여 유용하게 적분을 계산할 수 있다.

- **사다리꼴 공식(합성 사다리꼴 공식)을 이용한 적분법**
  뉴턴 코츠 공식에서 폐구간 내에 포함하고 있는 점 두 개를 사용하는 형태와 같다. 수평 바닥면과 두 개의 끝점 a와 b를 연결하는 경사진 윗면의 형태를 갖고 있는 곡선 아래의 사다리꼴 면적을 근사시키는 방법이다.

02 부분 구간 n개에서의 사다리꼴 공식

전체 적분은 각 부분 구간을 적분하고 이들을 서로 더함으로써 계산할 수 있다.

$$T_n = h\left[\frac{1}{2}f(a) + f(x_1) + \cdots + f(x_{n-1}) + \frac{1}{2}f(b)\right]$$

- **구간 $[a, b]$에서 간격 크기 h와 $j = 0, 1, 2, \cdots, n$에 대한 자료점**

$$h = \frac{b-a}{n}, \quad x_j = a + jh$$

03 사다리꼴 공식의 오차

구간 $a \le x \le b$에서 두 번 연속으로 미분이 가능한 함수 $f(x)$가 있다면 부분 구간 n개에 대한 사다리꼴 공식의 오차는 다음과 같다.

$$E_T \equiv \int_a^b f(x)\,dx - T_n = -\frac{h^2(b-a)}{12}f''(\xi)$$

04 심슨 공식

전체 적분은 자료점 세 개를 포함하는 각 부분 구간을 적분하고 이를 서로 더하여 구할 수 있다.

$$S_n = \frac{h}{3}\left[f(x_0) + 4f(x_1) + 2f(x_2) + 4f(x_3) + 2f(x_4) + \cdots + 2f(x_{n-2}) + 4f(x_{n-1}) + f(x_n)\right]$$

- **심슨 공식을 이용한 적분법**
  자료점 세 개를 이용하는 2차 보간법으로 구한 2차 다항식의 포물선 형태를 이용하여 함수 $f(x)$를 좀 더 매끄럽게 겹쳐 적분값을 근사시키는 방법이다.

05 심슨 공식의 오차

구간 $a \le x \le b$에서 네 번 연속적으로 미분이 가능한 함수 $f(x)$가 있다면 짝수인 부분 구간 n 개에 대한 심슨 공식의 오차는 다음과 같다.

$$E_S \equiv \int_a^b f(x)\,dx - S_n = -\frac{h^4(b-a)}{180} f^{(4)}(\xi)$$

06 가우스 구적법

적분 영역 내에 지정된 점에서 함수의 값을 가중치 합으로 표시하여 적분시키는 방법이다.

$$\int_a^b f(x)\,dx \approx \sum_{j=1}^{n} w_j f(x_j)$$

07 롬버그 적분

적분의 계산을 위한 사다리꼴 공식에 리차드슨 외삽 공식을 이용하는 방법이다.

$$R_{j,k} = \frac{4^{k-1} \cdot R_{j+1,k-1} - R_{j,k-1}}{4^{k-1}-1}$$

CHAPTER

08 기본문제

8.1 다음 중 적분에 대한 설명으로 옳지 않은 것은 무엇인가?

① 주어진 함수 $f(x)$ 곡선 아래의 면적 A는 적분을 이용하여 계산이 가능하다.

② 미분과 상응하므로 역도함수라 부른다.

③ 정적분은 적분 변수의 하한과 상한이 지정된다.

④ 부정적분의 적분 변수의 하한은 $-\infty$, 상한은 $+\infty$로 지정한다.

8.2 다음 중 뉴턴 코츠 공식에 대한 설명으로 옳은 것은 무엇인가?

① 모든 점에서 함숫값을 사용하는 폐쇄 형태 유형을 사용한다.

② 폐쇄 형태는 두 개의 끝점을 제외한 구간에서 계산된다.

③ 개방 형태는 두 개의 끝점을 포함하는 구간에서 계산된다.

④ 다른 간격을 가진 점들에서 피적분함수의 값이 주어지면 매우 유용하다.

8.3 다음 중 사다리꼴 공식을 이용한 적분법에 대한 설명으로 옳지 않은 것은 무엇인가?

① 뉴턴 코츠 공식의 개방 형태와 같다.

② 수평 바닥면과 경사진 윗면의 형태를 갖는 사다리꼴 면적을 근사시킨다.

③ 직사각형 조각을 이용하는 것보다 사다리꼴 조각을 이용하면 더 정교하다.

④ 점 세 개를 사용한 공식에서는 두 개의 사다리꼴 판을 분할 사용한다.

8.4 다음 중 심슨 공식을 이용한 적분법에 대한 설명으로 옳지 않은 것은 무엇인가?

① 사다리꼴 공식을 확장시켜 2차 다항식에 대한 피적분 함수를 근사시킨다.

② 사다리꼴 방식처럼 주어진 구간을 작게 세분하여 사용한다.

③ 2차 보간법을 이용하므로 부분 구간마다 포함된 자료점 두 개를 적분의 하한값과 상한값으로 사용한다.

④ 적분 부분 구간을 더 세분화시켜 나눈 뒤 각 부분 구간의 면적의 합을 구한다.

8.5 다음 중 가우스 구적법에 대한 설명으로 옳지 않은 것은 무엇인가?

① 적분의 영역 내 지정된 점에서 함수의 값을 가중치 합으로 표시하여 적분시킨다.

② 가중치와 자료점을 정확하게 찾기 위해 가능한 한 큰 차수의 다항식을 이용한다.

③ 자료점의 간격이 균일한 경우에는 가우스 구적법이 항상 좋은 결과를 제공한다.

④ 가우스 구적법 공식은 자료점의 수에 따라서 형태가 달라진다.

8.6 다음 중 롬버그 적분에 대한 설명으로 옳지 않은 것은 무엇인가?

① 사다리꼴 공식에 리차드슨 외삽 공식을 이용한다.

② 리차드슨 외삽 공식과 같지만 외삽에 대해서 반복적인 알고리즘을 사용한다.

③ 낮은 단계의 적분들이 결합하여 더 정확한 추정값을 찾을 수 있다.

④ 내삽법이 아닌 외삽법을 이용하므로 사다리꼴 공식보다 오차를 더 감소시키지는 않는다.

CHAPTER

08 연습문제

8.1 MATLAB의 심벌릭 툴박스에서 제공하는 **int** 함수를 사용하여 적분 $\int_1^5 x\ln x\,dx$의 값을 구하라.

8.2 사다리꼴 공식을 이용하여 적분 $\int_1^5 x\ln x\,dx$의 값을 구하라. 이때 간격 크기는 $h=1$이다. 그리고 [연습문제 8.1]에서 구한 실제값을 이용하여 절대 오차를 구하라.

8.3 [연습문제 8.2]에서 간격 크기를 $h=\frac{1}{2}$로 놓고 적분값을 구하라. 그리고 [연습문제 8.1]에서 구한 실제값을 이용하여 절대 오차를 구하고 [연습문제 8.2]에서 구한 적분값과 비교 설명하라.

8.4 MATLAB의 함수 **trapz**를 이용하여 [연습문제 8.2]와 [연습문제 8.3]을 실행하라.

8.5 사다리꼴 공식을 이용하여 적분 $\int_1^4 -x^2\ln x\,dx$의 값을 근사시킬 때 절대 오차가 10^{-4}보다 작은 범위의 값이라면 부분 구간이 몇 개 필요한가?

8.6 심슨 공식을 이용하여 적분 $\int_1^5 x\ln x\,dx$의 값을 구하라. 이때 간격 크기는 $h=1$이다. 그리고 [연습문제 8.1]에서 구한 실제 값을 이용하여 절대 오차를 구하라.

8.7 [연습문제 8.6]에서 간격 크기를 $h=\frac{1}{2}$로 놓고 적분값을 구하라. 그리고 [연습문제 8.1]에서 구한 실제값을 이용하여 절대 오차를 구하고 [연습문제 8.6]에서 구한 적분값과 비교 설명하라.

8.8 MATLAB에서 심슨 적분법을 위해서 제공하는 **simpson** 함수를 이용하여 [연습문제 8.6]과 [연습문제 8.7]을 실행하라.

8.9 심슨 공식을 이용하여 적분 $\int_1^4 -x^2 \ln x\, dx$의 값을 근사시킬 때 절대 오차가 10^{-4}보다 작은 범위의 값이라면 부분 구간이 몇 개 필요한가?

8.10 가우스 구적법을 이용하여 적분 $\int_1^5 x \ln x\, dx$의 값을 구하라.

8.11 MATLAB에서 제공하는 가우스 구적법 함수 **quad**와 **quadl**를 이용하여 [연습문제 8.10]을 실행하고 실제 적분 $\int_1^5 x \ln x\, dx = 14.117973905426254$의 결과에 대한 절대 오차를 각각 구하라.

8.12 적절한 정확성 조건을 시행하여 다음과 같이 주어지는 가우스 구적법 공식

$$\int_{-1}^{1} f(x)dx \approx w_0 f(\alpha) + w_1 f(-\alpha)$$

에 대한 가중치 w_0와 w_1을 결정하라. 이때 $x = \pm\alpha$에서 피적분함수 $f(x)$의 선형 보간에 기반을 두고 있고 α는 $(0, 1)$ 구간에서 고정된 값을 갖는다고 가정한다.

8.13 [연습문제 8.12]에서 주어진 구적법 공식은 피적분함수 $f(x)$의 선형 근삿값에 기반을 두고 있기 때문에 선형 $f(x)$에 대해서는 정확한 결과를 낳는다. [연습문제 8.12]의 구적법 공식에 $f(x) = x^2$과 $f(x) = x^3$을 적용하고 α^*의 새로운 값을 결정하라. 모든 3차 다항식에 적용되기 때문에 α^*는 주어진 피적분함수에 대해서도 정확하다.

8.14 간격 크기가 $h = 1$일 때 심슨 공식을 이용하여 구한 적분 $\int_{-1}^{1} x^4\, dx$와 [연습문제 8.13]에서 구한 α^*을 적용한 구적법 공식 중 어느 방법이 더 정확한 결과를 가져오는지 확인하라.

8.15 $x=a$와 $x=a-h$에서 함수 $f(x)$의 선형 보간에 기반을 두고 있는 다음 구적법 공식에서 두 개의 미지수 w_0과 w_1을 찾고, 이 공식에 대한 오차 항의 간편한 수식을 구하라.

$$\int_a^{a+h} f(x)dx \approx w_0 f(a) + w_1 f(a-h)$$

8.16 롬버그 적분을 이용하여 각각 1, 2, 4개로 나누어진 부분 구간에 대한 적분 $\int_1^5 x \ln x \, dx$의 값을 근사시켜라.

8.17 MATLAB을 이용하여 [연습문제 8.16]의 롬버그 적분을 실행하라.

CHAPTER

09

수치해석을 이용한 미분

Differentiation with the Use of Numerical Analysis

수치해석을 이용하여 미분값을 구하는 방법의 본질은 복잡한 미분방정식을 계산 과정이 더 간편한 계차(difference) 방정식으로 전환하여 효과적으로 실제 미분값에 근사시키는 것이다.

9.1절에서는 수치해석을 이용한 미분의 기초를 간단하게 복습한다. 9.2절에서는 테일러 급수에서 유도된 오일러 방법을 이용하여 미분방정식을 계차방정식으로 변환시켜서 문제를 풀 것이다. 9.3절의 룬게쿠타 방법도 테일러 급수를 기초로 하는데, 테일러 급수에서 전개되어 있는 고차 도함수들의 항을 전부 계산하지 않고 더욱 정확한 결과를 얻을 수 있는 방법이다. 그리고 MATLAB을 이용하여 수치적 방법으로 미분방정식을 푸는 다양한 방법을 복습한다.

CONTENTS

SECTION 9.1

수치해석을 이용한 미분의 기초

수치해석을 이용한 미분은 수학에서 복잡한 미분방정식(differential equation)을 직접 푸는 대신에 미분의 근삿값을 구해서 푸는 중요한 응용 방법이다.

9.1.1 미분의 개념

8장에서 학습한 적분이 일정 구간 내 나누어진 부분들을 서로 더하는 과정이라면 미분은 합쳐져 있는 것을 잘게 쪼개는 과정이다. 즉 적분과 상호보완 작용을 하는 것이 미분이다. [그림 9-1]은 미분과 적분의 순환구조 관계를 보여주고 있다. 함수 $f(x)=x^2$을 미분하면 $f'(x)=2x$이고 함수 $f'(x)$를 적분하면 함수 $f(x)$가 되는 순환성을 갖는다. 적분의 기능은 미분과 반대이므로 반미분이라고 부르기도 한다.

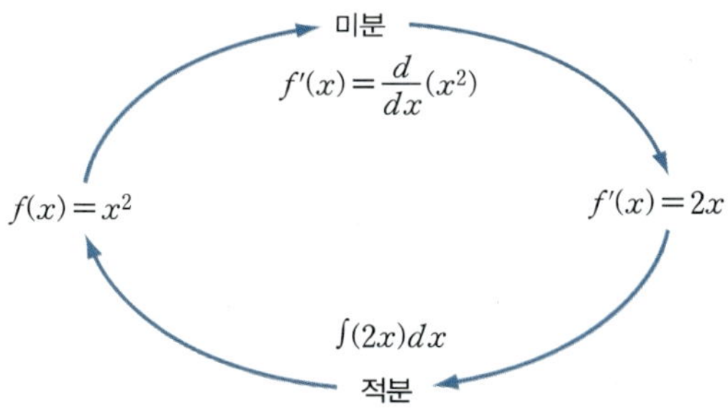

[그림 9-1] 미분과 적분의 순환구조

영문 'lim'으로 표시하는 극한값(limit value)은 함수 $f(x)$의 변수 x가 어떤 a 값에 매우 가까워지면 함수가 특정값 N에 가까워지는 값을 나타낸다. 극한은 미분의 기본 개념으로 모든 미분학을 실질적으로 하나로 묶는 중요한 역할을 한다. 분수식이 아닌 함수의 형태에서 극한을 찾는 경우는 매우 단순하지만, 분수식의 함수는 분모가 0이 되는 경우를 피하는 계산이 필요하기 때문에 복잡할 수 있다. 함수의 극한은 존재할 수도, 존재하지 않을 수도 있다. 이때 함수의 극한이 특정값에 근접하는 경우를 수렴(convergence), 반면에 특정값에서 점점 멀어지는 경우를 발산(divergence)이라 부른다.

미분은 연속적이고 지속적인 변화량에 대한 순간 변화율을 나타낸다. [그림 9-2]는 x축의 시작점 x와 끝점 $x+h$에서 곡선과 접하는 직선을 보여주고 있다. 그래프에서 보여주듯이 미분은 두 개 지점에서 점 A와 점 B를 서로 통과하면서 나타나는 접선의 기울기를 말한다. 이때 원래 함수를 미분하여 생성되는 함수를 도함수(derivative)라 한다.

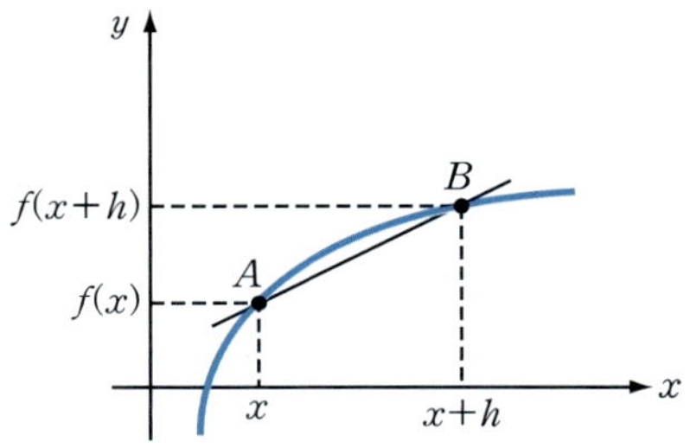

[그림 9-2] 접선의 기울기

어떤 함수 $f(x)$의 미분을 수치적으로 계산하기 위한 미분의 정의는 다음과 같다.

$$f'(x) = \lim_{h \to 0} \frac{f(x+h) - f(x)}{h} \tag{9.1}$$

여기서 $f'(x)$는 함수 $f(x)$의 미분을 표시하고, x축에 있는 점들 사이의 간격을 나타내는 h는 아주 작은 값으로 촘촘하게 놓여 있다. 이처럼 x의 변화량 h에 대한 함수 $f(x)$의 변화량의 비를 순간 변화율 혹은 미분계수라 부른다.

MATLAB 9-1 심벌릭 툴박스의 limit 함수를 이용한 극한값

MATLAB을 이용하여 극한값 $L_1 = \lim_{x \to 1} \frac{x^2 - 1}{x - 1}$, $L_2 = \lim_{x \to 0^-} \frac{1}{x}$, $L_3 = \lim_{x \to 0^+} \frac{1}{x}$을 실행하라.

풀이

실행 결과는 [그림 9-3]과 같다. MATLAB 심벌릭 툴박스의 **limit** 함수는 어떤 점에서 함수의 극한을 구하기 위한 함수를 계산하며 기본 형식은 다음과 같다.

```
limit(f, x, a, 'direction')
```

여기서 f는 주어진 함수, x는 함수 f에 지정된 변수, a는 변수 x가 접근하는 값을 나타낸다. 그리고 'direction'은 극한을 구하기 위해 접근하는 방향을 왼쪽 또는 오른쪽으로 지정한다.

수식을 **limit** 함수에 포함시키는 경우 변수 x는 생략 가능하며 $x=1$에 접근하는 극한값을 구한다. **limit** 함수를 이용하여 $x=0$의 왼쪽(–) 방향에서 접근할 때의 극한값에는 'left', $x=0$의 오른쪽(+) 방향에서 접근할 때 극한값에는 'right'를 지정한다.

```
Command Window
>> syms x;
>> L1 = limit((x^2-1)/(x-1),x,1)
L1 =
2
>> L2 = limit(1/x,x,0,'left')
L2 =
-Inf
>> L3 = limit(1/x,x,0,'right')
L3 =
Inf
```

[그림 9-3] 실행 결과

9.1.2 차분 방법

피적분함수 $g(x)$를 구간 $[a, b]$에서 적분하면 다음과 같이 함수 $f(x)$를 얻는다.

$$f(x) = \int_a^b g(x)\,dx \tag{9.2}$$

x에 대한 함수 $f(x)$의 도함수가 바로 $g(x)$이므로 다음과 같은 관계식으로 표시할 수 있다.

$$g(x) = f'(x) \tag{9.3}$$

수치적으로 복잡한 미분방정식을 직접 계산하는 대신에 간단한 계차방정식으로 변환하여 도함수 계산을 실행하는 방법으로 **후향 차분**(backward difference), **전향 차분**(forward difference), **중심 차분**(central difference)이 있다. [그림 9-4]는 이 세 가지 방법에 대한 그림이다. 자료점 x_1, x_2, x_3에 상응하는 함수 $f(x)$의 값은 각각 $f(x_1)$, $f(x_2)$, $f(x_3)$으로 표시되어 있다.

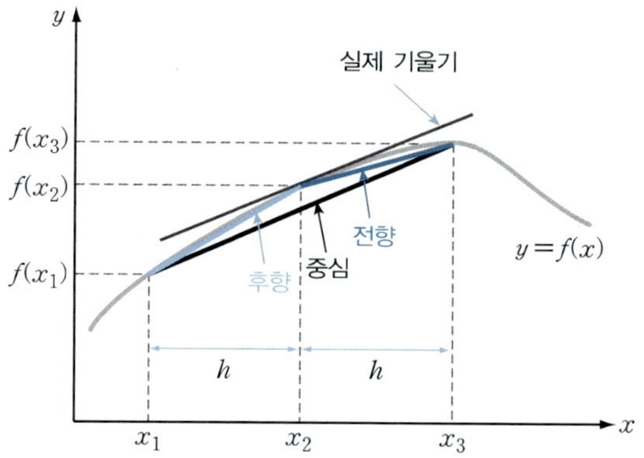

[그림 9-4] 도함수 $f'(x)$를 추정하기 위한 세 가지 차분 방법

후향 차분을 이용한 도함수의 추정값은 다음과 같다.

$$f'(x) = \frac{f(x_2) - f(x_1)}{x_2 - x_1} = \frac{f(x_2) - f(x_2 - h)}{h} \tag{9.4}$$

여기서 $x_1 = x_2 - h$이다. 이 방법은 $x = x_2$보다 $x = x_1 + \frac{h}{2}$ (x_1과 x_2 사이의 평균값을 이용)에서 함수 $f(x)$의 도함수의 추정값이 더욱 정확하다.

전향 차분을 이용한 도함수의 추정값은 다음과 같다.

$$f'(x) = \frac{f(x_3) - f(x_2)}{x_3 - x_2} = \frac{f(x_2 + h) - f(x_2)}{h} \tag{9.5}$$

여기서 $x_3 = x_2 + h$이다. 이 방법은 $x = x_2$보다 $x = x_2 + \frac{h}{2}$에서 함수 $f(x)$의 도함수의 추정값이 더욱 정확하다.

이때 앞에서 구한 후향 차분 추정값과 전향 차분 추정값에 대한 평균은 다음과 같은데, 이를 중심 차분을 이용한 도함수의 추정값이라고 한다.

$$\begin{aligned} f'(x) &= \frac{1}{2}\left(\frac{f(x_2) - f(x_1)}{h} + \frac{f(x_3) - f(x_2)}{h}\right) \\ &= \frac{f(x_3) - f(x_1)}{2h} = \frac{f(x_2 + h) - f(x_2 - h)}{2h} \end{aligned} \tag{9.6}$$

평균값은 측정 오차를 상쇄시키는 경향이 있기 때문에 첫 번째 자료점 x_1과 세 번째 자료점 x_3을 연결시킨 기울기가 $x = x_2$에서 직접 구한 도함수의 추정값보다 더 좋은 추정값을 보여준다.

MATLAB 9-2 **심벌릭 툴박스의 diff 함수를 이용하여 미분하기**

MATLAB에서 미분을 할 수 있도록 심벌릭 툴박스에서 제공하는 **diff** 함수를 사용하여 $f(x)=x^3-2x^2+x-3$에 대한 2차 미분과 $f(y)=\cos(y)\sin(y)$의 1차 미분 함수를 구하고 $y=0.3$을 대입한 미분값을 계산하라.

풀이

실행 결과는 [그림 9-5]와 같다. MATLAB 심벌릭 툴박스의 **diff** 함수는 원하는 수식의 변수에 대한 미분 결과를 나타내고 기본 형식은 다음과 같다.

```
diff(f, n)
```

여기서 f는 미분하려는 함수, n은 연속으로 실행하는 미분의 차수(1차 미분 차수 $n=1$은 생략 가능)를 나타낸다.

subs 함수는 현재 심벌릭 수식에서 사용하는 심벌릭 변수를 다른 심벌릭 변수 또는 숫자로 대체한다. **subs** 함수의 기본 형식은 다음과 같다.

```
subs(E, x, a)
```

여기서 E는 심벌릭 툴박스를 사용하여 구한 수식, a는 변수 x에 대입하는 새로운 심벌릭 변수 또는 숫자를 나타낸다.

그리고 **double** 함수는 주어진 수를 소수점을 포함한 정밀한 실수 형태로 변환시킨다. 이 함수는 독립적으로 사용하기보다는 다른 심벌릭 함수와 혼용해서 사용한다.

```
Command Window
>> format long;
>> syms x y;
>> dfx2 = diff(x^3-2*x^2+x-3,2)
dfx2 =
6*x - 4
>> dfy = diff(cos(y)*sin(y))
dfy =
cos(y)^2 - sin(y)^2
>> value = double(subs(dfy,y,0.3))
value =
   0.825335614909678
```

[그림 9-5] 실행 결과

SECTION

9.2 오일러 방법

오일러(Euler) 방법은 미분 가능한 함수를 다항식의 형태로 근사시키는 테일러급수에서 유도된 방법이다(5장 참고). 9.2절에서는 오일러 방법을 이용한 수치 미분에 대해 좀 더 자세하게 살펴볼 것이다.

오일러 방법은 복잡한 형태의 미분방정식을 수치적으로 계차방정식으로 변환시켜 푸는 방법으로, 수치해석을 이용하여 미분을 푸는 다른 방법과 비교하여 가장 간단한 알고리즘을 제시한다는 것이 장점이다. 단점은 시간상수의 작은 변화에도 비교적 오차가 크게 발생한다는 것이다. 따라서 간격이 미분 풀이의 정확성에 미치는 영향을 이해하는 것이 매우 중요하다.

이 방법의 목적은 다음과 같은 초깃값 조건이 주어졌을 때 함수 $f(x)$의 값을 추정하는 것이다.

$$\dot{y} = \frac{dy}{dt} = f(t, y) \quad (a \le t \le b,\ y(t_0) = y_0) \tag{9.7}$$

대부분 수치해석 방법이 그렇듯이 이때 목적은 함수의 정확한 형태를 구하는 것이 아니고, 구간 $[a, b]$ 자료점의 집합에서 함수의 값을 풀어내는 것이다.

$$t_0 < t_1 < \cdots < t_N \le b \tag{9.8}$$

근삿값들은 간단하게 다음과 같이 표현할 수 있다.

$$y_1 \approx y(t_1), \cdots, y(t_N) \approx y_N \tag{9.9}$$

식 (9.9)는 다음과 같이 나타내기도 한다.

$$y(t_i) \equiv y_i \quad (i = 0, 1, \cdots, N) \tag{9.10}$$

수학에서 사용하는 시간의 증분량 Δt와 같은 개념으로 MATLAB 응용에서는 h를 사용한다. 시간의 증분량을 나타내는 h는 다음과 같이 쓰여진다. 여기서 t_i는 처음 t_0에서 시작하여 시간이 h만큼 증가한 새로운 시간을 표시한다.

$$t_i = t_0 + ih \quad (i = 0, 1, \cdots, N) \tag{9.11}$$

앞에서 주어진 식 (9.7)을 오일러 방법으로 정의하면 다음과 같다.

$$y(t_{n+1}) = y(t_n) + hf(t_n, y(t_n)) \quad (n = 0, 1, \cdots, N-1) \tag{9.12}$$

혹은 다음과 같이 나타낼 수 있다.

$$y_{n+1} = y_n + hf(t_n, y_n) \quad (n = 0, 1, \cdots, N-1) \tag{9.13}$$

위 식의 내용을 [그림 9-6]에서 기하학적으로 보여주고 있다.

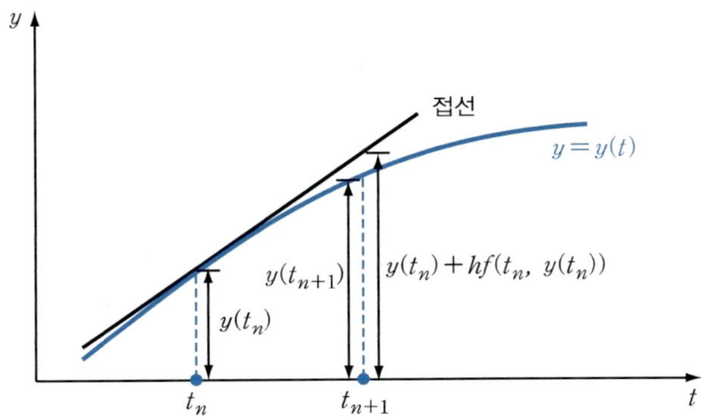

[그림 9-6] 오일러 방법의 기하학적 표현

2장에서 오일러 방법은 수치적으로 미분방정식을 풀 때 심각한 결핍, 즉 오차가 크게 발생했다. 그래서 이러한 오차를 줄이기 위해서 수정된 오일러 방법을 사용했다. 수정된 오일러 방법을 다시 설명하면 시간 간격 t_n과 t_{n+1}에서 식 (9.12)의 오른쪽에 평균을 치환 사용하여 다음과 같이 수정하여 사용한다.

$$y(t_{n+1}) = y(t_n) + \frac{h}{2}(f_n, f_{n+1}) \tag{9.14}$$

여기서 $f_n = f(t_n, y(t_n))$을 표시한다.

예제 9-1 오일러 방법을 이용한 미분 계산

초기 조건이 $y(0) = 1$인 미분방정식 $y'(t) = 1 - t + y$에 대해서 오일러 방법을 이용하여 $y(0.1)$의 근삿값을 구하라. 주어진 미분방정식에 대한 풀이는 $y = t + e^t$, 간격은 $h = 0.1$이다.

풀이

$n = 0$인 경우를 식 (9.13)에 대입하면

$$y_1 = y_0 + hf(t_0, y_0)$$

이므로 주어진 미분방정식은 다음과 같다.

$$y_1 = y_0 + h(1 - t_0 + y_0)$$

이 식에 주어진 $y_0 = y(0) = 1$과 $h = 0.1$을 대입하면 다음 결과를 얻는다. 시작 시간은 $t_0 = 0$이다.

$$y_1 = 1 + 0.1(1 - 0 + 1) = 1.2$$

실제값의 계산 결과는 다음과 같다.

$$y(0.1) = 0.1 + e^{0.1} = 1.2051709181$$

MATLAB 9-3 MATLAB 함수 dsolve를 이용한 미분 계산

초기 조건이 $y(0) = 1$인 미분방정식 $y'(t) = 1 - t + y$에 대해서 MATLAB 함수 **dsolve**를 이용하여 $y(0.1)$의 근삿값을 구하라.

풀이

앞서 2.5.2절에서 학습했듯이 MATLAB에서는 미분방정식을 풀기 위한 **dsolve** 함수를 제공하고 있다. 심벌릭 툴박스에서 디폴트 미분 변수는 항상 t를 사용한다. **dsolve** 함수의 기본 형식은 다음과 같다.

dsolve('E', y(0))

주어지는 미분방정식이 1차이므로 여기서 E는 1차 미분방정식 $\frac{dy}{dt}$를 MATLAB 코드 Dy로 표시하고, 나머지 상수와 변수는 MATLAB 기본 표기에 맞추어서 나타낸다. 그리고 y(0)은 1차 미분방정식을 풀기 위해서 주어지는 함수의 초깃값을 표시한다.

[그림 9-7]과 같이 **dsolve** 함수를 이용하여 1차 미분방정식을 푼 결과 $y = t + e^t$에 $t = 0.1$을 대입하면 최종 결과를 얻는다.

Command Window

```
>> format long;
>> syms y(t);
>> Dy = diff(y);
>> y = dsolve(Dy == 1-t+y,y(0)==1)
y =
t + exp(t)
>> t = 0.1;
>> y_t = t+exp(t)
y_t =
   1.205170918075648
```

[그림 9-7] 실행 결과

MATLAB 9-4 오일러 방법을 이용한 MATLAB 스크립트 파일

0 ~ 19초까지 0.19초씩 시간이 증가하고, 초깃값이 0인 1차 미분방정식 $\frac{dy}{dt} = \sin t$의 해답을 오일러 방법으로 찾으려고 한다. 미분방정식의 실제 풀이는 $y = 1 - \cos t$이다. 실제 결과와 오일러 방법을 이용한 결과를 그래프로 비교할 수 있는 스크립트 파일을 작성하고 그래프도 보여라.

풀이

[그림 9-8]에 오일러 방법을 이용하여 푼 스크립트 파일을 제시했다. 초깃값은 y(1) = 0으로 지정했다. **for** 순환문을 반복하기 위해서 계수 n의 초깃값을 0으로 지정하고 있다. 식 (9.12)를 MATLAB 코드로 쓰면 여섯 번째 명령줄과 같다. [그림 9-9]는 [그림 9-8]에서 작성한 스크립트 파일의 결과 그래프다. 실제 결과를 그린 실선과 오일러 방법으로 그린 작은 동그라미 그래프는 많은 오차를 보인다.

Fig9_8.m

```
1 -    h = 0.19;
2 -    y(1) = 0;
3 -    n = 0;
4 -    for t1 = h:h:19
5 -        n = n+1;
6 -        y(n+1) = y(n)+h*sin(t1-h);
7 -    end
8 -    t = 0:0.1*h:19;
9 -    fy = 1-cos(t);
10 -   t1 = 0:h:19;
11 -   plot(t1,y,'o',t,fy);
12 -   xlabel('Time (sec)');
13 -   ylabel('1-cos(t)');
14 -   axis([0 19 0 2.2]);
```

[그림 9-8] MATLAB 스크립트 파일

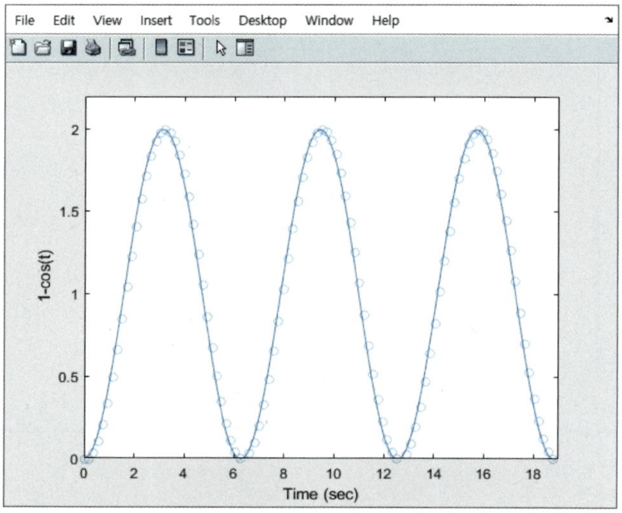

[그림 9-9] 실행 결과

MATLAB 9-5 수정된 오일러 방법을 이용한 MATLAB 스크립트 파일

[MATLAB 9-4]에서 제시한 조건들을 그대로 사용하여, 수정된 오일러 방법을 이용한 결과를 그래프로 비교할 수 있는 스크립트 파일을 작성하고 그래프도 보여라.

풀이

[그림 9-10]에서 수정된 오일러 방법을 이용하여 푼 스크립트 파일을 제시했다. [그림 9-8]의 스크립트 파일과 비교하면 수정된 오일러 방법의 식 (9.14)를 표시한 여섯 번째 명령줄 이외의 내용은 같다. [그림 9-11]에서 수정된 오일러 방법을 실행한 그래프를 보여주고 있다. 수정된 오일러 방법으로 그려진 작은 동그라미 그래프는 실제 결과를 그린 실선에 많이 겹쳐져 있다. 즉 수정된 방법은 원래 오일러 방법보다 오차를 많이 줄여준다.

Fig9_10.m

```
1  h = 0.19;
2  y(1) = 0;
3  n = 0;
4  for t1 = h:h:19
5      n = n+1;
6      y(n+1) = y(n)+(h/2)*(sin(t1-h)+sin(t1));
7  end
8  t = 0:0.1*h:19;
9  fy = 1-cos(t);
10 t1 = 0:h:19;
11 plot(t1,y,'o',t,fy);
12 xlabel('Time (sec)')
13 ylabel('1-cos(t)');
14 axis([0 19 0 2.2]);
```

[그림 9-10] 수정된 MATLAB 스크립트 파일

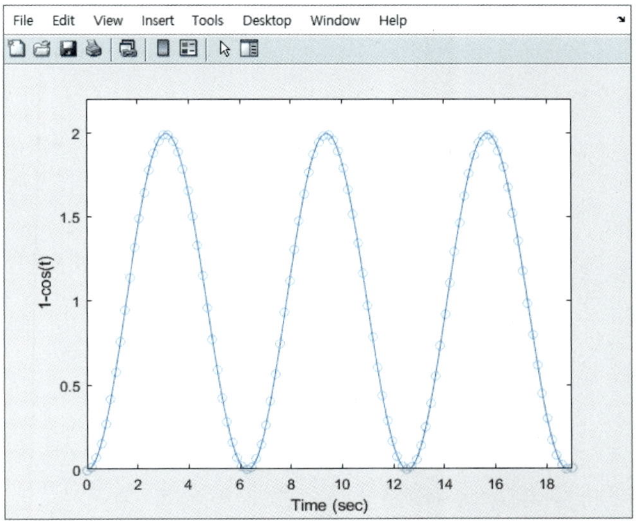

[그림 9-11] 실행 결과

SECTION 9.3

룬게쿠타

룬게쿠타(Runge–Kutta) 방법은 함수 $f(t, y)$의 여러 가지 계산에 테일러 급수를 근사시키는 방법으로 사용된다. 편미분(partial differential)방정식은 독립변수가 하나 이상이지만, 상미분(ordinary differential)방정식을 풀기 위해서는 미분방정식들의 독립 변수가 단 하나여야 한다. 또한 앞서 살펴본 수정된 오일러 방법으로 원래 오일러 방법보다 오차를 줄였지만, 남아 있는 오차를 가능한 한 더 줄이기 위해 룬게쿠타 방법을 사용한다.

테일러 급수는 $y(t)$와 $y(t)$의 도함수들에 대한 풀이 $y(t+h)$를 다음과 같이 나타낼 수 있다.

$$y(t+h) = y(t) + hy'(t) + \frac{1}{2}h^2y''(t) + \cdots \tag{9.15}$$

앞 절에서 배운 수정된 오일러 방법으로 고차 도함수의 항들을 계산하는 것이 쉽지 않다. 그러나 룬게쿠타 방법을 이용하면 몇 개의 고차 도함수를 포함하는 항들은 무시할 수 있기 때문에 다음과 같이 쓸 수 있다.

$$y(t_{n+1}) = y(t_n) + \frac{h}{2}(f_n + f_{n+1})$$

그러므로 테일러 급수를 기초로 미분방정식을 푸는 룬게쿠타 방법은 테일러 급수에서 전개되어 있는 고차 도함수들의 항들을 전부 계산하지 않고 더욱 정확한 결과를 얻을 수 있는 방법이다.

예제 9-2 테일러 급수를 이용한 미분 계산

초기 조건이 $y(0)=1$인 미분방정식 $y'(t)=1-t+y$에 대해서 2차 테일러 공식을 이용하여 $y(0.1)$의 근삿값을 구하라. 주어진 미분방정식에 대한 풀이는 $y=t+e^t$, 간격은 $h=0.1$이다.

풀이

식 (9.7)인

$$\dot{y}=\frac{dy}{dt}=f(t,\ y)\quad (a\le t\le b,\ y(t_0)=y_0)$$

를 이용하면 $f(t,\ y)=y'(t)=1-t+y$가 되고 식 (9.15)를 풀기 알맞게 다시 쓰면 다음과 같다.

$$y_1=y_0+hf(t_0,\ y_0)+\frac{h^2}{2}\left[\frac{\partial f(t,\ y)}{\partial t}+\frac{\partial f(t,\ y)}{\partial y}f(t_0,\ y_0)\right]$$

함수 f에 대한 변수 t와 y에 대한 편미분들은 다음과 같이 계산된다.

$$\frac{\partial f(t,\ y)}{\partial t}=-1,\quad \frac{\partial f(t,\ y)}{\partial y}=1$$

위의 결과를 앞선 식에 대입하여 정리하면 다음과 같다.

$$y_1=y_0+h(1-t_0+y_0)+\frac{h^2}{2}[-1+(1-t_0+y_0)]$$

위 식에 주어진 $y_0=1$과 $h=0.1$을 대입하면 다음 결과를 얻는다. 시작 시간은 $t_0=0$이 된다.

$$y_1=1+(0.1)\cdot(1-0+1)+\frac{(0.1)^2}{2}[-1+(1-0+1)]=1.205$$

실제값의 계산 결과는 다음과 같다.

$$y(0.1)=0.1+e^{0.1}=1.2051709181$$

2차 룬게쿠타 방법

중복되는 테일러 급수항들의 수는 룬게쿠타 방법의 순서를 결정한다. 2차 룬게쿠타 공식은 다음과 같다.

$$y_{n+1} = y_n + \frac{h}{2}\left[K_1^{(2)} + K_2^{(2)}\right] \quad (n = 0,\ 1, \cdots,\ N-1) \tag{9.16}$$

식 (9.16)에서 괄호 속의 변수는 다음과 같다. 여기서 위첨자(2)는 룬게쿠타의 차수 2를 표시한다.

$$K_1^{(2)} = f(t_n,\ y_n) \tag{9.17}$$

$$K_2^{(2)} = f\left(t_n + h,\ y_n + hK_1^{(2)}\right) \tag{9.18}$$

예제 9-3 2차 룬게쿠타 공식을 이용한 미분 계산

초기 조건이 $y(0)=1$인 미분방정식 $y'(t)=1-t+y$에 대해서 2차 룬게쿠타 공식을 이용하여 $y(0.1)$의 근삿값을 구하라. 주어진 미분방정식에 대한 풀이는 $y=t+e^t$, 간격은 $h=0.1$이다.

풀이

식 (9.17)과 식 (9.18)을 먼저 계산하면 다음과 같다.

$$K_1^{(2)} = f(t_0,\ y_0)$$

$$K_2^{(2)} = f\left(t_0 + h,\ y_0 + hK_1^{(2)}\right)$$

주어진 $y_0=1$과 $h=0.1$을 위 식에 대입하면 다음 결과를 얻는다. 시작 시간은 $t_0=0$이다.

$$K_1^{(2)} = 1 - t_0 + y_0 = 1 - 0 + 1 = 2$$

$$K_2^{(2)} = 1 - (t_0 + h) + \left(y_0 + hK_1^{(2)}\right) = 1 - (0 + 0.1) + (1 + 0.1 \times 2) = 2.1$$

식 (9.16)에 대입하면 다음 결과를 얻는다.

$$y_1 = y_0 + \frac{h}{2}\left[K_1^{(2)} + K_2^{(2)}\right] = 1 + \left(\frac{0.1}{2}\right) \cdot (2 + 2.1) = 1.205$$

실제값의 계산 결과는 다음과 같다.

$$y(0.1) = 0.1 + e^{0.1} = 1.2051709181$$

4차 룬게쿠타 방법

앞선 2차 룬게쿠타 방법보다 많이 활용되는 룬게쿠타 방법은 4차 도함수 형태를 이용하는 4차 룬게쿠타 방법이다. 그 이유는 2차 룬게쿠타보다 변수 K의 계산이 두 개 더 많이 필요하지만 실제 구하는 미분값의 정확도가 훨씬 높기 때문이다. 일반적으로 사용하고 있는 식은 다음과 같다.

$$y_{n+1} = y_n + \frac{h}{6}\left[K_1^{(4)} + 2K_2^{(4)} + 2K_3^{(4)} + K_4^{(4)}\right] \quad (n = 0,\ 1, \cdots,\ N-1) \tag{9.19}$$

식 (9.19)에서 괄호 속의 변수들은 다음과 같이 쓰여진다. 여기서 위첨자(4)는 룬게쿠타의 차수 4를 표시한다.

$$K_1^{(4)} = f(t_n,\ y_n) \tag{9.20}$$

$$K_2^{(4)} = f\left(t_n + \frac{h}{2},\ y_n + \frac{h}{2}K_1^{(4)}\right) \tag{9.21}$$

$$K_3^{(4)} = f\left(t_n + \frac{h}{2},\ y_n + \frac{h}{2}K_2^{(4)}\right) \tag{9.22}$$

$$K_4^{(4)} = f\left(t_n + h,\ y_n + hK_3^{(4)}\right) \tag{9.23}$$

예제 9-4　4차 룬게쿠타 공식을 이용한 미분 계산

초기 조건이 $y(0) = 1$인 미분방정식 $y'(t) = 1 - t + y$에 대해서 4차 룬게쿠타 공식을 이용하여 $y(0.1)$의 근삿값을 구하라. 주어진 미분방정식에 대한 풀이는 $y = t + e^t$, 간격은 $h = 0.1$이다.

풀이

식 (9.20)부터 식 (9.23)까지의 계산은 다음과 같다.

$$K_1^{(4)} = f(t_0,\ y_0)$$

$$K_2^{(4)} = f\left(t_0 + \frac{h}{2},\ y_0 + \frac{h}{2}K_1^{(4)}\right)$$

$$K_3^{(4)} = f\left(t_0 + \frac{h}{2},\ y_0 + \frac{h}{2}K_2^{(4)}\right)$$

$$K_4^{(4)} = f\left(t_0 + h,\ y_0 + hK_3^{(4)}\right)$$

주어진 $y_0 = 1$과 $h = 0.1$을 위 식에 대입하면 다음 결과를 얻는다. 시작 시간은 $t_0 = 0$이다.

$$K_1^{(4)} = (1 - t_0 + y_0) = (1 - 0 + 1) = 2$$

$$K_2^{(4)} = \left(1 - \left(t_0 + \frac{h}{2}\right) + \left(y_0 + \frac{h}{2}K_1^{(4)}\right)\right) = \left(1 - \left(0 + \frac{0.1}{2}\right) + \left(1 + \frac{0.1}{2} \times 2\right)\right) = 2.05$$

$$K_3^{(4)} = \left(1 - \left(t_0 + \frac{h}{2}\right) + \left(y_0 + \frac{h}{2}K_2^{(4)}\right)\right) = \left(1 - \left(0 + \frac{0.1}{2}\right) + \left(1 + \frac{0.1}{2} \times 2.05\right)\right) = 2.0525$$

$$K_4^{(4)} = \left(1 - (t_0 + h) + \left(y_0 + hK_3^{(4)}\right)\right) = (1 - (0 + 0.1) + (1 + 0.1 \times 2.0525)) = 2.10525$$

식 (9.19)에 대입하면 다음 결과를 얻는다.

$$y_1 = 1 + \left(\frac{0.1}{6}\right) \cdot (2 + 2 \times 2.05 + 2 \times 2.0525 + 2.10525) = 1.2051708$$

실제값의 계산 결과는 다음과 같다.

$$y(0.1) = 0.1 + e^{0.1} = 1.2051709181$$

2차 룬게쿠타 공식을 이용한 [예제 9-3]의 결과와 4차 룬게쿠타 공식의 결과를 비교하면 [예제 9-4]의 결과가 실제값에 더욱 근사되었음을 확인할 수 있다.

ode23 함수와 ode45 함수

MATLAB은 다양한 간격을 이용하여 룬게쿠타 공식의 구현을 돕기 위한 'solvers'라고 하는 함수 **ode23**과 **ode45**를 제공하고 있다. **ode23** 함수는 2차와 3차 룬게쿠타 공식의 조합에 이용하고, **ode45** 함수는 4차와 5차 룬게쿠타 공식의 조합에 이용한다. 일반적으로 **ode45** 함수는 **ode23** 함수보다 더 빠르고 정확한 결과를 보여주지만 **ode23** 함수보다 간격이 더 크기 때문에 그래프의 곡선은 덜 매끄럽다.

ode23 함수와 **ode45** 함수의 기본 형식은 다음과 같다.

```
[t, y] = ode23('ydot', tspan, y(0))
[t, y] = ode45('ydot', tspan, y(0))
```

ode23 함수와 **ode45** 함수의 ydot은 주어지는 1차 미분방정식을 나타내고, 벡터 tspan은 미분 변수 t의 시작과 끝나는 시간의 범위를 표시한다. 그리고 y(0)은 1차 미분방정식을 풀기 위해서 주어지는 함수의 초깃값을 표시한다.

MATLAB 9-6 MATLAB 함수 ode23과 ode45를 이용한 미분방정식 풀이

초기 조건이 $y(0)=0$인 미분방정식 $y'(t)=\sin t$에 대해서 **ode23** 함수와 **ode45** 이용하여 그래프를 비교하라. 이때 1차 미분방정식의 실제 풀이는 $y(t)=1-\cos t$이다.

풀이

[그림 9–12]에서 동그라미들을 연결해보면 수치적으로 계산된 결과들을 연결하는 곡선 형태를 보여주고 있지만 항상 매끄럽게 그려지지는 않는 것을 알 수 있다. 몇 개의 구간에서는 **ode23** 함수를 이용해서 그린 그래프가 **ode45** 함수를 이용해서 그린 그래프보다 더 매끄러운 흐름을 보여주고 있다. 시각적으로 동그라미들이 촘촘하기 때문이다.

[그림 9–12]를 그리기 위해서는 스크립트 파일을 두 개 작성해야 한다.[1] 그중에 하나는 사용자정의함수로 1차 미분방정식 **ydot**을 구성한다. 나머지 스크립트 파일에는 사용자정의함수를 불러와서 **ode23** 함수와 **ode45** 함수를 실행하여 [그림 9–12]의 그래프 두 개를 그리도록 작성한다.

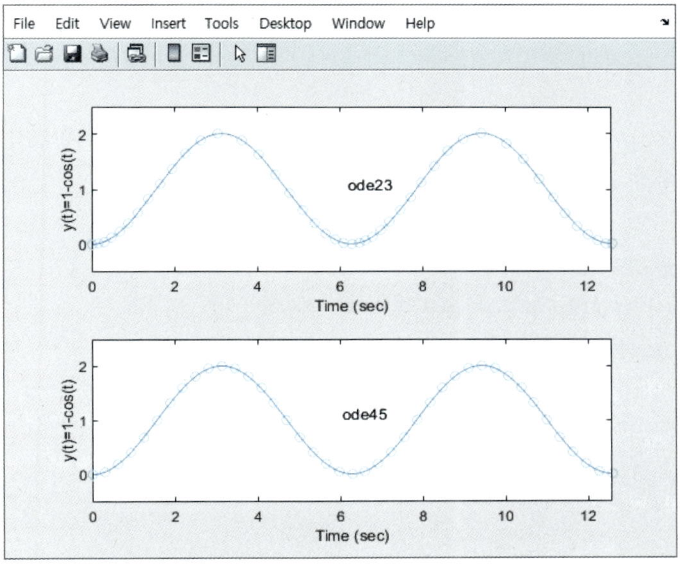

[그림 9–12] 실행 결과

1 스크립트 파일은 온라인에서 제공하는 〈부록〉을 참조한다.

CHAPTER

09 핵심요약

01 수치해석의 미분 기초

복잡한 미분방정식을 직접 푸는 대신에 간단한 계차방정식으로 변환하는 방법이다.

- **계차방정식**

후향 차분의 도함수 : $f'(x)=\dfrac{f(x_2)-f(x_2-h)}{h}$

전향 차분의 도함수 : $f'(x)=\dfrac{f(x_2+h)-f(x_2)}{h}$

중심 차분의 도함수 : $f'(x)=\dfrac{f(x_2+h)-f(x_2-h)}{2h}$

02 오일러 방법

테일러 급수에서 유도된 방법으로, 복잡한 형태로 주어지는 미분방정식을 수치적으로 계차방정식으로 변환시켜 푸는 방법으로 가장 간단한 알고리즘을 제시한다.

- **오일러 방법의 정의**

$$y(t_{n+1})=y(t_n)+hf(t_n,\ y(t_n))\quad (n=0,\ 1,\ \cdots,\ N-1)$$

$$\text{혹은}\quad y_{n+1}=y_n+hf(t_n,\ y_n)\quad (n=0,\ 1,\ \cdots,\ N-1)$$

03 수정된 오일러 방법

오일러 방법에서 발생한 오차를 줄이기 위해 개선된 오일러 방법이다.

- **수정된 오일러 방법의 정의**

$$y(t_{n+1})=y(t_n)+\frac{h}{2}(f_n,\ f_{n+1})$$

$$f_n=f(t_n,\ y(t_n))$$

04 룬게쿠타 방법

어려운 고차 도함수의 계산을 하지 않고 테일러 급수 방법의 정확성을 얻을 수 있다. 수정된 오일러 방법보다 좀 더 오차를 줄일 수 있는 방법이다.

- **2차 룬게쿠타 공식**

$$y_{n+1} = y_n + \frac{h}{2}\left[K_1^{(2)} + K_2^{(2)}\right] \quad (n = 0,\ 1, \cdots,\ N-1)$$

$$K_1^{(2)} = f(t_n,\ y_n)$$
$$K_2^{(2)} = f\left(t_n + h,\ y_n + hK_1^{(2)}\right)$$

- **4차 룬게쿠타 공식**

  가장 많이 활용되는 룬게쿠타 방법이다.

$$y_{n+1} = y_n + \frac{h}{6}\left[K_1^{(4)} + 2K_2^{(4)} + 2K_3^{(4)} + K_4^{(4)}\right] \quad (n = 0,\ 1, \cdots,\ N-1)$$

$$K_1^{(4)} = f(t_n,\ y_n)$$
$$K_2^{(4)} = f\left(t_n + \frac{h}{2},\ y_n + \frac{h}{2}K_1^{(4)}\right)$$
$$K_3^{(4)} = f\left(t_n + \frac{h}{2},\ y_n + \frac{h}{2}K_2^{(4)}\right)$$
$$K_4^{(4)} = f\left(t_n + h,\ y_n + hK_3^{(4)}\right)$$

CHAPTER

09 기본문제

9.1 다음 중 미분에 대한 설명으로 옳지 않은 것은 무엇인가?

① 미분은 연속적이고 지속적인 변화량에 대한 순간 변화율을 나타낸다.

② 미분은 두 개 지점에서 점을 서로 통과하면서 나타나는 접선의 기울기를 말한다.

③ 함수를 미분하여 생성되는 함숫값을 극한값이라 부른다.

④ 미분은 합쳐져 있는 것을 잘게 쪼개는 과정이다.

9.2 MATLAB 심벌릭 툴박스 **limit** 함수의 기본 형식은 다음과 같다. 다음 중 설명이 잘못된 것을 찾아라.

limit(f, x, a, 'direction')

① 함수 f를 **limit** 함수에 포함시키거나 포함시키지 않는 경우 모두 변수 x는 생략이 불가능하다.

② a는 변수 x가 접근하는 값을 나타낸다.

③ $x = 0$의 왼쪽(−) 방향에서 접근할 때의 극한값에는 'left'를 지정한다.

④ $x = 0$의 오른쪽(+) 방향에서 접근할 때의 극한값에는 'right'를 지정한다.

9.3 다음 중 세 가지 차분 방법에 대한 설명으로 옳지 않은 것은 무엇인가?

① 복잡한 미분방정식을 직접 계산하는 대신에 계차방정식으로 변환하여 실행한다.

② 후향 차분은 처음 두 점 사이의 평균값을 이용한다.

③ 중심 차분은 후향 차분 추정값과 전향 차분 추정값에 대한 평균을 이용한다.

④ 세 가지 차분 방법 중 전향 차분을 이용한 추정값이 보다 정확하다.

9.4 다음 중 오일러 방법에 대한 설명으로 옳지 않은 것은 무엇인가?

① 미분 가능한 함수를 다항식의 형태로 근사시키는 방법이다.

② 미분방정식을 수치적으로 계차방정식으로 변환시켜 푸는 방법이다.

③ 다른 방법과 비교하여 가장 간단한 알고리즘을 제시한다.

④ 시간상수의 큰 변화에도 비교적 오차가 작게 발생한다.

9.5 다음 중 룬게쿠타 방법에 대한 설명으로 옳지 않은 것은 무엇인가?

① 테일러 급수를 기초로 미분방정식을 푼다.

② 테일러 급수에서 전개되어 있는 고차 도함수들의 항들을 전부 계산하기 때문에 더욱 정확한 결과를 얻을 수 있다.

③ 수정된 오일러 방법보다 남아 있는 오차를 가능한 한 더 줄일 수 있다.

④ 중복되는 테일러 급수항들의 수는 룬게쿠타 방법의 순서를 결정한다.

CHAPTER

09 연습문제

9.1 MATLAB의 심벌릭 툴박스에서 제공하는 **limit** 함수와 식 (9.1)을 사용하여 삼각함수 $\cos(x)$와 $\sin(x)$의 도함수를 구하라.

9.2 MATLAB의 심벌릭 툴박스에서 제공하는 **diff** 함수를 사용하여 삼각함수 $f_1 = \cos(x^2)$과 $f_2 = \cos^2(x)$에 대한 2차 미분을 구하라.

9.3 MATLAB의 심벌릭 툴박스에서 제공하는 **diff** 함수를 사용하여 다음 함수의 1차 편미분 함수 $\frac{\partial f}{\partial x}$와 $\frac{\partial f}{\partial y}$를 구하고 $x = \frac{\pi}{4}$와 $y = \frac{\pi}{3}$를 대입한 값을 계산하라.

$$f(x, y) = 2\sin(x)\cos(2y)$$

9.4 초기 조건이 $y(0) = 1$인 미분방정식 $y'(t) = y(t)\cos t$에 대해서 오일러 방법을 이용하여 $y\left(\frac{\pi}{10}\right)$의 근삿값을 구하라. 주어진 미분방정식에 대한 풀이는 $y(t) = e^{\sin(t)}$, 간격은 $h = \frac{\pi}{10}$이다. 편의를 위해서 결과는 소수점 다섯 자리까지 나타내라.

9.5 0 ~ 1초까지 0.03초씩 시간이 증가하고, 초깃값이 2인 1차 미분방정식 $y' = -5y$를 오일러 방법을 이용하여 해답을 찾으려고 한다. 미분방정식의 실제 풀이는 $y(t) = 2e^{-5t}$이 된다. 실제 결과와 오일러 방법을 이용한 결과를 그래프로 비교할 수 있는 스크립트 파일을 작성하고 그래프도 보여라.

9.6 $0 \sim 1$초까지 0.03초씩 시간이 증가하고, 초깃값이 2인 1차 미분방정식 $y' = -5y$를 수정된 오일러 방법을 이용하여 해답을 찾으려고 한다. 미분방정식의 실제 풀이는 $y(t) = 2e^{-5t}$이 된다. 실제 결과와 수정된 오일러 방법을 이용한 결과를 그래프로 비교할 수 있는 스크립트 파일을 작성하고 그래프도 보여라.

9.7 초기 조건이 $y(0) = 1$인 미분방정식 $y'(t) = y(t)\cos t$에 대해서 2차 테일러 공식을 이용하여 $y\left(\frac{\pi}{10}\right)$의 근삿값을 구하라. 주어진 미분방정식에 대한 풀이는 $y(t) = e^{\sin(t)}$, 간격은 $h = \frac{\pi}{10}$이다. 편의를 위해서 결과는 소수점 다섯 자리까지 나타내라.

9.8 초기 조건이 $y(0) = 1$인 미분방정식 $y'(t) = y(t)\cos t$에 대해서 MATLAB 함수 **dsolve**를 이용하여 $y\left(\frac{\pi}{10}\right)$의 값을 구하라.

9.9 초기 조건이 $y(0) = 1$인 미분방정식 $y'(t) = y(t)\cos t$에 대해서 2차 룬게쿠타 공식을 이용하여 $y\left(\frac{\pi}{10}\right)$의 근삿값을 구하라. 주어진 미분방정식에 대한 풀이는 $y(t) = e^{\sin(t)}$, 간격은 $h = \frac{\pi}{10}$이다. 그리고 절대 오차를 구하라. 편의를 위해서 모든 결과는 소수점 다섯 자리까지 나타내라.

9.10 [연습문제 9.9]에서 제시한 조건을 그대로 사용하여, 4차 룬게쿠타 공식을 이용한 $y\left(\frac{\pi}{10}\right)$의 근삿값을 구하라.

9.11 초기 조건이 $y(0) = 1$인 미분방정식 $y'(t) = y(t)\cos t$에 대해서 MATLAB 함수 **ode23**과 **ode45**를 이용한 결과를 그래프로 비교할 수 있는 스크립트 파일을 작성하고 그래프도 보여라. 이때 1차 미분방정식의 실제 풀이는 $y(t) = e^{\sin(t)}$, 간격은 $h = \frac{\pi}{10}$이다.

MATLAB Index

Index

Index